U0831111

国家电网
STATE GRID

电网企业专业技能考核题库

装表接电工

国网宁夏电力有限公司　编

中国电力出版社
CHINA ELECTRIC POWER PRESS

内 容 提 要

本书编写依据国家职业技能鉴定、电力行业职业技能鉴定与国家电网有限公司技能等级评价（认定）相关制度、规范、标准，立足宁夏电网生产实际，融合新型电力系统构建及新时代技能人才发展目标要求。本书主要内容为电网企业技能人员技能等级认定与评价实操试题，包含技能笔答及技能操作两大部分，其中技能笔答主要以问答题形式命题，技能操作以任务书形式命题，均明确了各个环节的考核知识点、标准答案和评分标准。

本书为电网企业生产技能人员的培训教学用书，可供从事相应职业（工种）技能人员学习参考，也可作为电力职业院校教学参考书。

图书在版编目（CIP）数据

装表接电工 / 国网宁夏电力有限公司编. —北京：中国电力出版社，2022.9（2025.11 重印）
电网企业专业技能考核题库
ISBN 978-7-5198-7014-0

Ⅰ. ①装… Ⅱ. ①国… Ⅲ. ①电工–安装–职业技能–鉴定–习题集 Ⅳ. ①TM05-44

中国版本图书馆 CIP 数据核字（2022）第 151344 号

出版发行：中国电力出版社
地　　址：北京市东城区北京站西街 19 号（邮政编码 100005）
网　　址：http://www.cepp.sgcc.com.cn
责任编辑：马　丹　柳　璐
责任校对：黄　蓓　常燕昆
装帧设计：郝晓燕
责任印制：钱兴根

印　　刷：北京世纪东方数印科技有限公司
版　　次：2022 年 9 月第一版
印　　次：2025 年 11 月北京第二次印刷
开　　本：889 毫米×1194 毫米　16 开本
印　　张：19.25
字　　数：550 千字
定　　价：75.00 元

《电网企业专业技能考核题库　装表接电工》

编　委　会

《电网企业专业技能考核题库　装表接电工》

编　写　组

主　　编　王　沛

副 主 编　黄吉涛　宝慧青

编写人员　田　瑞　荆树君　张利花　吴永浩　乔立春
　　　　　邓国学　吴　丹　刘　茜　史　强　王彩霞
　　　　　王登峰　唐　克　张　羽　徐文涛　杨　超
　　　　　祁亮亮

审稿人员　高伟国　王惠文　韩永峰

前 言

国网宁夏电力有限公司以国家职业技能鉴定、电力行业职业技能鉴定与国家电网有限公司技能等级评价（认定）相关制度、规范、标准为依据，主要针对电网企业各类技能工种的初级工、中级工、高级工、技师、高级技师等人员，以专业操作技能为主线，立足宁夏电网生产实际，结合新型电力系统构建要求，编写了《电网企业专业技能考核题库》丛书。丛书在编写原则上，以职业能力建设为核心；在内容定位上，突出针对性和实用性，涵盖了国家电网有限公司相关政策、标准、规程、规定及现代电力系统新设备、新技术、新知识、新工艺等内容。

丛书的深度、广度遵循了“适应发展需求、立足实践应用”的工作思路，全面涵盖了国家电网有限公司技能等级评价（认定）内容，能够为国网宁夏电力有限公司实施技能等级评价（认定）专业技能考核命题提供依据，也可服务于同类电网企业技能人员能力水平的考核与认定。本套丛书可供电网企业技能人员学习参考，可作为电网企业生产技能人员的培训教学用书，也可作为电力职业院校教学参考用书。

由于时间和水平有限，难免存在疏漏之处，恳请各位专家和读者提出宝贵意见。

目 录

第一部分
初级工

第一章　装表接电工初级工技能笔答

Jb0005531001-1　多费率电能表通常由哪几部分组成？（5分）

考核知识点：多费率电能表组成

难易度：易

标准答案：

多费率电能表按常用功能划分，通常有电能采样回路单片机、存储器、时钟回路、显示器、脉冲输出、通信接口、复位电路、电源电路等八部分组成。

Jb0005531002-1　Q/GDW 1356—2013《三相智能电能表型式规范》中错误代码包含哪些？（5分）

考核知识点：电能表错误代码

难易度：易

标准答案：

（1）电能表应能显示自检出错代码。

（2）出错故障一旦发生，显示器必须立即停留在该代码上，但按键显示可以改变当前代码，来显示其他选项。

（3）出错代码至少包括下列故障。

1）时钟错误。

2）存储器故障或损坏。

Jb0005531003-1　智能电能表常见显示故障的内容有哪些？（5分）

考核知识点：电能表的显示故障

难易度：易

标准答案：

黑屏、花屏、显示乱码、彩虹现象、断续显示、残像和拖尾、漏液、指示灯（LED）显示错误。

Jb0005531004-1　智能电能表常见计量性能故障的内容有哪些？（5分）

考核知识点：电能表的计量性能

难易度：易

标准答案：

误差超差、潜动、不启动、停走、组合误差超差、时段转换错误、闰年转换错误。

Jb0005531005-1　现场作业安全风险定义是什么？（5分）

考核知识点：现场作业安全风险定义

难易度：易

标准答案：

现场作业安全风险指在装表接电、用电检查、计量装置现场检验或故障处理等现场作业过程中，因为管理措施不到位、违反现场安全操作规定、错接线等，所引起的人身伤害、设备损坏、电网故障等风险。

Jb0005532006－1　国家电网公司员工服务的“十个不准”是什么？（5分）

考核知识点：十个不准

难易度：中

标准答案：

（1）不准违反规定停电、无故拖延送电。

（2）不准违反政府部门批准的收费项目和标准向客户收费。

（3）不准为客户指定设计、施工、供货单位。

（4）不准违反业务办理告知要求，造成客户重复往返。

（5）不准违反首问负责制，推诿、搪塞、怠慢客户。

（6）不准对外泄露客户个人信息及商业秘密。

（7）不准工作时间饮酒及酒后上岗。

（8）不准营业窗口擅自离岗或做与工作无关的事。

（9）不准接受客户吃请和收受客户礼品、礼金、有价证券等。

（10）不准利用岗位与工作之便谋取不正当利益。

Jb0005532007－1　计量装置现场安装时的安全操作规范有哪些？（5分）

考核知识点：计量装置现场安装时的安全操作规范

难易度：中

标准答案：

（1）严格按有关专业规程工艺要求进行施工。

（2）在登高和带电作业前应明确现场分工，做好安全措施，工作中注意监护。

（3）如是拆、换工作则应执行以下几点。

1）应先准确抄录原计量器具信息，如电能表各类底码。

2）对有专用接线盒的计量装置，在短接电流断开其电压后方可拆装，并抄录短接时客户计量装置功率和记录短接时间，计算出应补电量。

3）对没有专用接线盒的计量装置，在切断整个计量装置（含二次连线）电源并做好安全措施后，方可拆装。

Jb0005533008－1　电能计量装置二次回路的配置原则有哪些？（5分）

考核知识点：电能计量装置二次回路的配置原则

难易度：难

标准答案：

（1）35kV 以上贸易结算用电能计量装置中电压互感器二次回路，应不装设隔离开关辅助触点，但可装设熔断器；35kV 及以下贸易结算用电能计量装置中电压互感器二次回路，应不装设隔离开关辅助触点和熔断器。

（2）互感器二次回路的连接导线应采用铜质单芯绝缘线。对电流二次回路，连接导线截面积应按电流互感器的额定二次负荷计算确定，至少不应小于 $4mm^2$。对电压二次回路连接导线截面积应按允许的电压降计算确定，至少不应小于 $2.5mm^2$。

（3）互感器的二次回路不得接入与电能计量无关的设备。

（4）未配置计量柜（箱）的，其互感器二次回路的所有接线端子、试验端子应实施铅封。

Jb0005531009－1　简述在单相智能电能表潜动试验的定义。（5 分）

考核知识点：潜动试验的定义

难易度：易

标准答案：

电能表电压回路通以 115%U_n，电流回路无电流，在规定时间内电能表不应产生多于一个的脉冲输出。

Jb0005533010－1　简述电能表定时冻结、瞬时冻结、日冻结、约定冻结、整点冻结的概念。（5 分）

考核知识点：智能电能表相关定义

难易度：难

标准答案：

（1）定时冻结：按照约定的时刻及时间间隔冻结电能量数据；每个冻结量至少应保存 60 次。

（2）瞬时冻结：在非正常情况下，冻结当前的日历、时间、所有电能量和重要测量量的数据；瞬时冻结量应保存最后 3 次的数据。

（3）日冻结：存储每天零点的电能量，应可存储 60 天的数据量。停电时刻错过日冻结时刻，上电时补全日冻结数据，最多补冻最近 7 个日冻结数据。

（4）约定冻结：在新老两套费率/时段转换、阶梯电价转换或电力公司认为有特殊需要时，冻结转换时刻的电能量以及其他重要数据。

（5）整点冻结：存储整点时刻或半点时刻的有功总电能，应可存储 254 个数据。

Jb0005532011－1　关于装表接电及电能表申校期限如何规定？（5 分）

考核知识点：装表接电期限

难易度：中

标准答案：

（1）装表接电期限：受电工程验收合格并办理相关手续后，居民客户 3 个工作日内送电，非居民客户 5 个工作日内送电。

（2）受理客户计费电能表校验申请后，5 个工作日内出具检测结果。客户提出抄表数据异常后，7 个工作日内核实并答复。

Jb0005531012－1　何谓电能表的倍率？（5 分）

考核知识点：电能表倍率的定义

难易度：易

标准答案：

由于电能表的结构不同，接线方式不同或采用不同变比的互感器，使电能表计数器的读数需乘以一个系数，才是电路中真正消耗的电能数，这个系数称为电能表的倍率。

Jb0005531013－1　中性点、零点、中性线、零线是什么意思？（5 分）

考核知识点：定义

难易度：易

标准答案：

（1）三相电器设备按 Y 形连接时的公共点，称为中性点。

（2）中性点接地时，称为零点。

（3）由中性点引出的线称为中性线。

（4）由零点引出的线称为零线。

Jb0005532014－1　电能表错误代码 08、11、04、24、51、52、53 的含义是什么？（5 分）

考核知识点：电能表错误代码含义

难易度：中

标准答案：

（1）Err－08：时钟故障。

（2）Err－11：ESAM 验证失败。

（3）Err－04：时钟电池电压低。

（4）Err－24：表计电压过低。

（5）Err－51：负荷过载。

（6）Err－52：电流严重不平衡。

（7）Err－53：过电压。

Jb0005532015－1　智能电能表的主要功能有哪些？（5 分）

考核知识点：智能电能表的主要功能

难易度：中

标准答案：

计量功能、时钟功能、费率和时段功能、数据存储功能、电量冻结功能、事件记事功能、通信功能、信号输出功能、显示功能、测量功能、安全保护功能、费控功能、负荷记录功能、停电抄表功能、报警功能、安全认证功能。

Jb0005531016－1　什么是过电压？（5 分）

考核知识点：过电压的定义

难易度：易

标准答案：

电力系统在运行中，由于雷击、操作、短路等原因，导致危及设备绝缘的电压升高，称为过电压。

Jb0005532017－1　什么是 ESAM 模块？（5 分）

考核知识点：ESAM 模块的定义

难易度：中

标准答案：

嵌入在设备内，实现安全存储、数据加/解密、双向身份认证、存取权限控制、线路加密传输等安全控制功能。

Jb0005531018－1　电能计量印、证的种类有哪些？（5 分）

考核知识点：计量印、证的种类

难易度：易

标准答案：

包括检定证书、检定结果通知书、检定合格证、测试报告、封印、注销印。

Jb0005531019－1 何谓电磁式电压互感器？何谓电容式电压互感器？（5分）

考核知识点：电磁式电压互感器、电容式电压互感器概念

难易度：易

标准答案：

（1）电磁式电压互感器是一种通过电磁感应将一次电压按比例变换成二次电压的电压互感器。这种互感器不附加其他改变一次电压的电气元件。

（2）电容式电压互感器是一种利用电容分压器和电磁单元相互联结为整体，将一次电压按比例变换成二次电压的电压互感器。

Jb0005531020－1 通常采用什么办法提高功率因数？（5分）

考核知识点：功率因数提高的方法

难易度：易

标准答案：

（1）正确选择设备容量、型号，避免大马拉小车。

（2）尽可能选用同步电机，或者将异步电机同步化。

（3）装设电容器或调相机补偿装置。

（4）正确选择变压器并安排经济运行。

Jb0005532021－1 试说明电能表是如何分类的。（5分）

考核知识点：电能表的分类方法

难易度：中

标准答案：

根据电能表结构、原理及测量对象的性质，可以做不同的分类。

（1）按其结构的不同，电能表可分为机电式交流电能表、机电一体式电能表、电子式电能表。

（2）根据功能的不同，电能表可分为有功电能表、无功电能表、有功无功组合电能表、复费率电能表、最大需量电能表、多功能电能表。

（3）按相线规格的不同，电能表可分为单相电能表、三相三线电能表、三相四线电能表。

（4）按接入方式的不同，电能表可分为直接接入式电能表、经互感器接入式电能表。

（5）按准确度级别的不同，电能表可分为0.2级、0.2S级、0.5级、0.5S级、1级、2级、3级。

Jb0005531022－1 电能计量装置哪些部位应加封？（5分）

考核知识点：电能计量装置加封部位

难易度：易

标准答案：

（1）电能表两侧表耳和编程开关盖板。

（2）电能表尾盖板。

（3）试验接线盒盖板。

（4）电能表箱（柜）门锁。

（5）互感器二次接线端子。

（6）互感器柜门锁。

（7）电压互感器一次侧隔离开关操作手柄。

（8）独立就地端子箱或端子盒。

Jb0005532023－1　什么是短路？短路会造成什么后果？（5分）

考核知识点：短路的定义及后果

难易度：中

标准答案：

（1）如果电源通向负载的两根导线不经过负载而相互直接接通，从而导致电路中的电流剧增，这种现象称为短路。

（2）短路的后果是：由于导线的电流大幅度增加，会引起电气设备的过热，甚至烧毁电气设备，引起火灾。同时，短路电流还会产生很大的电动力，造成电气设备破坏，严重的短路事故甚至还会破坏系统稳定。

Jb0005532024－1　客户怀疑表不准怎么办？（5分）

考核知识点：客户申校的方法

难易度：中

标准答案：

根据《供电营业规则》第七十九条规定，供电企业必须按规定的周期校验、轮换计量电能表，并对计费电能表进行不定期检查。发现计量失常时，应查明原因。客户认为供电企业装设的计费电能表不准时，有权向供电企业提出校验申请，在客户交付验表费后，供电企业应在七天内校验，并将校验结果通知客户。如计量电能表的误差在允许范围内，验表费不退；如计费电能表的误差超出允许误差范围时，除退还验表费外，还应按规定退补电费。客户对检验结果有异议时，可向供电企业上级计量鉴定机构申请检定。客户在申请验表期间，其电费仍应按期交纳，验表结果确认后，再行退补电费。

Jb0005531025－1　什么是TT接地方式？（5分）

考核知识点：TT接地方式

难易度：易

标准答案：

电源中性点是接地的，电气设备外露导电部分用单独的接地极接地，与电源的接地点无电气联系的接地系统称TT系统。

Jb0005532026－1　《国家电网公司电力安全工作规程》中“两票三制”是指什么？（5分）

考核知识点：《国家电网公司电力安全工作规程》

难易度：中

标准答案：

（1）两票：工作票、操作票。

（2）三制：交接班制、巡回检查制、设备定期试验与轮换制。

Jb0005532027－1　用电信息采集系统如何实现终端对电能表对时？（5分）

考核知识点：电能表对时的系统要求

难易度：中

标准答案：

当电能表时钟误差超过允许值后，由采集终端将电能表时钟超差事件报送到主站，经主站允许后，采集终端启动对时钟超差电能表的对时（可采用广播对时或点对点对时命令），电能表生成对时事件，终端将所属电能表对时事件报送到主站。

Jb0005531028－1　怎样编写二次线头的号排？（5分）

考核知识点：二次线头的号排编写方法

难易度：易

标准答案：

（1）首先认清每个设备的安装单位的安装编号或元件的代表符号。

（2）本线头应编写本线头另一端的安装单位的编号或元件代表符号及元件的接线端子号码。

（3）认清每个安装单位或元件接线端子的顺序号码。

Jb0005531029－1　互感器的使用有哪些好处？（5分）

考核知识点：互感器的使用好处

难易度：易

标准答案：

（1）可扩大仪表和继电器的量程。

（2）有利于仪表和继电器的规范化生产，降低生产成本。

（3）用互感器将高电压与仪表、继电器加回路隔开，能保证仪表、继电器回路及工作人员的安全。

Jb0005532030－1　使用万用表有哪些注意事项？（5分）

考核知识点：万用表使用注意事项

难易度：中

标准答案：

（1）使用万用表首先应选择要测量的项目和大概数值（若不清楚大概数值时，应选择本项的最大量程档，然后再放置近似档测量）。

（2）测量电阻时，应断开被侧回路的电源，并将两个测量线短接，调节万用表的零位调节器，使万用表指0后再测量。

（3）读数应注意所测量项目和量程档的相应刻度盘上的刻度标尺及倍率。

（4）测电容器时，必须首先将电容器的存贮电容量放净。

（5）使用完后，应将其转换开关拨至0档或交流电压最大档。

Jb0005532031－1　使用钳型电流表进行测量时，应注意什么？（5分）

考核知识点：钳型电流表测量注意事项

难易度：中

标准答案：

（1）使用钳型电流表前，先应注意其测量档位，使其指针正确指示，不能使指针过头或指示过小。

（2）要保持安全距离，不得造成相间短路或接地，烧坏设备或危及人身安全。

（3）不可同时钳住两根导线或多根导线。

（4）测量时铁芯钳口要紧密闭合，被测导线尽量置于孔中心，以减小测量误差。

Jb0005532032－1 发现有人高压触电应如何解救？（5分）

考核知识点：触电急救

难易度：中

标准答案：

（1）当发现有人高压触电时，应立即断开电源侧高压断路器或用绝缘操作杆拉开高压跌落熔断器。

（2）若事故地点离断路器太远，可用金属棒等物抛掷至高压导电设备上，使其短路后保护装置动作，自动切断电源；但要注意抛掷物要足够粗，并保护自己的安全，防止断线掉下自己触电或被高压短路电弧烧伤。

Jb0005532033－1 《国家电网公司电力安全工作规程》中规定低压带电作业工作中保证安全措施有哪些？（5分）

考核知识点：《国家电网公司电力安全工作规程》

难易度：中

标准答案：

（1）低压带电作业设专人监护，使用有绝缘柄的工具，工作时站在干燥的绝缘物上进行，并戴手套和安全帽，必须穿长袖衣工作，严禁使用锉刀、金属尺和带有金属的毛刷、毛掸等工具。

（2）高低压同杆架设，在低压带电线路上工作时，应先检查与高压线的距离，做好防止误碰带高电压设备的措施。在低压带电导线未采取绝缘措施时，工作人员不得穿越。

（3）上杆前应先分清相、地线，选好工作位置。断开导线时，应先断开相线，后断开地线。搭接导线时，顺序应相反。人体不得同时接触两根线头。

Jb0005531034－1 什么是接户线？什么是进户线？（5分）

考核知识点：接户线、进户线的定义

难易度：易

标准答案：

（1）从供电线路的电杆或墙架（里弄内）线接到墙外的第一个支持物的一段线路，称为接线户。

（2）从用户屋外第一个支持点到屋内计量电能表（或计量互感器）的一段引线，称为进户线。

Jb0005532035－1 LQJ－10、LMJ－10、LFC－10、LQG－0.5 型电流互感器型号含义是什么？（5分）

考核知识点：电流互感器标识

难易度：中

标准答案：

（1）第一个字母 L 为电流互感器。

（2）第二个字母 Q 为线圈式，M 为母线贯穿式，F 为主复匝式。

（3）第三个字母 J 为树脂浇注，C 为瓷绝缘，G 为改进型。

（4）－10 为一次侧额定电压 10kV，－0.5 为一次侧额定电压 500V。

Jb0005531036－1 什么是多功能电能表？（5分）

考核知识点：多功能电能表的定义

难易度：易

标准答案：

多功能电能表是指由测量单元和数据处理单元等组成，除计量有功（无功）电能量外，还具有分时、测量需量等两种以上功能，并能显示、储存和输出数据的电能表。

Jb0005532037－1　多功能电能表反向电量有哪四种显示方式？（5分）

考核知识点：多功能电能表反向电量显示方式

难易度：中

标准答案：

（1）反向电量计入正向电量中，同时反向总电量单独计量并显示。

（2）反向电量计入正向电量中，同时反向总电量单独计量，不显示。

（3）反向、正向电量单独显示，反向总电量显示。

（4）反向、正向电量单独显示，反向总电量不显示。

Jb0005532038－1　全电子式电能表有哪些特点？（5分）

考核知识点：电子式电能表特点

难易度：中

标准答案：

（1）测量精度高，工作频带宽，过载能力强。

（2）本身功耗比感应式电能表低。

（3）由于可将测量值（脉冲）输出，故可进行远方测量。

（4）引入单片微机后，可实现功能扩展，制成多功能和智能电能表等。

Jb0005531039－1　使用钳形电流表测量电流时有哪些安全要求？（5分）

考核知识点：钳形电流表使用要求

难易度：易

标准答案：

使用钳形电流表时，应注意钳形电流表的电压等级。测量时戴绝缘手套，站在绝缘垫或穿绝缘鞋，不得触及其他设备，以防短路或接地。观测表计时，要特别注意保持头部与带电部分的安全距离。

Jb0005532040－1　在线路上产生电压损失的主要原因是什么？（5分）

考核知识点：电压损失原因

难易度：中

标准答案：

（1）供电线路太长，超出合理的供电半径。

（2）用户用电的功率因数低。

（3）线路导线截面积太小。

（4）冲击性负荷、三相不平衡负荷的影响。

Jb0005531041－1　功率因数低的原因是什么？（5分）

考核知识点：功率因数

难易度：易

标准答案：

（1）大量采用感应电动机或其他感应用电设备。

（2）电感性用电设备不配套或使用不合理，造成设备长期轻载或空载运行。

（3）采用日光灯、路灯照明时，没有配电容器。

（4）变电设备负载率和年利用小时数过低。

Jb0005531042－1　电能表安装接线图包括什么？（5分）

考核知识点：电能计量装置接线

难易度：易

标准答案：

安装接线图包括盘面布置图、二次安装接线图，还有用于简单二次回路的安装原理接线图。

Jb0005531043－1　电能计量装置包括哪些？（5分）

考核知识点：电能计量装置概念

难易度：易

标准答案：

电能计量装置包括各种类型电能表、计量用电压、电流互感器及二次回路、电能计量柜（箱）等。

Jb0005531044－1　在哪些场所必须使用铜芯线？（5分）

考核知识点：铜芯线的安装使用场合

难易度：易

标准答案：

（1）易燃、易爆场所。

（2）重要的建筑，重要的资料室、档案室、库房。

（3）人员聚集的公共场所、娱乐场所，舞台照明。

（4）计量等二次回路。

Jb0005531045－1　为什么要选用S级的电流互感器？（5分）

考核知识点：电流互感器原理

难易度：易

标准答案：

由于S级电流互感器能在额定电流的1%～120%准确计量，故对长期处在负载电流小，但又有大负荷电流的用户，或有大冲击负荷的用户和线路，为了提高计量准确度，可选用S级电流互感器。

Jb0005531046－1　如检查中发现用户有违约用电或窃电行为时应怎么办？（5分）

考核知识点：窃电处置

难易度：易

标准答案：

如检查中发现用户有违约用电或窃电行为时，应设法保护现场和依法取证，并按国家有关规定查处，必要时应向主管领导汇报，请求派员协助查处。

Jb0005531047-1　基本电费的计收方法有哪两种？（5分）

考核知识点：电费收取

难易度：易

标准答案：

（1）按用户自备专用受电变压器容量和所有不通过专用变压器直接接用的高压电动机容量之和为计算标准。

（2）按用电最大需量（kW）计算。

Jb0005532048-1　什么是智能电能表？（5分）

考核知识点：电能表的定义

难易度：中

标准答案：

由测量单元、数据处理单元、通信单元等组成，具有电能量计量、信息存储及处理、实时监测、自动控制、信息交互等功能的电能表。

Jb0005531049-1　万用表是一种多功能组合仪表，它可以测量哪些参数？（5分）

考核知识点：电气仪器、仪表的使用

难易度：易

标准答案：

电压、电流、电阻。

Jb0005531050-1　电能计量装置记录的电量按时段分为哪几个时段？（5分）

考核知识点：智能电能表功能规范

难易度：易

标准答案：

一般分为尖、峰、平、谷四个时段。

Jb0005531051-1　电能计量装置主要由哪几部分组成？（5分）

考核知识点：电能计量装置组成

难易度：易

标准答案：

电能计量装置主要由电能表、电流互感器及电压互感器、计量箱（柜、屏）、二次回路组成。

Jb0005531052-1　计量封印分为哪几种？（5分）

考核知识点：电能计量封印技术规范

难易度：易

标准答案：

卡扣式封印、穿线式封印、电子式封印。

Jb0005531053-1　经检定合格的电能表、互感器应施加什么标记？（5分）

考核知识点：电能计量装置检定

难易度：易

标准答案：

施加检定封印和/或合格标记。

Jb0005531054－1 安装封印施用范围是什么？（5分）

考核知识点： 计量印证使（领）用

难易度： 易

标准答案：

计量二次回路的所有接线端子、电能表接线端子盒及电能计量柜（屏、箱）门等。

Jb0005531055－1 属金属外壳的直接接通式电能表，什么情况下外壳必须接地？（5分）

考核知识点： 电能计量装置安装接线规则

难易度： 易

标准答案：

如装在非金属盘上外壳必须接地。

Jb0005531056－1 智能电能表时钟电池电量耗尽会造成哪些报警？（5分）

考核知识点： 电能表故障现象甄别和处置

难易度： 易

标准答案：

时钟电池电量耗尽会造成时钟芯片停止工作，并伴随电能表 Err－04（时钟电池欠电压）和 Err－08（时钟错乱）的报警。

Jb0005531057－1 带电调换电能表时，哪种情况下应系安全带？（5分）

考核知识点： 计量标准化作业

难易度： 易

标准答案：

离地 2m 以上登高作业。

Jb0005533058－1 怎么用钳形电流表测电流？（5分）

考核知识点： 电器仪器、仪表的使用

难易度： 难

标准答案：

（1）测量前，应估计被测电流的大小，以便选择合适的量程。

（2）测量时，被测载流导线应放置在钳口中央。

（3）钳口要紧密结合。

（4）测小电流时，可将被测载流导线多卷几圈进行测量。

（5）测量完毕，一定要把仪表的量程开关置于最大的量程位置。

Jb0005511059－1 已知某用户馈线采用 SWYV－50－7－1，每米损耗 0.14DB，长度为 25m，电缆每个接头损耗 0.1DB，问馈线损耗是多少？（5分）

考核知识点： 馈线损耗

难易度： 易

标准答案：

解：

$$L=25\times0.14+0.1\times2=3.7\text{（DB）}$$

答：馈线损耗 3.7DB。

Jb0005511060－1　某无线电力负荷管理系统中央站，用功率计测量，天线功率输出为 22W，变成空间电磁波射出功率为 20W，问天线效率是多少？（5 分）

考核知识点：电量计算

难易度：易

标准答案：

解：

$$\eta=\frac{20}{22}=0.91$$

答：天线效率是 0.91。

Jb0005511061－1　一化工厂某月用电量 W_P 为 72 万 kWh，最大负荷 P_{max} 为 2000kW，求月负荷率 K 为多少？（5 分）

考核知识点：月负荷率

难易度：易

标准答案：

解：月平均负荷

$$P_{av}=\frac{W_P}{t}=\frac{720\,000}{24\times30}=1000\text{ (kW)}$$

月负荷率

$$K=\frac{P_{av}}{P_{max}}\times100\%=\frac{1000}{2000}\times100\%=50\%$$

答：月负荷率为 50%。

Jb0005511062－2　某用户三月份有功电能表计量 4000kWh，无功电能表计量 3000kvarh，求该用户的平均功率因数是多少？（5 分）

考核知识点：月负荷率

难易度：易

标准答案：

解：

$$\cos\varphi=\frac{W_P}{\sqrt{W_P^2+W_Q^2}}=\frac{4000}{\sqrt{4000^2+3000^2}}$$
$$=0.8$$

答：平均功率因数是 0.8。

Jb0005511063－1　有一个三相 380/220V 的完全对称电路，线电流 I=5A，$\cos\varphi$=0.8，负载呈星形接线，试求负载消耗的有功功率。（5 分）

考核知识点：有功功率

难易度：易

标准答案：

解：

$$P=\sqrt{3}UI\cos\varphi=\sqrt{3}\times380\times5\times0.8=2632.6\text{（W）}$$

答：负载消耗的有功功率为2632.6W。

Jb0005511064－1　有一只0.2级变比为10V/100V的电压互感器，额定二次负载为50VA，求该电压互感器的二次负载总阻抗是多少？（5分）

考核知识点：互感器二次负载总阻抗

难易度：易

标准答案：

解：

根据公式$S_2=\dfrac{U^2}{Z}$得

$$Z=\frac{100^2}{50}=200\text{（}\Omega\text{）}$$

答：电压互感器的二次负载总阻抗为200Ω。

Jb0005511065－1　有一电流互感器，铭牌标明穿2匝时变比为150A/5A，试求将该电流互感器变比改为100A/5A时，一次侧应穿多少匝？（5分）

考核知识点：电流互感器配置

难易度：易

标准答案：

解：

$$I_1N_1=I_2N_2$$
$$N_2=150\times2/100=3\text{（匝）}$$

答：变比改为100/5时，一次侧应穿3匝。

Jb0005511066－1　有一个三相三角形接线的负载，每相均由电阻$R=10\Omega$，感抗$X_L=8\Omega$组成，电源的线电压是380V，求相电流I_φ，线电流I，功率因数$\cos\varphi$和三相有功功率P。（5分）

考核知识点：有功功率

难易度：中

标准答案：

解：

设每相的阻抗为$|Z|$，则

$$|Z|=\sqrt{R^2+X_L^2}=\sqrt{10^2+8^2}=12.8\text{（}\Omega\text{）}$$

相电流I_φ：

$$I_\varphi=\frac{U_\varphi}{|Z|}=\frac{380}{12.8}=29.7\text{（A）}$$

线电流I：

$$I=\sqrt{3}I_\varphi=\sqrt{3}\times29.7=51.4\text{（A）}$$

功率因数：

$$\cos\varphi = \frac{R}{|Z|} = \frac{10}{12.8} = 0.78$$

三相有功功率：

$$P = 3V_{\varphi}I_{\varphi}\cos\varphi = 3\times380\times29.7\times0.78 = 26.4\text{（kW）}$$

答：相电流I_{φ}为 29.7A，线电流I为 51.4A，功率因数 $\cos\varphi$为 0.78，三相有功功率P为 26.4kW。

Jb0005512067－2　有一个三相三角形接线的负载，每相均由电阻 R=8Ω，感抗 X_L＝6Ω 组成，电源的线电压是 380V，求相电流 I_{φ}、线电流 I、功率因数 $\cos\varphi$ 和有功功率 P。（5 分）

考核知识点：功率因数和有功功率

难易度：中

标准答案：

解：

设每相的阻抗为$|Z|$，则

$$|Z| = \sqrt{R^2 + X_L^2} = \sqrt{8^2 + 6^2} = 10\text{（Ω）}$$

因为$U_{\varphi} = U_X$，相电流I_{φ}：

$$I_{\varphi} = \frac{U_{\varphi}}{|Z|} = \frac{380}{10} = 38\text{（A）}$$

线电流I：

$$I = \sqrt{3}I_{\varphi} = \sqrt{3}\times38 = 65.8\text{（A）}$$

功率因数：

$$\cos\varphi = \frac{R}{|Z|} = \frac{8}{10} = 0.8$$

三相有功功率：

$$P = 3U_{\varphi}I_{\varphi}\cos_{\varphi} = 3\times380\times38\times0.8 = 34.7\text{（kW）}$$

答：相电流I_{φ}为 38A，线电流I为 65.8A，功率因数为 0.8，三相有功功率为 34.7kW。

Jb0005511068－1　一直流电流表，内阻为 30Ω，量程是 5A，现有一直流电路，估计其电流最大值不超过 20A，如用此表量该直流电路准确电流值，问应并联一个多大电阻？（5 分）

考核知识点：电工基础

难易度：易

标准答案：

解：设应并联电阻值为X，根据并联电路分流原理，有

$$30:X=(20-5):5$$
$$15X=150$$

则

$$X=10\text{（Ω）}$$

答：应并联一个 10Ω 的电阻。

Jb0005511069－1　一量程为 200V 的直流电压表，内阻为 20kΩ。现欲将其量程扩大到 600V，手边只有一批阻值不等的电阻，问应取多大电阻？如何相接？（5 分）

考核知识点：电工基础

难易度：易

标准答案：

解：根据串联分压原理，通过串联一电阻，可将其量程扩大至600V。

设应串联电阻阻值为X，有

$$200:(600-200)=20:X$$
$$X=40\text{（k}\Omega\text{）}$$

答：应选10kΩ电阻，串联即可。

Jb0005512070－1　已知一台直流电动机，其额定功率$P_N=100\text{kW}$，额定电压$U_N=220\text{V}$，额定转速$n_N=1500\text{r/min}$，额定效率$\eta_N=90\%$，求该电动机额定运行时的输入功率P_1和额定电流I_N（5分）。

考核知识点：电工基础

难易度：中

标准答案：

解：额定运行时的输入功率P_1为

$$P_1=P_N/\eta_N=100/90\%=111.1\text{（kW）}$$

额定电流I_N为

$$U_N I_N=P_1$$
$$I_N=P_1/U_N=100\times10^3/(90\%\times220)=505\text{（A）}$$

答：额定运行时输入功率P_1为111.1kW，额定电流I_N为505A。

Jb0005511071－1　一正弦交流电的周期是0.02s，试求该电流的角频率ω。（5分）

考核知识点：电工基础

难易度：易

标准答案：

解：该交流电的频率

$$f=1/0.02=50\text{（Hz）}$$
$$\omega=2\pi f=2\times3.14\times50=314\text{（rad/s）}$$

答：其角频率为314 rad/s。

Jb0005511072－1　已知图Jb0005511072－1所示电路中，$R_1=20\Omega$，$R_2=80\Omega$，$R_3=28\Omega$，$U=220\text{V}$，求R_1、R_2、R_3上消耗的有功功率为多少？（5分）

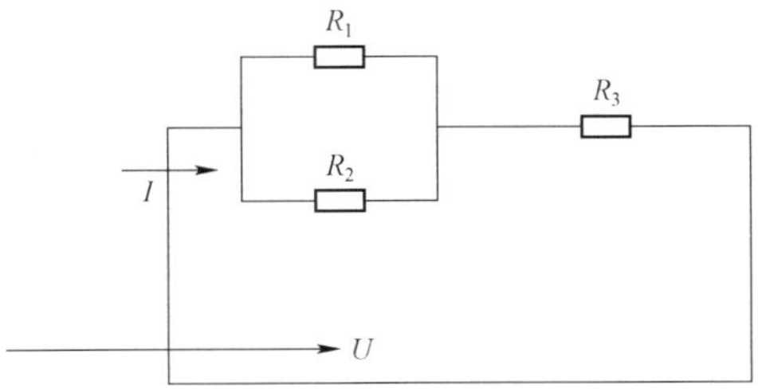

图 Jb0005511072－1

考核知识点：电工基础

难易度：易

标准答案：

解： R_1 与 R_2 并联后的总电阻为

$$R_{12}=\frac{1}{\frac{1}{R_1}+\frac{1}{R_2}}=\frac{1}{\frac{1}{20}+\frac{1}{80}}=16(\Omega)$$

与 R_3 串联后的电阻为

$$R_{\Sigma}=R_{12}+R_3=28+16=44\ (\Omega)$$

所以，通过 R_3 的总电流

$$I=U/R_{\Sigma}=220\div 44=5\ (\text{A})$$

根据欧姆定律，R_3 上消耗的有功功率为

$$P_3=I^2\times R_3=5\times 5\times 28=700\ (\text{W})$$

R_1、R_2 并联电路上的电压为

$$U'=I\times R_{12}=5\times 16=80(\text{V})$$

R_1 上消耗的有功功率为

$$P_1=U'^2\div R_1=80\times 80\div 20=320(\text{W})$$

R_2 上消耗的有功功率为

$$P_2=U'^2\div R_2=80\times 80\div 80=80(\text{W})$$

答： R_1 上消耗的有功功率为 320W，R_2 上消耗的有功功率为 80W，R_3 上消耗的有功功率为 700W。

Jb0005531073－1　什么是电网？（5 分）

考核知识点： 电工基础

难易度： 易

标准答案：

电网是电力系统的重要组成部分，是发电厂和电力用户之间必不可少的中间环节。它由各种电压等级的输配电线路及两端的变电所组成。

Jb0005531074－1　什么是电力负荷？（5 分）

考核知识点： 电工基础

难易度： 易

标准答案：

电力负荷是指用户用电设备所消耗的功率，分为有功负荷和无功负荷两种。

Jb0005531075－1　理想变压器一、二次侧电压和电流有何关系？（5 分）

考核知识点： 电工基础

难易度： 易

标准答案：

对于理想变压器，一次侧的电功率

$$P_1=U_1I_1$$

二次侧的电功率

$$P_2=U_2I_2$$

而
$$P_1 = P_2$$
所以
$$\frac{U_1}{U_2} = \frac{I_2}{I_1}$$

Jb0005531076－1　什么是安全距离？（5分）

考核知识点：电工基础

难易度：易

标准答案：

为了防止人体过分接近带电体而造成触电，以及防止带电体之间发生放电或短路现象，均需在带电导体及附近接地的物体、地面、不同相带电导体以及人体之间，保持一定的距离（间隙），当上述实际距离大于这个距离时，人体及设备才是安全的，这个距离称为安全距离。

Jb0005531077－1　欧姆定律的内容是什么？（5分）

考核知识点：电工基础

难易度：易

标准答案：

在电阻电路中，电流的大小与电阻两端电压的高低成正比，而与电阻值大小成反比。

Jb0005531078－1　什么是有功功率、无功功率和视在功率？（5分）

考核知识点：电工基础

难易度：易

标准答案：

（1）有功电流和电压产生的功率称为有功功率，用 P 表示。

（2）无功电流和电压产生的功率称为无功功率，用 Q 表示。

（3）电压 U 和电流 I 的乘积 UI 虽有功率的量纲，但不是电路实际消耗的功率，所以称为视在功率，用字母 S 表示。

Jb0005531079－1　什么是直流电？什么是交流电？（5分）

考核知识点：电工基础

难易度：易

标准答案：

（1）直流电是指大小和方向都不变的电流。

（2）交流电是指大小和方向均随时间变化的电流。

Jb0005531080－1　什么是电功和电功率？分别用公式表示。（5分）

考核知识点：电工基础

难易度：易

标准答案：

（1）电流所做的功称为电功，用符号 A 表示。电功的大小与电路中的电流、电压以及时间成正比，用公式表示为
$$A = UI_T = I^2Rt$$

式中 U——电路两端的电压，V；

I——电路电流，A；

R——电路电阻，Ω；

t——通电时间，s；

A——电功，J。

（2）电流在单位时间内所做的功称为电功率，用字母 P 表示，用公式表示为

$$P=\frac{A}{t}=UI=I^2R=\frac{U^2}{R}$$

式中 A——电功，J；

t——做功的时间，s；

U——电路两端的电压，V；

I——电路电流，A；

R——电路电阻，Ω；

P——电功率，W。

Jb0005531081－1　请写出线路有功功率损耗的计算公式？（5 分）

考核知识点：电工基础

难易度：易

标准答案：

线路有功功率损耗计算公式为

$$\Delta P=3I^2R$$

式中 I——流过线路一相的电流，kA；

R——线路一相的电阻，Ω。

Jb0005531082－1　什么是运行中的电气设备？（5 分）

考核知识点：电工基础

难易度：易

标准答案：

运行中的电气设备是指全部带有电压或部分带有电压及一经操作即带有电压的电气设备。

Jb0005531083－1　什么是冲击负荷？引起冲击负荷的常用设备有哪些？（5 分）

考核知识点：电工基础

难易度：易

标准答案：

（1）生产（或运行）过程中周期性或非周期性地从电网中取用快速变动功率的负荷，称为冲击负荷。

（2）引起冲击负荷的常见用电设备有炼钢弧炉、电力机车、电焊机等。

Jb0005531084－1　什么是三相四线制？（5 分）

考核知识点：电工基础

难易度：易

标准答案：

三相四线制是带电导体配电系统的形式之一。三相指 L1、L2、L3 三相，四线指通过正常工作电流的三根相线和一根 N 线（中性线），不包括不通过正常工作电流的 PE 线。

Jb0005531085－1 在电气设备上工作为什么要填用工作票？（5 分）

考核知识点：作业安全

难易度：易

标准答案：

工作票是准许在电气设备上工作的书面命令，通过工作票可明确安全职责，履行工作许可、工作间断、转移和终结手续，是完成其他安全措施的书面依据。因此，除特定的工作外，凡在电气设备上进行工作的，均须填用工作票。

Jb0005531086－1 安全生产的组织措施和技术措施是什么？（5 分）

考核知识点：作业安全

难易度：易

标准答案：

（1）保证安全的组织措施如下。

1）工作票制度。

2）操作票制度。

3）工作许可制度。

4）工作监护制度。

5）工作间断、转移和终结制度。

（2）保证安全的技术措施如下。

1）停电。

2）验电。

3）装接地线。

4）悬挂标示牌和装设遮拦。

第二章 装表接电工初级工技能操作

Jc0005541001－1 目测导线截面积。（100分）

考核知识点： 材料选型

难易度： 易

技能等级评价专业技能考核操作工作任务书

一、任务名称

目测导线截面积。

二、适用工种

装表接电工初级工。

三、具体任务

随机准确判断出5条导线截面积。

四、工作规范及要求

（1）着装符合要求，穿全棉长袖工作服、绝缘鞋，戴安全帽、线手套。

（2）待考评员宣布许可工作命令后开始工作并计时。

（3）现场操作严格执行《国家电网公司电力安全工作规程（配电部分）》。

（4）工作结束清理现场，并向监考员报告。

五、现场提供材料及工器具

2.5、4、10、16、25mm^2铜芯线各0.3m，共5根导线。

六、考核时间及要求

本考核操作时间为2分钟，时间到停止考评。

技能等级评价专业技能考核操作评分标准

工种	装表接电工					评价等级	初级工
项目模块	电能计量装置安装—接户线、进户线的安装				编号	Jc0005541001－1	
单位			准考证号			姓名	
考试时限	2分钟		题型	单项操作		题分	100分
成绩		考评员		考评组长		日期	
试题正文	目测导线截面积						
需要说明的问题和要求	（1）要求单人操作。 （2）操作时应注意安全，按照标准化作业指导书的技术安全说明做好安全措施						

序号	项目名称	质量要求	满分	扣分标准	扣分原因	得分
1	准确判断出导线1截面积	要求正确识别各种规格的导线	20	每根导线截面积识别错误，扣20分；每根导线识别时间超过2s，不得分		
2	准确判断出导线2截面积	要求正确识别各种规格的导线	20	每根导线截面积识别错误，扣20分；每根导线识别时间超过2s，不得分		

续表

序号	项目名称	质量要求	满分	扣分标准	扣分原因	得分
3	准确判断出导线 3 截面积	要求正确识别各种规格的导线	20	每根导线截面积识别错误，扣 20 分；每根导线识别时间超过 2s，不得分		
4	准确判断出导线 4 截面积	要求正确识别各种规格的导线	20	每根导线截面积识别错误，扣 20 分；每根导线识别时间超过 2s，不得分		
5	准确判断出导线 5 截面积	要求正确识别各种规格的导线	20	每根导线截面积识别错误，扣 20 分；每根导线识别时间超过 2s，不得分		
合计			100			

Jc0005541002－1　正确使用钳形万用表。（100 分）

考核知识点：工器具使用

难易度：易

技能等级评价专业技能考核操作工作任务书

一、任务名称

正确使用钳形万用表。

二、适用工种

装表接电工初级工。

三、具体任务

（1）检查钳形万用表。

（2）选择合适的档位和量程测量电流。

四、工作规范及要求

（1）着装符合要求，穿全棉长袖工作服、绝缘鞋，戴安全帽、线手套。

（2）待考评员宣布许可工作命令后开始工作并计时。

（3）现场操作严格执行《国家电网公司电力安全工作规程（配电部分）》。

（4）工作结束清理现场，并向监考员报告。

五、现场提供材料及工器具

准备通过电流的导线 3 根。

六、考核时间及要求

本考核操作时间为 2 分钟，时间到停止考评。

技能等级评价专业技能考核操作评分标准

<table>
<tr><td>工种</td><td colspan="8">装表接电工</td><td>评价等级</td><td>初级工</td></tr>
<tr><td>项目模块</td><td colspan="7">电能计量装置现场检验—电能计量装置电压参数测量</td><td>编号</td><td colspan="2">Jc0005541002－1</td></tr>
<tr><td>单位</td><td colspan="3"></td><td colspan="2">准考证号</td><td colspan="3"></td><td>姓名</td><td></td></tr>
<tr><td>考试时限</td><td colspan="2">2 分钟</td><td colspan="2">题型</td><td colspan="4">单项操作</td><td>题分</td><td>100 分</td></tr>
<tr><td>成绩</td><td></td><td>考评员</td><td colspan="2"></td><td colspan="2">考评组长</td><td colspan="2">日期</td><td></td><td></td></tr>
<tr><td>试题正文</td><td colspan="10">正确使用钳形万用表</td></tr>
<tr><td>需要说明的问题和要求</td><td colspan="10">（1）要求单人操作。
（2）操作时应注意安全，按照标准化作业指导书的技术安全说明做好安全措施</td></tr>
</table>

续表

序号	项目名称	质量要求	满分	扣分标准	扣分原因	得分
1	检查钳形万用表	（1）检查钳形万用表的本体外表有无损坏。 （2）检查钳形万用表表笔绝缘有无破损。 （3）检查钳形万用表开口处的清洁度	20	未进行钳形万用表本体外观检查扣5分； 未进行表笔外观检查扣5分； 未进行铁芯开口处清洁度检查扣10分		
2	选择合适的档位和量程测量电流	（1）对被测的电流大小做一大概的估约，选择钳形万用表的档位要大于估约数。 （2）手持握钳形万用表的绝缘部分，用大拇指把开关按住，将所要测的导线置于铁芯中央，再松开开关。 （3）待读数稳定后进行记录。 （4）测量结束之后，将钳形万用表的电流档位调至最高档位	80	档位选择错误扣20分； 持握方式不正确或被测导线放置位置不佳扣10分； 液晶显示读数未稳定前即记录数据扣20分； 测量结束后未将钳形万用表的电流档位调至最高档位扣30分		
合计			100			

Jc0005542003－1　电能表运行判断。（100分）

考核知识点：设备运维

难易度：中

技能等级评价专业技能考核操作工作任务书

一、任务名称

电能表运行判断。

二、适用工种

装表接电工初级工。

三、具体任务

在指定工位［3×220/380V、3×1.5（6）A三相电能表，TA变比为50/5］，电能表有功脉冲1min闪烁100次，根据脉冲闪烁次数与有功常数的关系计算有功功率并填表Jc0005542003－1－1。

表Jc0005542003－1－1

表号	规格	有功常数	有功功率

四、工作规范及要求

（1）着装符合要求，穿全棉长袖工作服、绝缘鞋，戴安全帽、线手套。

（2）携带自备工具（钢笔或中性笔、计算器）进入现场，待考评员宣布许可工作命令后开始工作并计时。

（3）打开计量柜（箱）门之前必须对柜（箱）体验电，现场操作严格执行《国家电网公司电力安全工作规程（配电部分）》。

（4）工作结束清理现场，并向监考员报告。

五、现场提供材料及工器具

验电笔、万用表、钳形电流表、螺钉旋具。

六、考核时间及要求

本考核操作时间为30分钟，时间到停止考评。

技能等级评价专业技能考核操作评分标准

工种	装表接电工					评价等级	初级工
项目模块	电能计量装置现场检验—电能计量装置电流参数测量				编号	Jc0005542003－1	
单位		准考证号				姓名	
考试时限	30 分钟		题型	单项操作		题分	100 分
成绩		考评员		考评组长	日期		
试题正文	电能表运行判断						
需要说明的问题和要求	（1）要求单人操作。 （2）操作时应注意安全，按照标准化作业指导书的技术安全说明做好安全措施						

序号	项目名称	质量要求	满分	扣分标准	扣分原因	得分
1	安全文明生产	佩戴安全帽； 穿全棉工作服；穿绝缘鞋；操作时戴线手套； 打开柜门前需先验电	20	有一项未按要求进行，扣 5 分，扣完为止		
2	参数抄读	正确抄读电能表铭牌各项参数	50	错误，一项扣 5 分，扣完为止		
3	填写记录	正确、规范填写记录表	20	数据填写错误，一处扣 5 分； 单位使用错误，一处扣 5 分； 扣完为止		
4	现场恢复	操作结束后清理现场杂物，并将工器具归位摆放整齐	10	现场留有杂物或工器具未归位，扣 10 分		
合计			100			

标准答案：

正确抄读电能表铭牌参数，掌握电能表有功常数与功率指示灯规定时间闪烁次数的关系，计算出当前有功功率（表 Jc0005542003－1－2 内空白处以考核现场电能计量装置参数示数值为准）。

表 Jc0005542003－1－2

表号	规格	有功常数
	3×220/380V、3×1.5（6）A	3200imp/kWh

Jc0005543004－1　表计异常判断。（100 分）

考核知识点： 故障分析

难易度： 难

技能等级评价专业技能考核操作工作任务书

一、任务名称

表计异常判断。

二、适用工种

装表接电工初级工。

三、具体任务

（1）经用电信息采集系统分析，发现现场表号为××的三相电能表长期无电流，已知该户为台区考核总表，现场分析原因。

（2）现场处理异常。

四、工作规范及要求

（1）着装符合要求，穿全棉长袖工作服、绝缘鞋，戴安全帽、线手套。

（2）携带自备工具（钢笔或中性笔、计算器、线手套）进入现场，待考评员宣布许可工作命令后开始工作并计时。

（3）打开计量柜（箱）门之前必须对柜（箱）体验电，现场操作严格执行《国家电网公司电力安全工作规程（配电部分）》。

（4）工作结束清理现场，并向监考员报告。

五、现场提供工器具及材料

验电笔、螺钉旋具、铅封、绝缘胶带、封表钳。

六、考核及时间要求

本考核操作时间限定为20分钟，计时结束停止考评。

技能等级评价专业技能考核操作评分标准

工种	装表接电工					评价等级	初级工
项目模块	电能计量装置现场检验—电能计量装置电流参数和相序测量				编号	Jc0005543004－1	
单位			准考证号			姓名	
考试时限	20分钟		题型	单项操作		题分	100分
成绩		考评员		考评组长	日期		
试题正文	表计异常判断						
需要说明的问题和要求	（1）要求单人操作。 （2）操作应注意安全，按照标准化作业书的技术安全说明做好安全措施						

序号	项目名称	质量要求	满分	扣分标准	扣分原因	得分
1	安全文明生产	佩戴安全帽；穿全棉工作服；穿绝缘鞋；操作时戴线手套；打开柜门前需先验电	20	未按要求进行，每项扣5分，扣完为止		
2	异常检查	正确检查出异常	70	个人安全防护不到位扣10分； 工器具裸露部分未进行绝缘处理扣10分； 异常判断后未对端子盒或表计进行施封扣10分； 异常判断错误扣40分		
3	现场恢复	操作结束后清理现场杂物，并将工器具归位摆放整齐	10	现场留有杂物或工器具未归位，扣10分		
合计			100			

标准答案：

（1）现场电能表端子盒内电流连接片未打开导致表内无电流通过。

（2）工作步骤。

1）检查时佩戴线手套及安全帽，着长袖工作服。

2）将螺钉旋具绝缘化处理。

3）检查电能表及接线盒。

4）打开电流连接片。

5）通过表计键显检查表计内是否有电流。

6）恢复端子盒铅封。

Jc0005542005－1　用电信息采集系统应用。（100分）

考核知识点： 信息系统应用

难易度： 中

技能等级评价专业技能考核操作工作任务书

一、任务名称

用电信息采集系统应用。

二、适用工种

装表接电工初级工。

三、具体任务

已知××供电公司用户的表号为0003475684，使用营销业务应用系统和用电信息采集系统查询出该用户户号及终端地址。

四、工作规范及要求

（1）在使用用电信息采集系统及营销业务应用系统功能时，不得进行其他无关操作。

（2）自备钢笔或圆珠笔、计算器。

（3）要求上二月月末冻结表码、上一月月末冻结表码、当前表码值等结果提供截图；电费明细需导出。

五、现场提供工器具及材料

用电信息采集系统及营销业务应用系统相关权限账户、功率因数调整表、变损速查表。

六、考核及时间要求

本考核操作时间限定为30分钟，计时结束停止考评。

技能等级评价专业技能考核操作评分标准

工种	装表接电工					评价等级	初级工
项目模块	电能计量装置安装—采集器安装				编号	Jc0005542005－1	
单位			准考证号			姓名	
考试时限	30分钟		题型	单项操作		题分	100分
成绩		考评员		考评组长		日期	
试题正文	用电信息采集系统应用						
需要说明的问题和要求	无						

序号	项目名称	质量要求	满分	扣分标准	扣分原因	得分
1	用电信息采集系统操作	（1）通过终端地址进行实时数据召测。 （2）通过户号查询该表上一月、上二月冻结表码。 （3）提供上一月、上二月冻结表码截图	70	数据项错误，每项扣10分； 无截图，每项扣5分； 扣完为止		
2	营销业务应用系统操作	终端地址查询	15	查询不正确扣15分		
		电费计算明细导出	15	无导出明细且与户号不相应扣15分		
合计			100			

标准答案：

（1）通过营销业务应用系统查询出该用户户号为3015152652、终端地址为640339878。

（2）通过用电信息采集系统冻结表码查询上二月、上一月月末冻结表码；通过实时召测功能，抄收该表计当前表码。

（3）在营销业务应用系统中，通过“核算管理－公共查询－电费计算明细”查询并导出电费明细。

Jc0005541006－1　数字式万用表的使用。（100分）

考核知识点： 工器具使用

难易度： 易

技能等级评价专业技能考核操作工作任务书

一、任务名称

数字式万用表的使用。

二、适用工种

装表接电工初级工。

三、具体任务

数字式万用表的使用。

四、工作规范及要求

（1）着装符合要求，穿全棉长袖工作服、绝缘鞋，戴安全帽、线手套。

（2）携带自备工具（钢笔或中性笔、计算器、线手套）进入现场，待考评员宣布许可工作命令后开始工作并计时。

（3）打开计量柜（箱）门之前必须对柜（箱）体验电，现场操作严格执行《国家电网公司电力安全工作规程（配电部分）》。

（4）工作结束清理现场，并向监考员报告。

五、现场提供工器具及材料

数字万用表等。

六、考核及时间要求

本考核时间限定为30分钟，计时结束停止考评。

技能等级评价专业技能考核操作评分标准

<table>
<tr><td>工种</td><td colspan="4">装表接电工</td><td>评价等级</td><td>初级工</td></tr>
<tr><td>项目模块</td><td colspan="3">电能计量装置现场检验—电能计量装置电压参数测量</td><td>编号</td><td colspan="2">Jc0005541006－1</td></tr>
<tr><td>单位</td><td colspan="2"></td><td>准考证号</td><td></td><td>姓名</td><td></td></tr>
<tr><td>考试时限</td><td>30分钟</td><td>题型</td><td colspan="2">单项操作</td><td>题分</td><td>100分</td></tr>
<tr><td>成绩</td><td></td><td>考评员</td><td></td><td>考评组长</td><td>日期</td><td></td></tr>
<tr><td>试题正文</td><td colspan="6">数字式万用表的使用</td></tr>
<tr><td>需要说明的问题和要求</td><td colspan="6">（1）要求单人操作。
（2）操作应注意安全，按照标准化作业书的技术安全说明做好安全措施</td></tr>
<tr><td>序号</td><td>项目名称</td><td>质量要求</td><td>满分</td><td>扣分标准</td><td>扣分原因</td><td>得分</td></tr>
<tr><td>1</td><td>安全文明生产</td><td>佩戴安全帽；穿全棉工作服；穿绝缘鞋；操作时戴线手套；打开柜门前需先验电</td><td>10</td><td>未按要求进行，每项扣2分，扣完为止</td><td></td><td></td></tr>
<tr><td>2</td><td>数字式万用表的使用注意事项</td><td>（1）测试前应开机查看电池是否充足。
（2）测量时要注意选择合适的量程与表笔插孔。
（3）测量电流时，把万用表串入测量电路时不必考虑极性，数字式万用表可以显示测量极性。
（4）测量电阻时，切换开关应旋至欧姆档。</td><td>90</td><td>答错一项扣10分，扣完为止</td><td></td><td></td></tr>
</table>

续表

序号	项目名称	质量要求	满分	扣分标准	扣分原因	得分
2	数字式万用表的使用注意事项	（5）检查二极管时，进行正向测试时，若显示值为 500～800mV（硅管）或 150～300mV（锗管），表明二极管正常，若损坏，则显示 000（二极管烧短路）或 1（二极管烧断）。 （6）注意插孔旁边所注明的危险标记数据，该数据表示该插孔所允许输入电压、电流的极限值，使用时若超出此值，仪表可能损坏，使用人员可能受到伤害 （7）测量时如果在最高数字显示位上出现 1，其他位均不显示，表明量程不够，应选择更大量程。 （8）使用数字万用表测量时会出现数字跳跃的现象，为确保读数准确，应在显示值稳定后再读数。 （9）操作结束时，将电源开关置于 OFF 档	90	答错一项扣 10 分，扣完为止		
合计			100			

Jc0005541007－1　钳形电流表的使用。（100 分）

考核知识点：工器具使用

难易度：易

技能等级评价专业技能考核操作工作任务书

一、任务名称

钳形电流表的使用。

二、适用工种

装表接电工初级工。

三、具体任务

钳形电流表的使用。

四、工作规范及要求

（1）着装符合要求，穿全棉长袖工作服、绝缘鞋，戴安全帽、线手套。

（2）携带自备工具（钢笔或中性笔、计算器、线手套）进入现场，待考评员宣布许可工作命令后开始工作并计时。

（3）打开计量柜（箱）门之前必须对柜（箱）体验电，现场操作严格执行《国家电网公司电力安全工作规程（配电部分）》。

（4）工作结束清理现场，并向监考员报告。

五、现场提供工器具及材料

钳形电流表等。

六、考核及时间要求

本考核时间限定为 30 分钟，计时结束停止考评。

技能等级评价专业技能考核操作评分标准

工种	装表接电工					评价等级	初级工
项目模块	电能计量装置现场检验—电能计量装置电流参数测量				编号	Jc0005541007－1	
单位			准考证号			姓名	
考试时限	30 分钟		题型	单项操作		题分	100 分
成绩		考评员		考评组长		日期	
试题正文	钳形电流表的使用						
需要说明的问题和要求	（1）要求单人操作。 （2）操作应注意安全，按照标准化作业书的技术安全说明做好安全措施						

序号	项目名称	质量要求	满分	扣分标准	扣分原因	得分
1	安全文明生产	佩戴安全帽；穿全棉工作服；穿绝缘鞋；操作时戴线手套；打开柜门前需先验电	10	未按要求进行，每项扣 2 分，扣完为止		
2	钳形电流表的使用注意事项	（1）要根据被测电流回路的电流大小选择合适的钳形电流表，在操作时要防止相间短路。 （2）严禁在测量过程中切换量程开关的档位，以免造成钳形电流表中电流互感器二次瞬间开路，产生高电压造成匝间击穿，损坏钳形电流表。 （3）在测量时，应将被测导线置于钳形电流表的钳口中央，保证测量数据准确，要注意钳口咬合良好，不能触及其他带电体或接地点，以免引起短路或接地，如有杂声，可将钳口重新开合一次。 （4）测量小电流时，为了得到较准确的读数，若条件允许，可将导线多绕几圈放进钳口进行测量，但实际电流值应为读数除以放进钳口内的导线圈数。 （5）测量时应注意被测导线的电压，不能超过钳形电流表的允许值，不应测裸导线电流，测量电流时必须佩戴绝缘手套。 （6）测量完毕后一定要把调节开关放在最大电流量程位置上，以免下次使用时，由于未经选择量程而造成仪表损坏	90	答错一项扣 15 分，扣完为止		
合计			100			

Jc0005541008－1　智能电能表异常运行显示代码。（100 分）

考核知识点：故障分析

难易度：易

技能等级评价专业技能考核操作工作任务书

一、任务名称

智能电能表异常运行显示代码。

二、适用工种

装表接电工初级工。

三、具体任务

掌握智能电能表异常运行显示代码 Err－01、Err－04、Err－06、Err－08、Err－11、Err－12、Err－13、Err－14 的含义。

四、工作规范及要求

（1）着装符合要求，穿全棉长袖工作服、绝缘鞋，戴安全帽、线手套。

（2）携带自备工具（钢笔或中性笔、计算器、线手套）进入现场，待考评员宣布许可工作命令后开始工作并计时。

（3）打开计量柜（箱）门之前必须对柜（箱）体验电，现场操作严格执行《国家电网公司电力安全工作规程（配电部分）》。

（4）工作结束清理现场，并向监考员报告。

五、现场提供工器具及材料

验电笔等。

六、考核及时间要求

本考核时间限定为30分钟，计时结束停止考评。

技能等级评价专业技能考核操作评分标准

工种	装表接电工				评价等级	初级工
项目模块	电能计量装置安装—单相电能计量装置安装			编号	Jc0005541008－1	
单位		准考证号			姓名	
考试时限	30分钟	题型	单项操作		题分	100分
成绩		考评员		考评组长	日期	
试题正文	智能电能表异常运行显示代码					
需要说明的问题和要求	（1）要求单人操作。 （2）操作应注意安全，按照标准化作业书的技术安全说明做好安全措施					

序号	项目名称	质量要求	满分	扣分标准	扣分原因	得分
1	安全文明生产	佩戴安全帽；穿全棉工作服；穿绝缘鞋；操作时戴线手套；打开柜门前需先验电	20	未按要求进行，每项扣5分，扣完为止		
2	智能电能表异常运行显示代码的含义	（1）Err－01：控制回路错误。 （2）Err－04：时钟电池电压低。 （3）Err－06：存储器故障或损坏。 （4）Err－08：时钟故障。 （5）Err－11：ESAM验证失败。 （6）Err－12：客户编号不匹配。 （7）Err－13：充值次数错误。 （8）Err－14：购电超囤积	80	答错一项扣10分，扣完为止		
合计			100			

Jc0005541009－1　单相电能表识读。（100分）

考核知识点： 设备选型

难易度： 易

技能等级评价专业技能考核操作工作任务书

一、任务名称

单相电能表识读。

二、适用工种

装表接电工初级工。

三、具体任务

（1）现场识读指定电能表的型号，并描述型号所代表含义。

（2）判断该电能表是2009规范还是2013规范，试描述2009规范与2013规范电能表主要区别（至少描述5条）。

（3）识别该电能表模块是2009模块还是2013模块，并判断该模块与电能表是否匹配。

四、工作规范及要求

（1）着装符合要求，穿全棉长袖工作服、绝缘鞋，戴安全帽、线手套。

（2）携带自备工具（钢笔或中性笔、计算器、线手套）进入现场，待考评员宣布许可工作命令后开始工作并计时。

（3）打开计量柜（箱）门之前必须对柜（箱）体验电，现场操作严格执行《国家电网公司电力安全工作规程（配电部分）》。

（4）工作结束清理现场，并向监考员报告。

五、现场提供工器具及材料

验电笔、螺钉旋具、铅封、绝缘胶带、封表钳。

六、考核及时间要求

本考核操作时间限定为20分钟，计时结束停止考评。

技能等级评价专业技能考核操作评分标准

工种	装表接电工				评价等级	初级工
项目模块	电能计量装置安装—单相电能计量装置安装			编号	Jc0005541009－1	
单位		准考证号			姓名	
考试时限	20分钟	题型	单项操作		题分	100分
成绩		考评员		考评组长	日期	
试题正文	单相电能表识读					
需要说明的问题和要求	（1）要求单人操作。 （2）操作应注意安全，按照标准化作业书的技术安全说明做好安全措施					

序号	项目名称	质量要求	满分	扣分标准	扣分原因	得分
1	安全文明生产	佩戴安全帽；穿全棉工作服；穿绝缘鞋；操作时戴线手套；打开柜门前需先验电	10	未按要求进行，每项扣5分，扣完为止		
2	电能表含义试读	（1）型号填写正确。 （2）电能表型号中各字符含义回答完整准确	20	型号填写错误扣5分； 电能表型号中各字符少回答或回答错误，每个扣3分，扣完为止		
3	电能表版本识别	电能表的规范版本正确回答	40	电能表版本回答错误扣40分		
4	模块识别	正确识别出模块版本	20	模块版本判断错误扣20分		
5	现场恢复	操作结束后清理现场杂物，并将工器具归位摆放整齐	10	现场留有杂物或工器具未归位扣10分		
	合计		100			

标准答案：

（1）电表的表号为0001077174、型号为DDZY67C－Z，该型号表示单相载波本地费控智能电能表。

（2）该表为2009规范电能表。

（3）该表内电能表模块为2013规范模块，由于电能表为2009规范，因此不能匹配使用。

第二部分
中级工

第三章　装表接电工中级工技能笔答

Jb0004432001－1　经互感器接入式低压电能计量装置装拆，更换电能表作业的步骤有哪些？（5分）

考核知识点：电能计量装置装拆

难易度：中

标准答案：

（1）核对、记录信息。

（2）接线检查。

（3）短接电流和断开电压熔丝或连接片。

（4）记录时间与功率。

（5）拆除需换电能表。

（6）安装电能表。

（7）安装检查。

（8）回复电压熔丝或连接片、中性线连接片，回复电流连接片。

（9）记录时间。

（10）现场通电检查。

（11）实施封印。

（12）填写报告单。

Jb0004431002－1　两部制电价的作用是什么？（5分）

考核知识点：电价设置

难易度：易

标准答案：

两部制电价的作用是利用价格杠杆作用，促使用户改善功率因数，提高设备利用率、负荷率，因而拉平负荷曲线，减少电网线损，提高电力系统的供电能力，降低发供电成本。同时用户负荷率或利用率越高，应付基本电费越少，反之则应付基本电费越多，符合合理分担电力固定成本原则。

Jb0004432003－1　国家标准规定，供电企业供到用户受电端的供电电压允许偏差各是多少？（5分）

考核知识点：电能质量

难易度：中

标准答案：35kV及以上电压供电的，电压正、负偏差的绝对值之和不超过额定值的10%；10kV及以下三相供电的，电压允许偏差不超过额定值的±7%；220V单相供电的，电压允许偏差不超过额定值的+7%、－10%。在电力系统非正常状况下，用户受电端的电压最大允许偏差不超过额定值的±10%。

Jb0004431004－1　在什么情况下，供电企业不经批准即可终止向客户供电？（5分）

考核知识点：客户服务

难易度：易

标准答案：

（1）不可抗力和紧急避险。

（2）客户确有窃电行为。

Jb0004432005－1　装设接地线有些什么要求？（5分）

考核知识点：接电线安装

难易度：中

标准答案：

（1）工作地点在验明确实无电后，对于可能送电或反送电至工作地点的停电设备上或停电设备可能产生感应电压的各个方面均应装设接地线。

（2）装设接地线应注意与周围的安全距离。

（3）装设接地线必须由两人进行，先接接地端，后接导体端，拆地线时与此顺序相反。

（4）接地线应采用多股软裸铜线，其截面积应符合短路电流的要求，但不得小于25mm^2；不得用单根铜（铁）丝缠绕，并应压接牢固。

Jb0004432006－1　工作负责人在工作期间若因故离开工作地点应履行哪些手续？（5分）

考核知识点：国家电网公司电力安全工作规程

难易度：中

标准答案：

（1）工作期间，工作负责人若因故必须离开工作地点时，应指定能胜任的人员临时代替，离开前应将工作现场交待清楚，并告知工作班人员。

（2）原工作负责人返回工作地点时，也应履行同样的交接手续。

（3）若工作负责人需要长时间离开现场，应由原工作票签发变更新工作负责人，原工作负责人应做好必要的交待。

Jb0004432007－1　电压互感器二次压降的产生原因是什么？（5分）

考核知识点：电压互感器原理

难易度：中

标准答案：

在发电厂和变电所中，测量用电压互感器与装有测量表计的配电盘距离较远，而且由于电压互感器二次端子互配电盘的连接导线较细，电压互感第二次回路接有隔离开关辅助触头及空气开关。由于触头氧化，使其电阻增大。如果二次表计和继电保护装置共用一组二次回路，则回路中电流较大，它在导线电阻和接触电阻上会产生电压降落，使得电能表端的电压低于互感器二次出口电压，这就是压降产生的原因。

Jb0004433008－1　运行中电流互感器二次侧开路会产生什么后果？如遇有开路如何处理？（5分）

考核知识点：电流互感器原理

难易度：难

标准答案：

（1）运行中电流互感器二次侧开路会产生以下后果。

1）产生很高的电压，对设备和运行人员有危险。

2）铁芯损耗增加，严重发热，有烧坏的可能。

3）在铁芯中留下剩磁，使电流互感器误差增大。所以，电流互感器二次开路是不允许的。但在运行中或调试过程中可能因不慎或其他原因造成二次开路。

（2）发现电流互感器二次开路现象处理的方法如下。

1）运行中的高压电流互感器，其二次出口端开路时，因二次开路电压高，限于安全距离，人不能靠近，必须停电处理。

2）运行中的电流互感器发生二次开路，不能停电的应该设法转移负荷，在低峰负荷时做停电处理。

3）若因二次接线端子螺栓松造成二次开路，在降低负荷电流和采取必要的安全措施（有人监护，处理时人与带电部分有足够的安全距离，使用有绝缘柄的工具）的情况下，可不停电将松动的螺栓拧紧。

Jb0004432009－1　使用电流互感器时应注意什么？（5分）

考核知识点：电流互感器原理

难易度：中

标准答案：

（1）电流互感器的配置应满足测量表计、继电保护和自动装置的要求，应分别由单独的二次绕组供电。

（2）极性应连接正确，连接测量表计必须注意电流互感器极性。

（3）运行中的电流互感器二次绕组不允许开路。

（4）电流互感器二次回路应设保护性接地点。

Jb0004432010－1　如何减小电压互感器二次回路压降？（5分）

考核知识点：电压互感器原理

难易度：中

标准答案：

（1）设置计量专用二次回路。

（2）选择合适导线截面积。

（3）在二次负载并联电容器以补偿感性电流。

（4）定期对空气开关、熔断器、端子接触部位进行打磨更新，以减少接触电阻。

Jb0004432011－1　专用变压器终端与电能表通信要求是什么？（5分）

考核知识点：电能计量装置通信

难易度：中

标准答案：

终端与电能表通信，按设定的抄收间隔抄收和存储电能表数据；可以接受主站的数据转发命令，将电能表的数据通过远程信道直接传送到主站。

Jb0004431012－1　智能电能表全检验收过程中发现什么样的情形时判定为该批次不合格？（5分）

考核知识点：智能电能表全检验收

难易度：易

标准答案：

按照相应检定规程规定的试验要求和试验方法对到货产品进行 100%验收检验，有下列情形之一者则判定验收不合格。

（1）全检验收合格率低于 98.5%。

（2）检测过程中发现有 3 只及以上样品存在因生产工艺、元器件等同一原因引起的质量隐患问题。

Jb0004432013－1　对熔断器装置的要求是什么？（5分）

考核知识点：熔断器装置

难易度：中

标准答案：

（1）熔断器上应有额定电压、电流，并尽量标明所放熔体的大小规格。

（2）熔断器应完整无损，接触紧密可靠，应垂直安装。

（3）瓷插式熔断器的熔体应采用合格的铅合金丝或铜熔丝。

（4）不得用多根丝代替一根较大的熔丝。

（5）螺旋式熔断器的进线应接在底座中心端点上，出线应接在螺纹壳上。

Jb0004432014－1　说明 JDJ－10、JDZ－10、JSJW－10 型电压互感器型号含义。（5分）

考核知识点：电压互感器名称标识

难易度：中

标准答案：

（1）第一个字母 J 为电压互感器。

（2）第二个字母 D 为单相，S 为三相。

（3）第三个字母 J 为油浸式，Z 为环氧浇注式。

（4）第四个字母 W 为三绕组五柱式。

（5）－10 为一次电压等级量 10kV。

Jb0004431015－1　在业扩报装中，装表接电工作有什么重要意义？（5分）

考核知识点：装表接电的意义

难易度：易

标准答案：

（1）装表接电工作质量、服务质量的好坏直接关系到供用双方的经济效益。

（2）装表接电工作是业扩报装全过程的终结，是用户实际取得用电权的标志。

（3）装表接电工作是电力销售计量的开始。

Jb0004433016－1　电子式电能表常见故障现象有哪些？（5分）

考核知识点：电子式电能表常见故障

难易度：难

标准答案：

（1）不工作，不走字，主要是测量芯片坏，电源坏等。

（2）乱走字，原因是测量芯片、电压电流传感器故障、电源故障。
（3）时段乱，原因是编程错误。
（4）显示故障，原因有显示器连接部分接触不良、显示器、电源坏。
（5）时钟超差，原因有时钟芯片坏、电压欠压。
（6）通信接口故障，原因有接口元件损坏。

Jb0004431017－1　如何受理用户的移表申请？（5分）

考核知识点：用户移表处理

难易度：易

标准答案：

受理用户的移表申请时，应查清移表原因和电源，选择适当的新表位，以及考虑用户线路架设应符合安全技术规定等问题；对较大的动力用户还应注意因移表引起的计量方式和运行方式的变化。

Jb0004432018－1　供电方式分哪几种类型？（5分）

考核知识点：供电种类和方式

难易度：中

标准答案：

（1）按电压分为高压和低压供电。
（2）按电源数量分为单电源与多电源供电。
（3）按电源相数分为单相与三相供电。
（4）按供电回路分为单回路与多回路供电。
（5）按计量形式分为装表与非装表供电。
（6）按用电期限分临时用电与正式供电。
（7）按管理关系分为直接与间接供电。

Jb0004432019－1　二次回路的任务是什么？二次回路的识图原则是什么？（5分）

考核知识点：二次回路

难易度：中

标准答案：

（1）二次回路的任务是对一次回路进行监视、测量来反映一次回路的工作状态，并控制一次系统。当一次回路发生故障时，继电保护装置能将故障部分迅速切除，并发信号，保证一次设备安全、可靠、经济、合理地运行。

（2）二次回路的识图原则是先交流后直流，从上到下，从左到右。

Jb0004432020－1　在使用穿芯式电流互感器时，怎样确定电流互感器一次侧的匝数？（5分）

考核知识点：电流互感器原理

难易度：中

标准答案：

（1）根据电流互感器铭牌上安培和匝数算出该电流互感器设计的安匝数。
（2）再用所算安匝数除以所需一次电流数，所得即为一次侧匝数（一定要整数）。
（3）一次线穿过电流互感器中间孔的次数，即为电流互感器一次侧的匝数。

Jb0004431021－1　低压自动空气断路器的选用原则是什么？（5分）

考核知识点： 空气断路器选用原则

难易度： 易

标准答案：

安全合理、操作简便、维护容易、节约投资。

Jb0004433022－1　哪些行为属于窃电？窃电量如何确定？（5分）

考核知识点： 窃电

难易度： 难

标准答案：

（1）窃电行为包括：

1）在供电企业的供电设施上擅自接线用电。

2）绕越供电企业用电计量装置用电。

3）伪造或开启供电企业加封的用电计量装置封印用电。

4）故意损坏供电企业用电计量装置。

5）故意使供电企业用电计量装置不准或失效。

6）采用其他方法窃电。

（2）窃电量按下列方法确定。

1）在供电企业的供电设施上擅自接线用电，所窃电量按私接设备容量（kVA视同kW）乘以实际使用时间计算确定。

2）以其他行为窃电的，所窃电量按计费电能表标定电流值（kVA视同kW）乘以实际窃用的时间计算确定。

3）窃电时间无法查明时，窃电日数至少以180天计算。每日窃电时间：电力用户按12h计算，照明用户按6h计算。

Jb0004432023－1　什么是智能电能表的ESAM模块？（5分）

考核知识点： ESAM模块的定义

难易度： 中

标准答案：

ESAM模块（嵌入式安全控制模块）是指嵌入在设备内，实现安全存储、数据加/解密、双向身份认证、存取权限控制、线路加密传输等安全控制功能。

Jb0004432024－1　供电设施的运行维护管理范围如何确定？（5分）

考核知识点： 产权分界点

难易度： 中

标准答案：

《供电营业规则》第四十七条规定：供电设施的运行维护管理范围，按产权归属确定，责任分界点按下列各项确定。

（1）公用低压线路供电的，以供电接户线客户端最后支持物为分界点，支持物属供电企业。

（2）10kV及以下公用高压线路供电的，以客户厂界外或配电室前的第一断路器或第一支持物为分界点。第一断路器或第一支持物属供电企业。

（3）35kV及以上公用高压线路供电的，以客户厂界外或客户变电站外第一基电杆为分界点。第一基电杆属供电企业。

（4）采用电缆供电的，本着便于维护管理的原则，分界点由供电企业与客户协商确定。

（5）产权属于客户由客户运行维护的线路，以公用线路分支杆或专用线路接引的公用变电站第一基电杆为分界点，专用线路第一基电杆属客户。

在电气上的具体分界点，由供用双方协商确定。

Jb0004432025－1　如图 Jb0004432025－1 所示，请从左到右、从上到下依次说明各部分符号的含义。（5 分）

考核知识点：液晶显示符号含义

难易度：中

标准答案：

图 Jb0004432025－1

（1）红外、RS－485 通信中。

（2）实验室状态，显示为测试密钥状态，不显示为正式密钥状态。

（3）电能表挂起指示。

（4）模块通信中。

（5）功率反向指示。

（6）电池欠电压指示。

（7）红外认证有效指示。

（8）相线、零线。

Jb0004432026－1　多功能电能表常用的通信方式有哪几种？（5 分）

考核知识点：通信方式

难易度：中

标准答案：

（1）近红外通信，即接触式光学接口方式。

（2）远红外通信，即调制型红外光接口方式。

（3）RS－485 通信，即 RS－485 标准串行电气接口方式。

（4）无线通信，如 GPRS、GSM 等通过无线网络的通信方式。

Jb0004431027－1　什么是用电性质？（5 分）

考核知识点：用电性质的定义

难易度：易

标准答案：

用电性质是指用户用电负荷具有的属性。也就是用电负荷具有的电特性，用电负荷的重要程度，用电负荷的用电时间、场合、目的和允许停电时间等。

Jb0004431028－1　什么是供电方式？（5 分）

考核知识点： 供电方式的定义

难易度： 易

标准答案：

供电企业根据用电需求向用电申请人提供的电源点、电压等级、电源数量或回路数量。

Jb0004431029－1　现场检测仪和试验端子之间应有什么标志？（5 分）

考核知识点： 电能计量检验检测

难易度： 易

标准答案：

应有明显的极性和相别标志。

Jb0004431030－1　接入中性点绝缘系统和非中性点绝缘系统的电能计量装置分别应采用什么电能表？（5 分）

考核知识点： 电能计量装置接线方式

难易度： 易

标准答案：

接入中性点绝缘系统的电能计量装置，应采用三相三线有功、无功或多功能电能表。接入非中性点绝缘系统的电能计量装置，应采用三相四线有功、无功或多功能电能表。

Jb0004431031－1　低压供电的电能表接线方式如何确定？（5 分）

考核知识点： 电能计量装置接线方式

难易度： 易

标准答案：

低压供电，计算负荷电流为 60A 及以下时，宜采用直接接入电能表的接线方式；计算负荷电流为 60A 以上时，宜采用经电流互感器接入电能表的接线方式。

Jb0004431032－1　待安装的电能计量器具应符合什么条件？（5 分）

考核知识点： 安装及其验收

难易度： 易

标准答案：

经依法取得计量授权的电力企业电能计量技术机构检定合格。

Jb0004431033－1　电压、电流回路导线安装有什么要求？（5 分）

考核知识点： 二次回路

难易度： 易

标准答案：

应加装与图纸相符的端子编号，导线排列顺序应按正相序（即黄、绿、红色线为自左向右或自上向下）排列。

Jb0004431034－1　电流互感器二次回路每只接线螺钉最多只允许接入几根导线？（5 分）

考核知识点： 电能计量装置安装接线要求

难易度： 易

标准答案：
最多只允许接入两根导线。

Jb0004431035－1　当导线小于端子孔径较多时，应在接入导线上如何处理？（5分）
考核知识点：电能计量装置安装要求
难易度：易
标准答案：
加扎线后再接入。

Jb0004431036－1　费控电能表应支持远程控制功能，远程控制功能包括哪些？（5分）
考核知识点：智能电能表功能
难易度：易
标准答案：
跳闸、合闸允许、直接合闸；报警、报警解除、保电和保电解除功能。

Jb0004431037－1　计量故障处理后应如何进行加封？（5分）
考核知识点：计量标准化作业指导书
难易度：易
标准答案：
故障处理后，应对电能表、互感器、联合接线盒、计量柜（箱）加封。

Jb0004431038－1　电能计量装置所用的电压互感器一般有哪两种接线方式？（5分）
考核知识点：电能计量
难易度：易
标准答案：
一种是用两台单相电压互感器接成Vv接线，另一种是用一台三相五柱电压互感器或三台单相电压互感器接成Yy接线。

Jb0004431039－1　确保抄表成功涉及的电表测量点参数主要包括哪些？（5分）
考核知识点：用电信息采集操作系统（终端参数设置）
难易度：易
标准答案：
电表地址、通信速率、通信端口、通信规约。

Jb0004431040－1　登录采集运维闭环管理模块后，主页中左侧搜索栏可以按哪些条件搜索？（5分）
考核知识点：用电信息采集操作系统（采集运维闭环管理子系统）
难易度：易
标准答案：
台区编号、用户编号、终端资产号、工单编号。

Jb0004431041－1　电压互感器及高压电流互感器二次回路可以有几处接地点？（5分）
考核知识点：电能计量

难易度：易

标准答案：

有且仅有一点接地。

Jb0004431042－1 为了防止断线，对电流互感器二次回路有何要求？（5分）

考核知识点：装表接电

难易度：易

标准答案：

电流互感器二次回路中不允许有接头，隔离开关辅助触点、开关。

Jb0004431043－1 在低压回路中，对零线有何要求？（5分）

考核知识点：装表接电

难易度：易

标准答案：

在低压三相四线制回路中，要求零线上不能安装熔断器，零线截面积应不小于相线的1/2倍。低压单相供电时零线的导线截面积与相线相同。

Jb0004431044－1 电能计量装置在具备什么条件时可以实施不停电换表？（5分）

考核知识点：电能计量

难易度：易

标准答案：

（1）电能计量装置必须配置联合试验盒。

（2）二次回路必须配置二次电流、电压端子。

Jb0004431045－1 简述对计量装置的安装工艺及质量的要求。（5分）

考核知识点：电能计量装置安装接线规则

难易度：易

标准答案：

（1）接线正确。

（2）电气连接可靠。

（3）配线整齐美观。

（4）绝缘良好。

Jb0004431046－1 电能计量装置投运后应将哪些数据及时通知客户检查审核及签字确认？（5分）

考核知识点：计量标准化作业

难易度：易

标准答案：

（1）电能表示数。

（2）互感器变比。

Jb0004432047－1 电能计量装置的配置原则有哪些？（5分）

考核知识点：电能计量装置技术管理

难易度：中

标准答案：
（1）足够的准确度。
（2）足够的可靠性。
（3）可靠的封闭性。
（4）可靠防窃电性能。

Jb0004433048－1　使用绝缘电阻表测量绝缘时主要有哪些注意事项？（5 分）
考核知识点：电器仪器、仪表的使用
难易度：难
标准答案：
（1）应将被测设备从各方面断开，验明无电压，确实证明设备无人工作后，方可进行。
（2）在测量中禁止他人接近被测设备。
（3）在测量绝缘前后，应将被测设备对地放电。
（4）测量线路绝缘时，应取得许可并通知对侧后方可进行。

Jb0004433049－1　计量装置必须具备哪些条件才能确保其准确、可靠？（5 分）
考核知识点：电能计量
难易度：难
标准答案：
（1）电能表和互感器的误差合格。
（2）电能表接线正确。
（3）电压互感器二次压降满足要求。
（4）电能表铭牌与实际电压、电流、频率相对应。

Jb0004433050－1　在核查计量柜（箱）时，应注意哪些内容？（5 分）
考核知识点：计量标准化作业
难易度：难
标准答案：
（1）使用验电笔（器）对计量柜（箱）金属裸露部分进行验电。
（2）检查计量柜（箱）接地是否可靠。
（3）核查计量柜（箱）外观是否正常，封印是否完好，有异常现象拍照取证后转异常处理流程。
（4）应将不牢固的计量柜（箱）门拆卸，检验后恢复装回。

Jb0004411051－1　将十进制 27 化为二进制数是多少？（5 分）
考核知识点：二进制数
难易度：易
标准答案：
十进制 27 化为二进制数是 11011。

Jb0004411052－1　某一用户，全天 24h 用电，日用电为 4800kWh，日最大有功功率为 250kW，求某日负荷率。（5 分）
考核知识点：日负荷率

难易度：易

标准答案：

解：

$$日负荷率=[(4800/24)/250]\times 100\%=80\%$$

答：日负荷率为 80%。

Jb0004411053－1 从主站查得某户电能表从某年 15～30 日无脉冲输出，15 日表上的有功总表示数为 576.05，30 日的有功总表示数为 678.05，TA 变比为 20A/5A，TV 变比为 10 000V/100V，应追补该户多少电量？（5 分）

考核知识点：电量追补

难易度：易

标准答案：

解：

$$A=(678.05-576.05)\times\left(\frac{20}{5}\right)\times\left(\frac{10\,000}{100}\right)=40\,800\ (\text{kWh})$$

答：应追补电量为 40 800kWh。

Jb0004411054－1 某用户供电电压为 220V，测得该用户电流为 11A，有功功率为 2kW，求该用户的功率因数。（5 分）

考核知识点：功率因数

难易度：易

标准答案：

解：

$$S=UI=220\times 11=2420\ (\text{VA})=2.42\ (\text{kVA})$$
$$\cos\varphi=P/S=2/2.42=0.826\approx 0.83$$

答：该用户的功率因数约为 0.83。

Jb0004411055－1 有一只三相三线有功表，在运行中 A 相电压断路，已运行 3 个月，已收 10 万 kWh，负荷月平均功率因数为 0.86，试求该表应计有功电量多少？应追补电量多少？（5 分）

考核知识点：追补电量

难易度：易

标准答案：

解：

更正系数

$$K=\frac{\sqrt{3}UI\cos\varphi}{UI\cos(30^\circ-\varphi)}=1.5$$

该表应计有功电量为

$$A=KA'=1.5\times 10=15\ 万\ (\text{kWh})$$

应追补电量为

$$\Delta A=A-A'=15-10=5\ 万\ (\text{kWh})$$

答：有功电量为 15 万 kWh 应追补电量 5 万 kWh。

Jb0004411056-1　某电力用户装有一只三相电能表，其铭牌说明与变比为300/5的电流互感器配套使用，在装设时由于工作失误而装设了一组变比为400/5的电流互感器。月底电度表的抄见用电量为1000kWh，试计算该用户的实际用电量为多少？若电价为0.532元/kWh，试问该户当月应缴纳的电费为多少元？（5分）

考核知识点：追补电量

难易度：易

标准答案：

解：

实际用电量为

$$\text{抄见用电量}\times\frac{\text{换装互感器变化}}{\text{表标注互感器变化}}=1000\times\frac{400/5}{300/5}=1333.3\text{（kWh）}$$

应缴纳电费为

$$0.532\times1333.3=709.32\text{（元）}$$

答：应缴纳电费为709.32元。

Jb0004411057-1　某用户有2盏60W灯泡，使用3h；一台电视机，功率为60W，平均每天收看2h；一台电冰箱，平均每天耗电1.1kWh。这个用户每月（按30天算）需缴电费多少元（按0.22元/kWh估算）？（5分）

考核知识点：电费

难易度：易

标准答案：

解：

设灯泡每天消耗的电能为W_1，则

$$W_1=2\times60\times3=360\text{（Wh）}=0.36\text{（kWh）}$$

设电视机每天消耗的电能为W_2，则

$$W_2=60\times2=120\text{（Wh）}=0.12\text{（kWh）}$$

设电冰箱每天消耗的电能为W_3，则该用户每天消耗的电能为W

$$W=W_1+W_2+W_3=0.36+0.12+1.1=1.58\text{（kWh）}$$

设每月应交电费为y，则

$$y=W\times30\times0.22=1.58\times30\times0.22=10.4\text{（元）}$$

答：需缴电费10.4元。

Jb0004412058-1　某厂一块三相三线有功电能表，原抄读数为3000kWh，两个月后抄读数为1000kWh，TA变比为100A/5A，TV变比为600V/100V，经检查错误接线的功率表达式为$P'=-2UI\cos(30°+\varphi)$，平均功率因数为0.9，求实际电能数。（5分）

考核知识点：错误接线

难易度：中

标准答案：

解：

错误接线电能表反映的功率为

$$P'=-2UI\cos(30°+\varphi)$$

更正系数

$$K=\frac{P}{P'}=\frac{\sqrt{3}UI\cos\varphi}{-2UI\cos(30^\circ+\varphi)}$$
$$=\frac{-\sqrt{3}}{\sqrt{3}-\tan\varphi}$$

因为$\cos\varphi=0.9$，所以$\tan\varphi=0.48$

$$K=\frac{-\sqrt{3}}{\sqrt{3}-0.48}=-1.39$$

实际有功电能数为

$$W=KW'_{R}=-1.39\times(1000-3000)\times\frac{100}{5}\times\frac{6000}{100}=333.6\text{万（kWh）}$$

答：实际电度数为 333.6 万 kWh。

Jb0004412059－1　某三相高压用户安装的是三相三线两元件有功电能表，TV、TA 均采用 V 型接线，当 C 相熔断器熔断时测得表头 AB 电压幅值为 25V，CB 电压幅值为 100V，AB 与 CB 电压同相，C 相熔断器熔断期间抄见电量为 100 000kWh，试求应追补的电量（故障期间平均功率因数为 0.88）。（5 分）

考核知识点：追补电量

难易度：中

标准答案：

解：

更正率ε

$$\varepsilon=\frac{\sqrt{3}IU\cos\varphi}{0.25IU\cos(90^\circ+\varphi)+IU\cos(30^\circ-\varphi)}-1=\frac{\sqrt{3}IU\times0.88}{-0.118\,7IU+0.999IU}-1=0.731$$

故应追补电量为

$$\Delta W=0.731\times100\,000=73\,100\text{（kWh）}$$

答：应追补电量为 73 100kWh。

Jb0004412060－1　某电力用户进户线 TA 额定容量为 20VA，变比为 600A/5A，采用完全星形接线，其二次侧接电流表与电能表。其中 A 相和 C 相电流互感器各负担 7.5VA，B 相负担 4.9VA，互感器安装处距电能表为 80m。若二次导线采用铜导线，接触电阻为 0.1Ω，试选择二次导线截面积（铜导线的电阻率 ρ=0.017 5Ω · mm²/m）。（5 分）

考核知识点：追补电量

难易度：中

标准答案：

解：

允许导线最大电阻为

$$R=\frac{20-7.5}{5^2}-0.1=0.4\text{（Ω）}$$

则导线截面积为

$$A=\rho\frac{l}{R_L}=\frac{0.0175\times80}{0.4}=3.5\ (\text{mm}^2)$$

答：导线截面积选择 $4mm^2$。

Jb0004411061－1　一单相电动机接在 220V、50Hz 的交流电源上，假设该电动机的等效电路图如图 Jb0004411061－1 所示，已知 R=40Ω，L=0.5H，试求该电动机的有功功率、无功功率、视在功率。（5 分）

考核知识点： 电工基础

难易度： 易

标准答案：

解：

$$X_L=2\pi fL=2\times3.14\times50\times0.5=157\ (\Omega)$$

$$Z=\sqrt{R^2+X_L^2}=\sqrt{40^2+157^2}=162\ (\Omega)$$

$$I=\frac{U}{Z}=\frac{220}{162}=1.36\ (\text{A})$$

$$P=I^2R=1.36^2\times40=73.98\ (\text{W})$$

$$Q=I^2X_L=1.36^2\times157=290.93\ (\text{var})$$

$$S=I^2Z=1.36^2\times162=299.64\ (\text{VA})$$

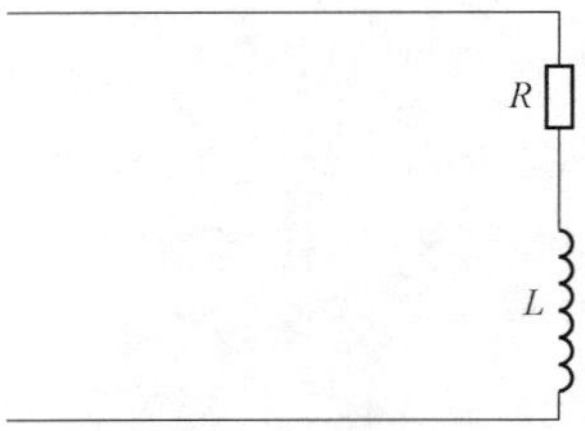

图 Jb0004411061－1

答：该电动机消耗的有功功率为 73.98W，无功功率为 290.39var，视在功率为 299.64VA。

Jb0004412062－1　一用户电力变压器额定视在功率 S_N=200kVA，空载损耗 P_0=0.4kW，额定电流时的短路损耗 P_K=2.2kW，测得该变压器输出有功功率 P_2=140kWh 时，二次侧功率因数 $\cos\varphi_2$=0.8，求变压器此时的负载率 β 和工作效率 η。（5 分）

考核知识点： 电工基础

难易度： 中

标准答案：

解： 因

$$P_2=\beta\times S_N\times\cos\varphi_2\times100\%$$

$$\beta=P_2\div(S_N\times\cos\varphi_2)\times100\%$$
$$=140\div(200\times0.8)\times100\%=87.5\%=0.875$$

$$P_1=P_2+P_0+\beta^2\times P_K=140+0.4+(0.875)^2\times2.2$$
$$=142.08\ (\text{kW})$$

$$\eta=(P_2/P_1)\times100\%$$
$$=(140/142.08)\times100\%=98.5\%$$

答：此时变压器的负载率和工作效率分别是 87.5%和 98.5%。

Jb0004412063－1　某工业用户装有两台电动机，其中第一台额定有功功率为 8kW，功率因数为 0.8，第二台额定有功功率为 18kW，功率因数为 0.9，当两台电动机同时运行在额定状态时，求该用户的总有功功率和总功率因数。（5 分）

考核知识点： 电工基础

难易度： 中

标准答案：

解： 该用户总有功功率为

$$P_{\Sigma}=8+18=26\text{（kW）}$$

第一台电动机无功功率为

$$Q_1=8\div\cos\varphi_1\times\sqrt{1-\cos\varphi_1}=6\text{（kvar）}$$

第二台电动机无功功率为

$$Q_1=18\div\cos\varphi_2\times\sqrt{1-\cos\varphi_2}=8.72\text{（kvar）}$$

总无功功率

$$Q_{\Sigma}=Q_1+Q_2=6+8.72=14.72\text{（kvar）}$$

总功率因数为

$$\cos\varphi_{\Sigma}=\frac{1}{\sqrt{1+\frac{Q_{\Sigma}^2}{P_{\Sigma}^2}}}=\frac{1}{\sqrt{1+\frac{14.72^2}{26^2}}}=0.87$$

答： 该用户总有功功率为26kW，总功率因数为0.87。

Jb0004411064－1　已知某变压器铭牌参数为：S_N＝50kVA，U_{1N}＝10×（1±5%）kV，U_{2N}＝0.4kV。当变压器运行档位为1档时，试求该变压器高低压侧额定电流（答案保留三位有效数字）。（5分）

考核知识点： 电工基础

难易度： 易

标准答案：

解： 由于该变压器运行档位为1档，所以该变压器高压侧额定电压为10.5kV，则高压侧额定电流为

$$L_{1N}=S_N/\sqrt{3}U_N=50/\sqrt{3}\times10.5=8.91\text{（A）}$$

低压侧额定电流为

$$I_{2N}=8.91\times(10.5/0.4)=233.89\text{（A）}$$

答： 高压侧额定电流为8.91A，低压侧额定电流为233.89A。

Jb0004411065－1　有R、L、C串联电路，其中R=20Ω，L=0.5H，C=100μF，该电路谐振频率为多少赫兹（保留两位小数）？（5分）

考核知识点： 电工基础

难易度： 易

标准答案：

解： 谐振发生的条件为$X_L=X_C$，即

$$f=1/2\pi\sqrt{LC}=1/2\times3.14\times\sqrt{0.5\times0.0001}=22.52\text{（Hz）}$$

答： 谐振频率为22.52Hz。

Jb0004431066－1　什么是变压器的同极性端？（5分）

考核知识点： 电工基础

难易度： 易

标准答案：

变压器的一、二次绕组的端钮间有一定的极性关系，当变压器通过变化的电流时，任一瞬间，如果一次绕组的某一端钮电位为正时，二次绕组的某一端钮电位也为正，这两个端钮就是同极性端，当然一、二次绕组电位同时为负的两个端钮也是同极性端。

Jb0004431067－1　什么是涡流？它有何作用？（5 分）

考核知识点：电工基础

难易度：易

标准答案：

铁芯线圈通以变化的电流时，会在铁芯中产生感应电流，这个感应电流是围绕着磁感线的旋涡状环流，称为涡流。

利用涡流可以制成冶炼金属的高频电炉，而电工仪表中的阻尼和千瓦时计的转盘转动都是利用涡流工作的。

Jb0004431068－1　以电感为例说明无功功率不是无用的。（5 分）

考核知识点：电工基础

难易度：易

标准答案：

在电力系统中，变压器、电动机都是具有电感的设备，这些设备没有磁场就不能工作，它们的磁场所具有能量由电源提供，在电源与负载间存在着能量交换的过程，由此可见无功功率是不可缺少的，因此无功功率不是无用功率。

Jb0004431069－1　试述保护接地的含义。（5 分）

考核知识点：电工基础

难易度：易

标准答案：

为防止人身因电气设备绝缘损坏而遭受触电，将电气设备的金属外壳与接地体连接，称为保护接地。

Jb0004431070－1　试述保护接零的含义。（5 分）

考核知识点：电工基础

难易度：易

标准答案：

为防止人身因电气设备绝缘损坏而触电，将电气设备的金属外壳与电网的中性线（变压器中性线）相连接，称为保护接零。

Jb0004431071－1　变压器是怎样分类的？（5 分）

考核知识点：电工基础

难易度：易

标准答案：

变压器分为电力变压器和特种变压器。电力变压器又分为油浸式和干式两种。

电力变压器可以按绕组耦合方式、相数、冷却方式、绕组数、绕组导线材质和调压方式分类等。

Jb0004431072－1 电动机是怎样分类的？（5 分）

考核知识点：电工基础

难易度：易

标准答案：

电动机分为直流电动机和交流电动机两大类。交流电动机又分为同步电动机和异步电动机。

异步电动机按转子绕组形式可分为笼型和绕线型两类，按额定电压又可分为高压和低压两种类型。

Jb0004431073－1 基尔霍夫第一定律和第二定律的内容是什么？（5 分）

考核知识点：电工基础

难易度：易

标准答案：

（1）基尔霍夫第一定律的内容：对于电路中的任一节点，流过节点的电流代数和等于 0。其数学表达式为

$$\sum I=0$$

（2）基尔霍夫第二定律的内容：对于电路中的任何一个闭合回路，各段电压的代数和等于 0。电压方向与环行方向一致的取正，相反的为负。其数学表达式为

$$\sum U=0$$

Jb0004431074－1 用电负荷按供电可靠性如何分类？（5 分）

考核知识点：电工基础

难易度：易

标准答案：

（1）一类负荷。中断供电将造成重大损失，如重大设备损坏、大量产品报废、人身伤亡；中断供电将造成重大政治、经济影响，如交通枢纽、重要通信等。

（2）二类负荷。中断供电将造成较大设备损坏，产品报废，连续生产过程打乱，需在较长时间才能恢复或大量减产；中断供电将影响用电单位的正常工作或给公共场所造成混乱。

（3）三类负荷。除以上一、二类负荷外的一般负荷。

Jb0004431075－1 供电方式分哪几种类型？（5 分）

考核知识点：电工基础

难易度：易

标准答案：

（1）按电压等级分为高压和低压供电。

（2）按电源数量分为单电源与多电源供电。

（3）按电源相数分为单相与三相供电。

（4）按供电回路分为单相回路与多回路供电。

（5）按计算形式分为装表与非装表供电。

（6）按用电期限分临时用电与正式供电。

（7）按管理关系分为直接供电方式与委托转供电方式。

Jb0004431076－1　什么是供电方式？供电方式确定的原则是什么？（5分）

考核知识点： 电工基础

难易度： 易

标准答案：

供电方式是指供电企业向用户提供电源的形式。

供电方式应按照安全、可靠、经济、合理和便于管理的原则，由电力供应与使用双方根据国家有关规定以及电网规划、用电需求和当地供电条件等因素协商确定。

第四章 装表接电工中级工技能操作

Jc0004441001－1 目测导线截面积。(100 分)
考核知识点：材料选型
难易度：易

技能等级评价专业技能考核操作工作任务书

一、任务名称
目测导线截面积。
二、适用工种
装表接电工中级工。
三、具体任务
随机准确判断出 5 条导线截面积。
四、工作规范及要求
(1) 着装符合要求，穿全棉长袖工作服、绝缘鞋，戴安全帽、线手套。
(2) 待考评员宣布许可工作命令后开始工作并计时。
(3) 现场操作严格执行《国家电网公司电力安全工作规程（配电部分）》。
(4) 工作结束清理现场，并向监考员报告。
五、现场提供材料及工器具
2.5、4、10、16、25mm^2 铜芯线各 0.3m，共 5 根导线。
六、考核时间及要求
本考核操作时间为 2 分钟，时间到停止考评。

技能等级评价专业技能考核操作评分标准

工种	装表接电工				评价等级	中级工
项目模块	电能计量装置安装—三相四线经 TA 接入式电能计量装置安装			编号	Jc0004441001－1	
单位		准考证号			姓名	
考试时限	2 分钟	题型	单项操作		题分	100 分
成绩		考评员		考评组长	日期	
试题正文	目测导线截面积					
需要说明的问题和要求	(1) 要求单人操作。 (2) 操作时应注意安全，按照标准化作业指导书的技术安全说明做好安全措施					

序号	项目名称	质量要求	满分	扣分标准	扣分原因	得分
1	准确判断出导线 1 截面积	要求正确识别各种规格的导线	20	每根导线截面积识别错误扣 20 分； 每根导线识别时间超过 2s 扣 20 分		
2	准确判断出导线 2 截面积	要求正确识别各种规格的导线	20	每根导线截面积识别错误扣 20 分； 每根导线识别时间超过 2s 扣 20 分		

续表

序号	项目名称	质量要求	满分	扣分标准	扣分原因	得分
3	准确判断出导线 3 截面积	要求正确识别各种规格的导线	20	每根导线截面积识别错误扣 20 分； 每根导线识别时间超过 2s 扣 20 分		
4	准确判断出导线 4 截面积	要求正确识别各种规格的导线	20	每根导线截面积识别错误扣 20 分； 每根导线识别时间超过 2s 扣 20 分		
5	准确判断出导线 5 截面积	要求正确识别各种规格的导线	20	每根导线截面积识别错误扣 20 分； 每根导线识别时间超过 2s 扣 20 分		
合计			100			

Jc0004441002－1　电能表电流及电压值测量。（100 分）

考核知识点：仪表使用

难易度：易

技能等级评价专业技能考核操作工作任务书

一、任务名称

电能表电流及电压值测量。

二、适用工种

装表接电工中级工。

三、具体任务

使用万用表、钳形电流表等仪器完成指定电能表电流、电压值测量并记录见表 Jc0004441002－1－1。

表 Jc0004441002－1－1

电能表进线		电能表出线	
A 相电压		A 相电压	
B 相电压		B 相电压	
C 相电压		C 相电压	
A 相电流		A 相电流	
B 相电流		B 相电流	
C 相电流		C 相电流	

四、工作规范及要求

（1）着装符合要求，穿全棉长袖工作服、绝缘鞋，戴安全帽、线手套。

（2）携带自备工具（钢笔或中性笔、计算器、三角尺）进入现场，待考评员宣布许可工作命令后开始工作并计时。

（3）打开计量柜（箱）门之前必须对柜（箱）体验电，现场操作严格执行《国家电网公司电力安全工作规程（配电部分）》。

（4）工作结束清理现场，并向监考员报告。

五、现场提供材料及工器具

验电笔、万用表、钳形电流表、螺钉旋具。

六、考核时间及要求

本考核操作时间为 20 分钟，时间到停止考评。

技能等级评价专业技能考核操作评分标准

工种	装表接电工					评价等级	中级工
项目模块	电能计量装置安装—三相四线经 TA、TV 接入式电能计量装置安装				编号	Jc0004441002－1	
单位			准考证号			姓名	
考试时限	20 分钟		题型	单项操作		题分	100 分
成绩		考评员		考评组长		日期	
试题正文	电能表电流及电压值测量						
需要说明的问题和要求	（1）要求单人操作。 （2）操作时应注意安全，按照标准化作业指导书的技术安全说明做好安全措施						

序号	项目名称	质量要求	满分	扣分标准	扣分原因	得分
1	安全文明生产	佩戴安全帽；穿全棉工作服；穿绝缘鞋；操作时戴线手套；打开柜门前需先验电	20	未按要求进行，每项扣 5 分，扣完为止		
2	正确使用仪器仪表	正确使用万用表、钳形电流表；数据测量正确	60	仪器仪表使用不当，一次扣 10 分； 数据测量错误，一次扣 10 分； 扣完为止		
3	正确记录	正确填写表格记录	10	填写错误，一处扣 2 分； 单位使用错误，一处扣 2 分； 扣完为止		
4	现场恢复	操作结束后清理现场杂物，并将工器具归位摆放整齐	10	现场留有杂物或工器具未归位扣 10 分		
合计			100			

计量装置设置：

（1）考试使用电能表为仿真表，通过模拟装置进行参数设置。

（2）默认设置为集抄台体三相四线直通电能表，假定负荷三相平衡，相电压分别为 220.0V、220.0V、220.0V，相电流分别为 1.0A、1.0A、1.0A。

标准答案：

如表 Jc0004441002－1－2 所示。

表 Jc0004441002－1－2

电能表进线		电能表出线	
A 相电压	220.0V	A 相电压	220.0V
B 相电压	220.0V	B 相电压	220.0V
C 相电压	220.0V	C 相电压	220.0V
A 相电流	1.0A	A 相电流	1.0A
B 相电流	1.0A	B 相电流	1.0A
C 相电流	1.0A	C 相电流	1.0A

Jc0004442003－1　用绝缘电阻表测电容器绝缘电阻。(100 分)

考核知识点：绝缘电阻表使用

难易度：中

技能等级评价专业技能考核操作工作任务书

一、任务名称
用绝缘电阻表测电容器绝缘电阻。

二、适用工种
装表接电工中级工。

三、具体任务
（1）检查绝缘电阻表。
（2）测绝缘电阻。

四、工作规范及要求
（1）着装符合要求，穿全棉长袖工作服、绝缘鞋，戴安全帽、线手套。
（2）待考评员宣布许可工作命令后开始工作并计时。
（3）现场操作严格执行《国家电网公司电力安全工作规程（配电部分）》。
（4）工作结束清理现场，并向监考员报告。

五、现场提供材料及工器具
（1）绝缘电阻表。
（2）被试电容器。

六、考核时间及要求
本考核操作时间为5分钟，时间到停止考评。

技能等级评价专业技能考核操作评分标准

工种	装表接电工					评价等级	中级工
项目模块	电能计量装置现场检验—二次回路检查及绝缘电阻测量				编号	Jc0004442003－1	
单位			准考证号			姓名	
考试时限	5分钟	题型	单项操作			题分	100分
成绩		考评员		考评组长		日期	
试题正文	用绝缘电阻表测电容器绝缘电阻						
需要说明的问题和要求	（1）要求单人操作。 （2）操作时应注意安全，按照标准化作业指导书的技术安全说明做好安全措施						

序号	项目名称	质量要求	满分	扣分标准	扣分原因	得分
1	检查绝缘电阻表	（1）外观检查。根据合格证检查绝缘电阻表是否在有效期内，外观是否破损，并将其置于水平位置。 （2）开路试验。将端钮“E”“L”开路，以额定转速120r/min或150r/min的速度摇动手摇发电机，观察指针是否在无穷大（∞）位置。 （3）短路试验。将“E”“L”短路，以额定转速手摇发电机，看指针是否指零。 （4）检查发电机转动是否灵活，有无抖动现象，指针有无卡滞现象	40	未进行外观检查或外观检查出现漏项扣5分； 未进行开路试验或开路试验方法错误扣15分； 未进行短路试验或短路试验方法错误扣15分； 未进行发电机计表指针进行机械转动良好性检查扣5分		
2	测绝缘电阻	（1）对被试电容器进行充分放电。 （2）以120r/min的恒定速度转动手柄，使表指针逐渐上升，直到出现稳定值后，再读取绝缘电阻值。 （3）测试完毕后对被试电容器再次进行充分放电	60	未对被试电容器进行首次放电扣15分； 仪表使用方法错误或读数错误扣30分； 未对被试电容器进行末次放电扣15分		
合计			100			

Jc0004441004－1　使用掌机读取电价并判断正误。（100分）

考核知识点：仪表使用

难易度：易

技能等级评价专业技能考核操作工作任务书

一、任务名称

使用掌机读取电价并判断正误。

二、适用工种

装表接电工中级工。

三、具体任务

现场使用2009版抄表掌机读取居民用户电价，判断电价是否执行正确，记录并填写表Jc0004441004－1－1。

表Jc0004441004－1－1

电能表型号	
第一阶梯电价	
第二阶梯电价	
第三阶梯电价	

四、工作规范及要求

（1）着装符合要求，穿全棉长袖工作服、绝缘鞋，戴安全帽、线手套。

（2）携带自备工具（钢笔或中性笔）进入现场，待考评员宣布许可工作命令后开始工作并计时。

（3）打开计量柜（箱）门之前必须对柜（箱）体验电，现场操作严格执行《国家电网公司电力安全工作规程（配电部分）》。

（4）工作结束清理现场，并向监考员报告。

五、现场提供材料及工器具

验电笔、万用表、螺钉旋具、抄表掌机。

六、考核时间及要求

本考核操作时间为30分钟，时间到停止考评。

技能等级评价专业技能考核操作评分标准

<table>
<tr><td>工种</td><td colspan="5">装表接电工</td><td>评价等级</td><td>中级工</td></tr>
<tr><td>项目模块</td><td colspan="4">电能计量装置安装—三相四线经TA、TV接入式电能计量装置安装</td><td>编号</td><td colspan="2">Jc0004441004－1</td></tr>
<tr><td>单位</td><td colspan="2"></td><td>准考证号</td><td colspan="2"></td><td>姓名</td><td></td></tr>
<tr><td>考试时限</td><td colspan="2">30分钟</td><td>题型</td><td colspan="2">单项操作</td><td>题分</td><td>100分</td></tr>
<tr><td>成绩</td><td></td><td>考评员</td><td></td><td>考评组长</td><td></td><td>日期</td><td></td></tr>
<tr><td>试题正文</td><td colspan="7">使用掌机读取电价并判断正误</td></tr>
<tr><td>需要说明的问题和要求</td><td colspan="7">（1）要求单人操作。
（2）操作时应注意安全，按照标准化作业指导书的技术安全说明做好安全措施</td></tr>
</table>

序号	项目名称	质量要求	满分	扣分标准	扣分原因	得分
1	安全文明生产	佩戴安全帽；穿全棉工作服；穿绝缘鞋；操作时戴线手套；打开柜门前需先验电	20	未按要求进行，每项扣5分，扣完为止		

续表

序号	项目名称	质量要求	满分	扣分标准	扣分原因	得分
2	仪器使用	正确使用抄表掌机	25	电价抄读错误扣 25 分		
3	结果判断	判断电价执行是否正确	25	判断错误扣 25 分		
4	填写记录	正确、规范填写记录表	20	数据填写错误，一处扣 5 分； 单位使用错误，一处扣 5 分； 扣完为止		
5	现场恢复	操作结束后清理现场杂物，并将工器具归位摆放整齐	10	现场留有杂物或工器具未归位扣 10 分		
合计			100			

计量装置设置：

（1）考试使用电能表为仿真表，通过模拟装置进行参数设置。

（2）屏蔽电能表显示屏。

标准答案：

（1）掌机抄读的电价为 0.448 6 元/kWh，居民用户执行的电价为第一阶梯电价 0.448 6 元/kWh、第二阶梯电价 0.498 6 元/kWh、第三阶梯电价 0.748 6 元/kWh，电价执行正确。

（2）正确记录表 Jc0004441004－1－2（表内空白处以考核现场电能计量装置参数示数值为准）。

表 Jc0004441004－1－2

电能表型号	
第一阶梯电价	0.448 6 元/kWh
第二阶梯电价	0.498 6 元/kWh
第三阶梯电价	0.748 6 元/kWh

备注：

（1）考场在指定工位安装 2009 版单相电能表，并设置目前居民阶梯电价。

（2）提供电价抄读程序完整的 2009 版抄表掌机。

Jc0004442005－2　使用掌机读取电价并判断正误。（100 分）

考核知识点：仪表使用

难易度：中

技能等级评价专业技能考核操作工作任务书

一、任务名称

使用掌机读取电价并判断正误。

二、适用工种

装表接电工中级工。

三、具体任务

现场使用 2009 版抄表掌机读取三相低压用户（加工作坊）电价，判断电价是否执行正确，记录并填写表 Jc0004442005－2－1。

表 Jc0004442005－2－1

电能表型号	
峰段电价	
平段电价	
谷段电价	

四、工作规范及要求

（1）着装符合要求，穿全棉长袖工作服、绝缘鞋，戴安全帽、线手套。

（2）携带自备工具（钢笔或中性笔）进入现场，待考评员宣布许可工作命令后开始工作并计时。

（3）打开计量柜（箱）门之前必须对柜（箱）体验电，现场操作严格执行《国家电网公司电力安全工作规程（配电部分）》。

（4）工作结束清理现场，并向监考员报告。

五、现场提供材料及工器具

验电笔、万用表、螺钉旋具、抄表掌机。

六、考核时间及要求

本考核操作时间为 30 分钟，时间到停止考评。

技能等级评价专业技能考核操作评分标准

工种	装表接电工				评价等级	中级工
项目模块	电能计量装置安装—三相四线经 TA 接入式电能计量装置安装			编号	Jc0004442005－2	
单位		准考证号			姓名	
考试时限	30 分钟	题型	单项操作		题分	100 分
成绩		考评员		考评组长	日期	
试题正文	使用掌机读取电价并判断正误					
需要说明的问题和要求	（1）要求单人操作。 （2）操作时应注意安全，按照标准化作业指导书的技术安全说明做好安全措施					

序号	项目名称	质量要求	满分	扣分标准	扣分原因	得分
1	安全文明生产	佩戴安全帽；穿全棉工作服；穿绝缘鞋；操作时戴线手套；打开柜门前需先验电	20	未按要求进行，每项扣 5 分，扣完为止		
2	仪器使用	正确使用抄表掌机	25	电价抄读错误扣 25 分		
3	结果判断	判断电价执行是否正确	25	判断错误扣 25 分		
4	填写记录	正确、规范填写记录表	20	数据填写错误，一处扣 5 分； 单位使用错误，一处扣 5 分； 扣完为止		
5	现场恢复	操作结束后清理现场杂物，并将工器具归位摆放整齐	10	现场留有杂物或工器具未归位扣 10 分		
合计			100			

计量装置设置：

（1）考试使用电能表为仿真表，通过模拟装置进行参数设置。

（2）屏蔽电能表显示屏。

标准答案：

（1）上午 10 点掌机抄读的电价为 1.056 4 元/kWh，电价执行错误。加工作坊等一般工商业用户执行的电价为峰段电价 0.930 2 元/kWh，平段电价 0.680 0 元/kWh，谷段电价 0.429 8 元/kWh。

（2）正确记录表 Jc0004442005－2－2（表内空白处以考核现场电能计量装置参数示数值为准）。

表 Jc0004442005－2－2

电能表型号	
峰段电价	1.056 4 元/kWh
平段电价	0.767 0 元/kWh
谷段电价	0.477 6 元/kWh

备注：

（1）考场在指定工位安装 2009 版三相电能表，并设置一般工商业分时电价（峰段电价 1.056 4 元/kWh，平段电价 0.767 0 元/kWh，谷段电价 0.477 6 元/kWh）。

（2）提供电价抄读程序完整的 2009 版抄表掌机。

（3）提示考生假定该用户为小型加工作坊，使用当前电力公司执行的电价标准。

Jc0004443006－1　电能表运行判断及其功率计算。(100 分)

考核知识点：设备运维

难易度：难

技能等级评价专业技能考核操作工作任务书

一、任务名称

电能表运行判断及其功率计算。

二、适用工种

装表接电工中级工。

三、具体任务

在指定工位［3×220/380V、3×1.5（6）A 三相电能表，TA 变比为 50/5］，电能表有功脉冲 1min 闪烁 100 次，根据脉冲闪烁次数与有功常数的关系计算有功功率并填表 Jc0004443006－1－1。

表 Jc0004443006－1－1

表号	规格	有功常数	有功功率

四、工作规范及要求

（1）着装符合要求，穿全棉长袖工作服、绝缘鞋，戴安全帽、线手套。

（2）携带自备工具（钢笔或中性笔、计算器）进入现场，待考评员宣布许可工作命令后开始工作并计时。

（3）打开计量柜（箱）门之前必须对柜（箱）体验电，现场操作严格执行《国家电网公司电力安全工作规程（配电部分）》。

（4）工作结束清理现场，并向监考员报告。

五、现场提供材料及工器具

验电笔、万用表、钳形电流表、螺钉旋具。

六、考核时间及要求

本考核操作时间为 30 分钟，时间到停止考评。

技能等级评价专业技能考核操作评分标准

<table>
<tr><td>工种</td><td colspan="6">装表接电工</td><td>评价等级</td><td colspan="2">中级工</td></tr>
<tr><td>项目模块</td><td colspan="5">电能计量装置安装—三相四线经 TA 接入式电能计量装置安装</td><td>编号</td><td colspan="3">Jc0004443006－1</td></tr>
<tr><td>单位</td><td colspan="3"></td><td>准考证号</td><td colspan="2"></td><td>姓名</td><td colspan="2"></td></tr>
<tr><td>考试时限</td><td colspan="2">30 分钟</td><td>题型</td><td colspan="3">单项操作</td><td>题分</td><td colspan="2">100 分</td></tr>
<tr><td>成绩</td><td></td><td>考评员</td><td></td><td>考评组长</td><td colspan="2"></td><td>日期</td><td colspan="2"></td></tr>
<tr><td>试题正文</td><td colspan="9">电能表运行判断及其功率计算</td></tr>
<tr><td>需要说明的问题和要求</td><td colspan="9">（1）要求单人操作。
（2）操作时应注意安全，按照标准化作业指导书的技术安全说明做好安全措施</td></tr>
<tr><td>序号</td><td>项目名称</td><td colspan="2">质量要求</td><td>满分</td><td colspan="3">扣分标准</td><td>扣分原因</td><td>得分</td></tr>
<tr><td>1</td><td>安全文明生产</td><td colspan="2">佩戴安全帽；穿全棉工作服；穿绝缘鞋；操作时戴线手套；打开柜门前需先验电</td><td>20</td><td colspan="3">未按要求进行，每项扣 5 分，扣完为止</td><td></td><td></td></tr>
<tr><td>2</td><td>参数抄读</td><td colspan="2">正确抄读电能表铭牌各项参数</td><td>15</td><td colspan="3">错误一项扣 5 分，扣完为止</td><td></td><td></td></tr>
<tr><td>3</td><td>计算正确</td><td colspan="2">正确计算有功功率</td><td>40</td><td colspan="3">计算错误扣 40 分</td><td></td><td></td></tr>
<tr><td>4</td><td>填写记录</td><td colspan="2">正确、规范填写记录表</td><td>15</td><td colspan="3">数据填写错误，一处扣 5 分；
单位使用错误，一处扣 5 分；
扣完为止</td><td></td><td></td></tr>
<tr><td>5</td><td>现场恢复</td><td colspan="2">操作结束后清理现场杂物，并将工器具归位摆放整齐</td><td>10</td><td colspan="3">现场留有杂物或工器具未归位扣 10 分</td><td></td><td></td></tr>
<tr><td colspan="2">合计</td><td colspan="2"></td><td>100</td><td colspan="3"></td><td></td><td></td></tr>
</table>

计量装置设置：

（1）考试使用电能表为仿真表，通过模拟装置进行参数设置。

（2）考场在指定工位安装 3×220/380V、3×1.5（6）A、常数为 3200imp/kWh 三相电能表，假定 TA 变比为 50/5。

（3）假定电能表有功指示灯 1min 闪烁 100 次。

标准答案：

正确抄读电能表铭牌参数，掌握电能表有功常数与功率指示灯规定时间闪烁次数的关系，计算出当前有功功率（表 Jc0004443006－1－2 内空白处以考核现场电能计量装置参数示数值为准）。

表 Jc0004443006－1－2

表号	规格	有功常数	有功功率
	3×220/380V、3×1.5（6）A	3200imp/kWh	19kW

$$P=\frac{100\times60}{3200}\times\frac{50}{5}=19\ (\text{kW})$$

Jc0004443007－1 表计异常判断。（100 分）

考核知识点： 设备运维

难易度： 难

技能等级评价专业技能考核操作工作任务书

一、任务名称

表计异常判断处理。

二、适用工种

装表接电工中级工。

三、具体任务

经用电信息采集系统分析，发现现场表号为××的三相电能表长期无电流，已知该户为台区考核总表，请现场分析原因。

四、工作规范及要求

（1）着装符合要求，穿全棉长袖工作服、绝缘鞋，戴安全帽、线手套。

（2）携带自备工具（钢笔或中性笔、计算器、线手套）进入现场，待考评员宣布许可工作命令后开始工作并计时。

（3）打开计量柜（箱）门之前必须对柜（箱）体验电，现场操作严格执行《国家电网公司电力安全工作规程（配电部分）》。

（4）工作结束清理现场，并向监考员报告。

五、现场提供工器具及材料

验电笔、螺钉旋具、铅封、绝缘胶带、封表钳。

六、考核及时间要求

本考核操作时间限定为20分钟，计时结束停止考评。

技能等级评价专业技能考核操作评分标准

工种	装表接电工					评价等级	中级工
项目模块	电能计量装置安装—三相四线经TA、TV接入式电能计量装置安装				编号		Jc0004443007－1
单位			准考证号			姓名	
考试时限	20分钟		题型	单项操作		题分	100分
成绩		考评员		考评组长		日期	
试题正文	表计异常判断处理						
需要说明的问题和要求	（1）要求单人操作。 （2）操作应注意安全，按照标准化作业书的技术安全说明做好安全措施						

序号	项目名称	质量要求	满分	扣分标准	扣分原因	得分
1	安全文明生产	佩戴安全帽；穿全棉工作服；穿绝缘鞋；操作时戴线手套；打开柜门前需先验电	20	未按要求进行，每项扣5分，扣完为止		
2	异常检查	正确检查出异常	70	异常判断错误扣70分		
3	现场恢复	操作结束后清理现场杂物，并将工器具归位摆放整齐	10	现场留有杂物或工器具未归位扣10分		
合计			100			

标准答案：

（1）现场电能表端子盒内电流连片未打开导致表内无电流通过。

（2）工作步骤。

1）检查时佩戴线手套及安全帽，着长袖工作服。

2）将螺钉旋具绝缘化处理。

3）检查电能表及接线盒。

4）打开电流连片。

5）通过表计键显检查表计内是否有电流。

6）恢复端子盒铅封。

Jc0004442008－1　挂接地线。（100 分）

考核知识点：安全布防

难易度：中

技能等级评价专业技能考核操作工作任务书

一、任务名称

挂接地线。

二、适用工种

装表接电工中级工。

三、具体任务

（1）验电和选择接地点。

（2）装设顺序。

（3）检查接地线是否符合要求。

四、工作规范及要求

（1）着装符合要求，穿全棉长袖工作服、绝缘鞋，戴安全帽、线手套。

（2）待考评员宣布许可工作命令后开始工作并计时。

（3）现场操作严格执行《国家电网公司电力安全工作规程（配电部分）》。

（4）工作结束清理现场，并向监考员报告。

五、现场提供材料及工器具

（1）裸铜线。

（2）现场设备（绝缘工具、接地线、验电器等）。

（3）工具自备。

六、考核时间及要求

本考核操作时间为 25 分钟，时间到停止考评。

技能等级评价专业技能考核操作评分标准

工种	装表接电工				评价等级	中级工
项目模块	电能计量装置安装—集中器安装与调试			编号	Jc0004442008－1	
单位		准考证号			姓名	
考试时限	25 分钟	题型	单项操作		题分	100 分
成绩		考评员		考评组长		日期	
试题正文	挂接地线					
需要说明的问题和要求	（1）要求单人操作。 （2）操作时应注意安全，按照标准化作业指导书的技术安全说明做好安全措施					

序号	项目名称	质量要求	满分	扣分标准	扣分原因	得分
1	验电和选择接地点	（1）正确选择接地点。 （2）高压验电必须戴绝缘手套，应使用相应电压等级的验电器	30	选择接地点不对扣 10 分； 验电未戴绝缘手套扣 10 分； 未使用相应电压等级的验电器扣 10 分		
2	装设顺序	装设接地线应使用绝缘棒和戴绝缘手套。操作时，应先接接地端，后接导体端；拆除接地线时，顺序相反	40	装设接地线未使用绝缘棒、未戴绝缘手套扣 15 分； 接地顺序不正确扣 25 分		
3	检查接地线是否符合要求	（1）接地线应采用多股裸铜线，其截面积应符合短路电流要求，且不得小于 $25mm^2$。 （2）接地线在装设前应详细检查，装设时必须接触良好	30	未对接地线进行检查扣 15 分； 接地线装设接触不良扣 15 分		
合计			100			

Jc0004441009－1　电能计量装置二次回路。（100 分）

考核知识点： 设备运维

难易度： 易

技能等级评价专业技能考核操作工作任务书

一、任务名称

电能计量装置二次回路。

二、适用工种

装表接电工中级工。

三、具体任务

准确回答电能计量装置二次回路的可靠性。

四、工作规范及要求

（1）着装符合要求，穿全棉长袖工作服、绝缘鞋，戴安全帽、线手套。

（2）携带自备工具（钢笔或中性笔、计算器、线手套）进入现场，待考评员宣布许可工作命令后开始工作并计时。

（3）打开计量柜（箱）门之前必须对柜（箱）体验电，现场操作严格执行《国家电网公司电力安全工作规程（配电部分）》。

（4）工作结束清理现场，并向监考员报告。

五、现场提供工器具及材料

一套计量装置、螺钉旋具等。

六、考核及时间要求

本考核时间限定为 30 分钟，计时结束停止考评。

技能等级评价专业技能考核操作评分标准

工种	装表接电工					评价等级	中级工
项目模块	电能计量装置现场检验—二次回路绝缘电阻测量和金属计量箱（柜）接地电阻测量				编号	Jc0004441009－1	
单位			准考证号			姓名	
考试时限	30 分钟		题型	单项操作		题分	100 分
成绩		考评员		考评组长		日期	
试题正文	电能计量装置二次回路						
需要说明的问题和要求	（1）要求单人操作。 （2）操作应注意安全，按照标准化作业书的技术安全说明做好安全措施						

序号	项目名称	质量要求	满分	扣分标准	扣分原因	得分
1	安全文明生产	佩戴安全帽；穿全棉工作服；穿绝缘鞋；操作时戴线手套；打开柜门前需先验电	10	未按要求进行，每项扣 2 分，扣完为止		
2	导线选择	（1）二次回路的导线必须使用单芯铜质绝缘线，不允许使用铝线，而且二次回路导线必须保证一定的机械强度和载流能力。 （2）电压二次回路导线截面积不得小于 $2.5mm^2$，电流二次回路的导线截面积不得小于 $4mm^2$	20	选型错误，每处扣 4 分，扣完为止		

续表

序号	项目名称	质量要求	满分	扣分标准	扣分原因	得分
3	二次回路可靠性	（1）二次回路的配线应整齐可靠，绝缘良好，且不宜受腐蚀性流体、气体的侵蚀。电能表专用的电流、电压二次回路中所有接头都应由供电企业加封，用电单位不得擅自启封更改。 （2）电能表与互感器之间的连接导线必须满足二次压降、二次负荷的允许值，经户外电缆沟敷设的二次回路应使用铠装电缆，室内配电柜内互感器与电能表之间的计量二次回路宜使用色标线	60	接线工艺不满足要求扣 5 分； 接线超时，5min 以内扣 5 分，超过 5min 扣 10 分； 接线错误，每处扣 15 分，共 45 分，扣完为止		
4	现场恢复	操作结束后清理现场杂物，并将工器具归位摆放整齐	10	现场留有杂物或工器具未归位扣 10 分		
合计			100			

Jc0004442010－2　电能计量装置二次回路。（100 分）

考核知识点：设备运维

难易度：中

技能等级评价专业技能考核操作工作任务书

一、任务名称

电能计量装置二次回路。

二、适用工种

装表接电工中级工。

三、具体任务

准确回答电能计量装置二次回路的开路及开路后的处理。

四、工作规范及要求

书写规范。

能准确回答二次回路开路的后果。

能准确回答二次回路开路后的处理。

（1）着装符合要求，穿全棉长袖工作服、绝缘鞋，戴安全帽、线手套。

（2）携带自备工具（钢笔或中性笔、计算器、线手套）进入现场，待考评员宣布许可工作命令后开始工作并计时。

（3）打开计量柜（箱）门之前必须对柜（箱）体验电，现场操作严格执行《国家电网公司电力安全工作规程（配电部分）》。

（4）工作结束清理现场，并向监考员报告。

五、现场提供工器具及材料

一套计量装置、螺钉旋具等。

六、考核及时间要求

本考核时间限定为 30 分钟，计时结束停止考评。

技能等级评价专业技能考核操作评分标准

工种	装表接电工				评价等级	中级工
项目模块	电能计量装置现场检验—二次回路检查及绝缘电阻测量			编号	Jc0004442010－2	
单位		准考证号			姓名	
考试时限	30分钟	题型	单项操作		题分	100分
成绩		考评员		考评组长	日期	
试题正文	电能计量装置二次回路					
需要说明的问题和要求	（1）要求单人操作。 （2）操作应注意安全，按照标准化作业书的技术安全说明做好安全措施					

序号	项目名称	质量要求	满分	扣分标准	扣分原因	得分
1	安全文明生产	佩戴安全帽；穿全棉工作服；穿绝缘鞋；操作时戴线手套；打开柜门前需先验电	10	未按要求进行，每项扣2分，扣完为止		
2	运行中电流互感器二次侧开路产生的后果	（1）产生很高的电压，对设备和运行人员有危险。 （2）在铁芯中留下剩磁，使电流互感器误差增大。 （3）铁芯损耗增加，严重发热，有烧坏的可能	30	答错一项扣10分，扣完为止		
3	二次回路开路后的处理方法	（1）运行中的高压电流互感器，其二次出口端开路时，因二次开路电压高，限于安全距离，人不能靠近，必须停电处理。 （2）运行中的电流互感器发生二次开路，不能停电的应该设法转移负荷，在低峰负荷时做停电处理。 （3）若因二次接线端子螺栓松造成二次开路，在降低负荷电流和采取必要的安全措施（有人监护，处理时人与带电部分有足够的安全距离，使用有绝缘柄的工具）的情况下，可不停电将松动的螺栓拧紧	50	（1）、（2）错误，每项扣15分； （3）错误扣20分		
4	现场恢复	操作结束后清理现场杂物，并将工器具归位摆放整齐	10	现场留有杂物或工器具未归位扣10分		
合计			100			

Jc0004442011－1　电流互感器的选择。（100分）

考核知识点： 计量装置配置

难易度： 中

技能等级评价专业技能考核操作工作任务书

一、任务名称

电流互感器的选择。

二、适用工种

装表接电工中级工。

三、具体任务

准确选择电流互感器。

四、工作规范及要求

（1）着装符合要求，穿全棉长袖工作服、绝缘鞋，戴安全帽、线手套。

（2）携带自备工具（钢笔或中性笔、计算器、线手套）进入现场，待考评员宣布许可工作命令后开始工作并计时。

（3）打开计量柜（箱）门之前必须对柜（箱）体验电，现场操作严格执行《国家电网公司电力安全工作规程（配电部分）》。

（4）工作结束清理现场，并向监考员报告。

五、现场提供工器具及材料

一套计量装置、螺钉旋具、数字万用表等。

六、考核及时间要求

本考核时间限定为30分钟，计时结束停止考评。

技能等级评价专业技能考核操作评分标准

<table>
<tr><td>工种</td><td colspan="4">装表接电工</td><td>评价等级</td><td>中级工</td></tr>
<tr><td>项目模块</td><td colspan="3">电能计量装置安装—互感器选型及极性检查</td><td>编号</td><td colspan="2">Jc0004442011－1</td></tr>
<tr><td>单位</td><td colspan="2"></td><td>准考证号</td><td></td><td>姓名</td><td></td></tr>
<tr><td>考试时限</td><td>30分钟</td><td>题型</td><td colspan="2">单项操作</td><td>题分</td><td>100分</td></tr>
<tr><td>成绩</td><td></td><td>考评员</td><td></td><td>考评组长</td><td></td><td>日期</td></tr>
<tr><td>试题正文</td><td colspan="6">电流互感器的选择</td></tr>
<tr><td>需要说明的问题和要求</td><td colspan="6">（1）要求单人操作。
（2）操作应注意安全，按照标准化作业书的技术安全说明做好安全措施</td></tr>
<tr><td>序号</td><td>项目名称</td><td>质量要求</td><td>满分</td><td>扣分标准</td><td>扣分原因</td><td>得分</td></tr>
<tr><td>1</td><td>安全文明生产</td><td>佩戴安全帽；穿全棉工作服；穿绝缘鞋；操作时戴线手套；打开柜门前需先验电</td><td>10</td><td>未按要求进行，每项扣2分，扣完为止</td><td></td><td></td></tr>
<tr><td>2</td><td>电流互感器的选择要求</td><td>（1）电流互感器的额定电压应与运行电压相同。
（2）根据预计的负荷电流，选择电流互感器的变比，其额定一次电流的确定，应保证其在正常运行中的实际负荷电流达到额定值的60%左右，至少应不小于30%，否则应选用动热稳定电流互感器以减小变比。
（3）电流互感器实际二次负荷应在25%～100%额定二次负荷，额定二次负荷的功率因数应在0.8～1.0。
（4）电流互感器的准确度等级应符合规程规定的要求。
（5）应满足动稳定和热稳定的要求</td><td>80</td><td>答错一项扣16分，扣完为止</td><td></td><td></td></tr>
<tr><td>3</td><td>现场恢复</td><td>操作结束后清理现场杂物，并将工器具归位摆放整齐</td><td>10</td><td>现场留有杂物或工器具未归位扣10分</td><td></td><td></td></tr>
<tr><td colspan="2">合计</td><td></td><td>100</td><td></td><td></td><td></td></tr>
</table>

Jc0004442012－1　电能计量装置运行。（100分）

考核知识点：设备运维

难易度：中

技能等级评价专业技能考核操作工作任务书

一、任务名称

电能计量装置运行。

二、适用工种

装表接电工中级工。

三、具体任务

供电客户疑问解答工作。

四、工作规范及要求

（1）着装符合要求，穿全棉长袖工作服、绝缘鞋，戴安全帽、线手套。

（2）携带自备工具（钢笔或中性笔、计算器、线手套）进入现场，待考评员宣布许可工作命令后开始工作并计时。

（3）打开计量柜（箱）门之前必须对柜（箱）体验电，现场操作严格执行《国家电网公司电力安全工作规程（配电部分）》。

（4）工作结束清理现场，并向监考员报告。

五、现场提供工器具及材料

一套计量装置、螺钉旋具等。

六、考核及时间要求

本考核时间限定为 30 分钟，计时结束停止考评。

技能等级评价专业技能考核操作评分标准

工种	装表接电工				评价等级	中级工
项目模块	电能计量装置安装—三相四线经 TA 接入式电能计量装置安装			编号	Jc0004442012－1	
单位		准考证号			姓名	
考试时限	30 分钟	题型	单项操作		题分	100 分
成绩	考评员		考评组长		日期	
试题正文	电能计量装置运行					
需要说明的问题和要求	（1）要求单人操作。 （2）操作应注意安全，按照标准化作业书的技术安全说明做好安全措施					

序号	项目名称	质量要求	满分	扣分标准	扣分原因	得分
1	安全文明生产	佩戴安全帽；穿全棉工作服；穿绝缘鞋；操作时戴线手套；打开柜门前需先验电	10	未按要求进行，每项扣 2 分，扣完为止		
2	电能计量装置运行后，客户疑问解答： 电能表更换后，客户认为电能表走得太快怎么办？	（1）首先应与客户沟通，确认是否因电器增加、电器使用时间过长或电费结算周期变化等原因造成用电量增加。 （2）根据《供电营业规则》第七十九条的有关规定："用户认为供电企业装设的计费电能表不准时，有权向供电企业提出校验申请，在用户交付验表费后供电企业应在七天内检验，并将检验结果通知用户。如计费电能表的误差在允许范围内，验表费不退；如计费电能表的误差超出允许范围时，除退还验表费外，还应按本规则第八十条规定退补电费。"如果客户确实认为电能表过快，可以到当地供电营业厅办理校表手续。 （3）如果客户对出具的检定结果有异议，应与客户一同将电能表送往各级技术监督部门的检定机构进行检定，供电企业根据检定结果承担相应责任	80	（1）、（3）答错，每项扣 25 分； （2）答错扣 30 分		
3	现场恢复	操作结束后清理现场杂物，并将工器具归位摆放整齐	10	现场留有杂物或工器具未归位扣 10 分		
合计			100			

Jc0004442013－1 触电伤害。

考核知识点：触电急救

难易度：中

技能等级评价专业技能考核操作工作任务书

一、任务名称

触电伤害。

二、适用工种

装表接电工中级工。

三、具体任务

（1）正确使用个人劳动防护用品。

（2）正确验电。

（3）现场风险点辨识。

四、工作规范及要求

（1）着装符合要求，穿全棉长袖工作服、绝缘鞋，戴安全帽、线手套。

（2）携带自备工具（钢笔或中性笔、计算器、线手套）进入现场，待考评员宣布许可工作命令后开始工作并计时。

（3）打开计量柜（箱）门之前必须对柜（箱）体验电，现场操作严格执行《国家电网公司电力安全工作规程（配电部分）》。

（4）工作结束清理现场，并向监考员报告。

五、现场提供工器具及材料

验电笔等。

六、考核及时间要求

本考核时间限定为30分钟，计时结束停止考评。

技能等级评价专业技能考核操作评分标准

<table>
<tr><td>工种</td><td colspan="5">装表接电工</td><td>评价等级</td><td>中级工</td></tr>
<tr><td>项目模块</td><td colspan="4">电能计量装置安装—三相四线经TA接入式电能计量装置安装</td><td>编号</td><td colspan="2">Jc0004442013－1</td></tr>
<tr><td>单位</td><td colspan="2"></td><td>准考证号</td><td colspan="2"></td><td>姓名</td><td></td></tr>
<tr><td>考试时限</td><td colspan="2">30分钟</td><td>题型</td><td colspan="2">单项操作</td><td>题分</td><td>100分</td></tr>
<tr><td>成绩</td><td></td><td>考评员</td><td></td><td>考评组长</td><td></td><td>日期</td><td></td></tr>
<tr><td>试题正文</td><td colspan="7">触电伤害</td></tr>
<tr><td>需要说明的问题和要求</td><td colspan="7">（1）要求单人操作。
（2）操作应注意安全，按照标准化作业书的技术安全说明做好安全措施</td></tr>
</table>

序号	项目名称	质量要求	满分	扣分标准	扣分原因	得分
1	安全文明生产	佩戴安全帽；穿全棉工作服；穿绝缘鞋；操作时戴线手套；打开柜门前需先验电	10	未按要求进行，每项扣2分，扣完为止		
2	触电伤害程度有关的因素	（1）电流的大小：电流越大，伤害越严重，一般来说通过人体的交流电超过10mA，直流电超过50mA，触电者就会感到麻痹或剧痛。 （2）触电时间的长短：通电时间越长，能量积累增加，就容易引起心室颤动，可用触电电流与触电时间的乘积（称为电击能量）来反映触电的危害程度，30mAs是一个临界数字，超过50mAs人就有生命危险。	90	答错一项扣15分，扣完为止		

续表

序号	项目名称	质量要求	满分	扣分标准	扣分原因	得分
2	触电伤害程度有关的因素	（3）电流通过人体的途径：以胸到左手的通路最危险，从脚到脚等通路是危险性较小的电流途径，因此，触摸带电设备、低压带电作业等一定不要用左手。 （4）人体电阻的大小：人体的电阻因人而异，一般为800～1000Ω，流经人体的电流大小与人体的电阻成反比。 （5）电流频率：在同样电压下，40～60Hz的交流电对人体是最危险的，随着频率的增大，电击伤害程度显著减小。 （6）人体状况：电流对人体的作用，女性较男性更为敏感，由于心室颤动电流约与体重成反比，因此小孩遭受电击较成人危险，另外，患有心脏病、神经系统疾病、结核病等病症的人因电击引起的伤害程度比正常人更严重	90	答错一项扣15分，扣完为止		
合计			100			

Jc0004443014－2　表计异常判断。（100分）

考核知识点：设备运维

难易度：难

技能等级评价专业技能考核操作工作任务书

一、任务名称

表计异常判断。

二、适用工种

装表接电工中级工。

三、具体任务

（1）工作人员2016年11月30日12:00经用电信息采集系统分析，发现表号为0001128485的居民用户单相表自2016年10月1日12:00开始不走字，现场检查原因。

（2）简述针对此种情况的主要处理步骤。

四、工作规范及要求

（1）着装符合要求，穿全棉长袖工作服、绝缘鞋，戴安全帽、线手套。

（2）携带自备工具（钢笔或中性笔、计算器、线手套）进入现场，待考评员宣布许可工作命令后开始工作并计时。

（3）打开计量柜（箱）门之前必须对柜（箱）体验电，现场操作严格执行《国家电网公司电力安全工作规程（配电部分）》。

（4）工作结束清理现场，并向监考员报告。

五、现场提供工器具及材料

验电笔。

六、考核及时间要求

本考核操作时间限定为30分钟，计时结束停止考评。

技能等级评价专业技能考核操作评分标准

工种	装表接电工					评价等级	中级工
项目模块	电能计量装置安装—三相四线经 TA 接入式电能计量装置安装				编号	Jc0004443014－2	
单位			准考证号			姓名	
考试时限	30 分钟		题型	单项操作		题分	100 分
成绩		考评员		考评组长		日期	
试题正文	表计异常判断						
需要说明的问题和要求	（1）要求单人操作。 （2）操作应注意安全，按照标准化作业书的技术安全说明做好安全措施						

序号	项目名称	质量要求	满分	扣分标准	扣分原因	得分
1	安全文明生产	佩戴安全帽；穿全棉工作服；穿绝缘鞋；操作时戴线手套；打开柜门前需先验电	10	未按要求进行，每项扣 2 分，扣完为止		
2	异常检查	正确检查出异常	30	异常判断错误扣 30 分		
3	窃电处理的步骤	窃电处理的步骤回答正确	50	每回答错误一个步骤扣 6 分，扣完为止		
4	现场恢复	操作结束后清理现场杂物，并将工器具归位摆放整齐	10	现场留有杂物或工器具未归位扣 10 分		
合计			100			

标准答案：

（1）该户表计不走的原因为电流进出线短接用电。

（2）处理单相表窃电的步骤如下。

1）现场拍照取证。

2）抄取表计电量信息。

3）填写用电检查通知书、窃电通知书，送达用户并由用户签收。

4）进行违约电费计算处理（每日窃电时间根据用电信息采集系统进行判断，动力按照 12h 计算，居民按照 6h 计算）。

5）用户如签字并接受处理，可现场恢复正常接线并加封；如用户拒不接受处理可立即中止供电。

Jc0004443015－3 表计异常判断处理。（100 分）

考核知识点：设备运维

难易度：难

技能等级评价专业技能考核操作工作任务书

一、任务名称

表计异常判断处理。

二、适用工种

装表接电工中级工。

三、具体任务

（1）经用电信息采集系统分析，发现某三相四线电能表 A 相无电压，已知该户为台区考核总表，现场分析该表异常原因。

（2）现场处理异常。

四、工作规范及要求

（1）着装符合要求，穿全棉长袖工作服、绝缘鞋，戴安全帽、线手套。

（2）携带自备工具（钢笔或中性笔、计算器、线手套）进入现场，待考评员宣布许可工作命令后开始工作并计时。

（3）打开计量柜（箱）门之前必须对柜（箱）体验电，现场操作严格执行《国家电网公司电力安全工作规程（配电部分）》。

（4）工作结束清理现场，并向监考员报告。

五、现场提供工器具及材料

验电笔、螺钉旋具、铅封、绝缘胶带、封表钳。

六、考核及时间要求

本考核操作时间限定为 20 分钟，计时结束停止考评。

技能等级评价专业技能考核操作评分标准

工种	装表接电工				评价等级	中级工
项目模块	电能计量装置安装—三相四线经 TA 接入式电能计量装置安装			编号	Jc0004443015－3	
单位			准考证号		姓名	
考试时限	20 分钟	题型		单项操作	题分	100 分
成绩		考评员		考评组长	日期	
试题正文	表计异常判断处理					
需要说明的问题和要求	（1）要求单人操作。 （2）操作应注意安全，按照标准化作业书的技术安全说明做好安全措施					

序号	项目名称	质量要求	满分	扣分标准	扣分原因	得分
1	安全文明生产	佩戴安全帽；穿全棉工作服；穿绝缘鞋；操作时戴线手套；打开柜门前需先验电	10	未按要求进行，每项扣 2 分，扣完为止		
2	异常检查	正确检查出异常	20	异常判断错误扣 20 分		
3	异常恢复	（1）现场螺钉旋具需进行绝缘化处理。 （2）三个电流连片需全部打开，操作熟练。 （3）连片打开后需检查表内信息，看电流是否恢复。 （4）最后需将破坏的铅封恢复	60	回答错误，每项扣 15 分，扣完为止		
4	现场恢复	操作结束后清理现场杂物，并将工器具归位摆放整齐	10	现场留有杂物或工器具未归位扣 10 分		
合计			100			

标准答案：

（1）现场电能表端子盒内 A 相电压连片打开导致表内无电压。

（2）工作步骤。

1） 检查时佩戴线手套及安全帽，着长袖全棉工作服。

2） 将螺钉旋具绝缘化处理。

3） 检查电能表及接线盒。

4） 合上 A 相电压连片。

5） 检查表计内 A 相是否有电压。

6） 恢复端子盒铅封。

第三部分
高级工

第五章　装表接电工高级工技能笔答

Jb0003333001－1　我国电力系统中性点接地方式有哪几种？它们各有什么特点？（5分）

考核知识点：中性点

难易度：难

标准答案：

（1）中性点可分为两类三种接地方式，即直接接地和不接地两类，不接地方式包括中性点不接地和中性点经消弧线圈（电阻）接地方式。

（2）中性点直接接地系统供电可靠性较不接地系统差，这是因为一旦系统内出现另一接地故障点时，即构成短路回路，短路电流很大。该种方式一般在110kV及以上系统内采用。

不接地系统供电可靠性高，但对设备和线路的绝缘水平要求也高，一般在35kV及以下系统内采用经消弧线圈或电阻接地方式。低压系统一般采用中性点接地，只有特殊需要时才采用不接地方式。

Jb0003331002－1　功率因数低有什么危害？（5分）

考核知识点：功率因数

难易度：易

标准答案：

（1）增加了供电线路的功率损失。

（2）增加了线路的电压降，降低了电压质量。

（3）降低了发、供电设备的利用率。

（4）增加了企业的电费支出，加大了成本。

Jb0003332003－1　10kV及以上等级电压互感器二次侧为什么要有一点接地？（5分）

考核知识点：电压互感器二次回路接地

难易度：中

标准答案：

10kV及以上等级的电压互感器一次绕组长期运行在高电压中，如果其绝缘在运行电压或过电压下发生击穿，那么高电压就会窜入二次回路，不仅会损坏二次回路中的仪表等电器，同时对人身安全也有威胁。为了防止这种情况的发生，10kV及以上电压等级的电压互感器二次侧必须有一点要接地。

Jb0003332004－1　如何正确地选择配电变压器的容量？（5分）

考核知识点：配电变压器的容量选择

难易度：中

标准答案：

根据用电负荷性质（即功率因数的高低），一般用电负荷应为变压器额定容量的75%～95%，动力用电还考虑单台大容量电动机的启动和多台用电设备的同时率，以适应电动机启动电流的需要，故应选择较大一些的变压器，若实测负载经常小于变压器额定容量的50%时，应换小一些的变压器，若大于变压器额定容量，则应换大一些的变压器。

Jb0003332005－1　进户点的选择应注意些什么？（5分）

考核知识点：进户点的选择注意事项

难易度：中

标准答案：

（1）进户点应尽量靠近供电线路和用电负荷中心，与邻近房屋的进户点尽可能取得一致。

（2）同一个单位的一个建筑物内部相连通的房屋，多层住宅的每一个单元同一围墙内，同一用户的所有相邻独立的建筑物，应只有一个进户点，特殊情况除外。

（3）进户点的建筑物应牢固不漏水。

（4）进户点的位置应明显易见，便于施工和维修。

Jb0003332006－1　如何保证电能表接入二次回路的可靠性？（5分）

考核知识点：二次回路注意事项

难易度：中

标准答案：

（1）二次回路的导线必须使用单芯铜质绝缘线，不允许使用铝线，而且二次回路导线必须保证一定的机械强度和载流能力。为此电压二次回路导线截面积不得小于 $2.5mm^2$，电流二次回路的导线截面积不得小于 $4mm^2$。

（2）二次回路的配线应整齐可靠，绝缘应良好，且不应受腐蚀性液体、气体的侵蚀。电能表专用的电流、电压二次回路中所有接头都应有电业部门加封，用电单位不得擅自启封更改。

（3）电能表与互感器之间的连接导线应尽可能短，最好采用铠装电缆。

Jb0003331007－1　负荷计算有几种方法？（5分）

考核知识点：负荷计算的方法

难易度：易

标准答案：

（1）需用系数法。

（2）二项式系数法。

（3）单耗法。

Jb0003332008－1　二次回路对电缆截面积有何要求？（5分）

考核知识点：二次回路

难易度：中

标准答案：

二次回路电缆的选择常与它所使用的回路种类有关。

（1）按机械强度要求选择：当使用在交流回路时，最小截面积应不小于 $2.5mm^2$；当使用在交流电压回路或直流控制及信号回路时，最小截面积不应小于 $1.5mm^2$。

（2）按电气要求选择：一般应按表计准确度等级或电流互感器10%的误差曲线来选择；在交流电压回路中，则应按允许电压降选择。

Jb0003332009－1　调换电能表和表尾接线时应注意哪些事项？（5分）

考核知识点：电能表带电作业注意事项

难易度：中

标准答案：

调换电能表更换表尾线时，应先拆开电源侧，后拆负荷侧；恢复时，先接负荷侧，后接电源侧。工作前应先做好标记，恢复时按标记进行接线。更换表尾线时，应按电能表及电流互感器的实际容量更换。在金属配电盘内工作时，应先做好安全措施，以免造成短路或接地。工作完后，应进行接线检查，确认正确后再行送电，并检查电能表运行是否正常。

Jb0003332010－1　三相四线制供电中性线的作用是什么？为何中性线上不允许装隔离开关和熔断器？（5分）

考核知识点：中性线的作用

难易度：中

标准答案：

（1）三相四线制供电系统中性线的作用，是做单相负荷的零线或当不对称的三相负载接成星形连接时能使每相的相电压保持对称。

（2）在有中性点接地的电路中，偶然发生一相断线，也只影响本相的负载，而其他两相的电压保持不变。但如果中性线因某种原因断开，则当各相负载不对称时，势必引起中性点位移，造成各相电压的不对称，破坏各相负载的正常运行甚至绕坏电气设备。而在实际运行中，负载大多是不对称的，所以中性线不允许装隔离开关和熔断器，以防止出现中性线断路故障。

Jb0003333011－1　使用绝缘电阻表测量绝缘电阻时应注意哪些事项？（5分）

考核知识点：绝缘电阻测试的注意事项

难易度：难

标准答案：

（1）测量设备的绝缘电阻时，必须先切断电源。对具有电容性质的设备（如电缆线路），必须先进行放电。

（2）绝缘电阻表必须放在水平位置。在未接线之前，先转动绝缘电阻表看指针是否在“∞”处。再将L和E两接线柱短路，慢慢地转动绝缘电阻表，看指针是否指在0位。

（3）绝缘电阻表引线应用多股软线，而且要有良好绝缘。两根线不要绞在一起，以免引起测量误差。

（4）测量电容器、电缆、大容量变压器和电机时，要有一定的充电时间。电容量愈大，充电时间愈长。一般以绝缘电阻表转动1min后读数为准。

（5）在摇测绝缘时，应使绝缘电阻表保持一定的转速，一般为120r/min。

（6）被测物表面应擦拭清洁，不得有污物，以免漏电，影响测量的准确度。

Jb0003332012－1　单相表与三相四线有功电能表零线接法有什么不同？（5分）

考核知识点：电能表接线

难易度：中

标准答案：

（1）单相电能表的零线接法是将零线剪断，再接入电能表的3、4端子。

（2）三相四线有功电能表零线接法是零线不剪断，只在零线上用不小于2.5mm^{2}的铜芯绝缘线T接到三相四线电能表零线端子上，以供电能表电压元件回路使用。零线在中间没有断口的情况下直接接到用户设备上。

（3）两种电能表零线采用不同接法，是因为三相四线电能表若零线剪断接入或在电能表里接触不良，容易造成零线断开事实，结果会使负载中点和电源中点不重合，负载上承受的电压出现不平衡（过电压或欠电压），因此设备不能正常工作，承受过电压的设备甚至还会被烧毁。

Jb0003331013－1　进户线安装时应注意些什么？（5 分）

考核知识点：进户线安装的注意事项

难易度：易

标准答案：

进户线穿墙时，应套上保护套，其管径根据进户线的根数和截面积来选择，管径不应小于 13mm，材质可用瓷管、硬塑料管（管壁厚不小于 2mm）、钢管等。采用瓷管时应每线一根，以预防相间短路或对地短路。采用钢管时应把进户线穿入同一管内，以免分散穿管时产生交变电磁场引起涡流发热。为防止进户线在穿管处磨破，进户线可先套上软管或包绝缘胶布后，再穿入套管，也可在钢管两端加护套。

Jb0003332014－1　对电能表配互感器安装时有何要求？（5 分）

考核知识点：电能表配互感器安装时的要求

难易度：中

标准答案：

（1）有功和无功电能表的安装地点应尽量靠近互感器，互感器二次负荷不得超过其二次额定容量。

（2）周围应干燥清洁，光线充足，便于抄录，表计应牢固安装在振动小的墙和柜上。

（3）要确保工作人员在校表、轮换时的方便及安全，或不会误碰开关。

（4）要确保互感器和电能表的极性和电流、电压相位相对应，无功表还应确保是正相序。

Jb0003332015－1　智能电能表费控功能对安全认证有什么要求？（5 分）

考核知识点：电能表费控功能对安全认证的要求

难易度：中

标准答案：

智能电能表均应支持安全认证功能，应通过电能表内嵌安全模块采用加密保护方式进行身份认证、红外认证、对传输数据进行加密保护和 MAC 验证，做到数据机密性和完整性保护，有效防止重放攻击和非法操作。

Jb0003332016－1　什么是供电点？怎样确定供电点？（5 分）

考核知识点：供电点的确定原则

难易度：中

标准答案：

供电点是指电力客户受电装置接入供电网的位置，即受电电压同级的供电线路或该线路供电的变（配）电所和直供的发电厂。公用线路供电的高压电力客户，于受电电压同级的供电线路是该电力客户的供电点；专线供电的电力客户，专用线供电的变电所是该专线电力客户的供电点；低压供电的电力客户，低压供电的配电变压器是该电力客户的供电点。

Jb0003332017－1　两台变压器并联运行的条件是什么？（5 分）

考核知识点：变压器并联运行的条件

难易度：中

标准答案：

（1）变比基本相同。

（2）短路电压基本相同。

（3）接线组别相同。

（4）容量不超过 3:1。

Jb0003331018－1　三相四线线路中零线截面积应如何选择？（5 分）

考核知识点：三相四线线路的零线选择

难易度：易

标准答案：

三相四线供电线路，通常就是指带有零线的三相低压线路。

（1）在这类线路的负荷构成中，单相负载占有很大比重，而且由于用电时间上的差异，各相负荷经常处于不平衡状态，有时甚至差别很大。因此，零线上经常会有电流流过，如果零线截面积选择不当，就容易发生烧断零线事故。近些年来，各地都曾发生过因零线断路而造成大面积烧坏用电设备的事故，损失很大。

（2）零线截面积取多大合适呢？一般情况下，零线截面积不应小于相线截面积的 50%。对于单相线路或接有单台容量比较大的单相用电设备线路，零线截面积应和相线截面积相同。

Jb0003331019－1　什么情况下致使电能表损坏但用户不承担赔表责任？（5 分）

考核知识点：电能表损坏的责任划分

难易度：易

标准答案：

如因供电企业责任或不可抗力致使计费电能表出现或发生故障的，供电企业应负责换表，不收费用；其他原因引起的，用户应负担赔偿费或修理费。

Jb0003331020－1　在什么情况下应加装进户杆进户？（5 分）

考核知识点：加装进户杆进户的原则

难易度：易

标准答案：

低矮房屋建筑进户点离地面低于 2.7m 时，应加装进户杆（落地杆或短杆），以塑料护套线穿瓷管，绝缘线穿钢管或硬塑料管进户。若有条件将塑料护套线、钢管或硬塑料管支撑在相邻的房屋高墙上，也可不装进户杆。

Jb0003333021－1　什么是高峰负荷、低谷负荷和平均负荷？（5 分）

考核知识点：负荷分段

难易度：难

标准答案：

（1）高峰负荷，又称最大负荷，是指电网中或用户在一昼夜时间内所发生的最大负荷。

（2）低谷负荷，又称最小负荷，是指电网中或者某用户在一天 24h 内发生的用电量最小的一点的小时平均电量。

（3）平均负荷，是指电网中或某用户在一段确定的时间段内的平均小时用电量。

Jb0003331022－1　如何维护客户端计费电能表？（5分）

考核知识点：客户端计费电能表的维护方法

难易度：易

标准答案：

客户端计费电能表装设后，用户应妥为保护，不应在表前堆放影响抄表或计量准确及安全的物品。如发生计费电能表丢失、损坏或过负荷烧坏等情况，用户应及时告知供电企业，以便供电企业采取措施。如因供电企业责任或不可抗力致使计费电能表出现或发生故障的，供电企业应负责换表，不收费用；其他原因引起的，用户应负担赔偿费或修理费。

Jb0003332023－1　电能计量装置管理包括哪些内容？（5分）

考核知识点：电能计量装置管理的内容

难易度：中

标准答案：

包括计量方案的确定、计量器具的选用、订货验收、检定、检修、保管、安装竣工验收、运行维护、现场检验、周期检定、抽检、故障处理、报废的全过程管理。

Jb0003332024－1　智能表的费控功能有哪些实现方式？（5分）

考核知识点：智能表的费控功能

难易度：中

标准答案：

费控功能的实现分为本地和远程两种方式；本地方式通过 CPU 卡、射频卡等固态介质实现，远程方式通过公网、载波等虚拟介质和远程售电系统实现。

Jb0003331025－1　低压带电作业应注意哪些问题？（5分）

考核知识点：低压带电作业的注意事项

难易度：易

标准答案：

使用有绝缘柄的工具，其外裸的导电部位应采取绝缘措施，防止操作时相间或相对地短路。工作时应穿绝缘鞋和全棉长袖工作服，并戴手套、安全帽和护目镜，站在干燥的绝缘物上进行。严禁使用锉刀、金属尺和带有金属物的毛刷、毛掸等工具。

Jb0003333026－1　用电负荷分几类？如何分类？（5分）

考核知识点：用电负荷的分类方法

难易度：难

标准答案：

按用电负荷在政治上和经济上造成损失或影响的程度，分为三类。

（1）一类负荷：中断供电将造成重大损失的，如重大设备损坏、大量产品报废、人身伤亡；中断供电将造成重大政治、经济影响的，如交通枢纽、重要通信等。

（2）二类负荷：中断供电将造成较大设备损坏、产品报废、连续生产过程打乱需在较长时间才能恢复或大量减产的；中断供电将影响用电单位的正常工作或使公共场所造成混乱的。

（3）三类负荷：除以上一、二类负荷外的一般负荷。

Jb0003332027－1　双电源用户一般应遵守哪几种规定？（5分）

考核知识点：双电源用户注意事项

难易度：中

标准答案：

（1）电源进线开关必须装设可靠的联锁装置，防止向电网反送电。

（2）主、备电源应采用手动切换，如使用备用电源自投装置，应取得供电部门批准。

（3）双电源用户必须制定安全运行制度和操作程序，并有专人管理。

（4）应与供电部门签订调度协议。

（5）在投入运行前，必须核对相位。

（6）应明确主电源与备用电源，正常情况下应使用主电源。

Jb0003332028－1　为什么要合理选择变压器的容量？（5分）

考核知识点：合理选择变压器容量的意义

难易度：中

标准答案：

因变压器空载运行时需用较大的无功功率，这些无功功率要由供电系统供给。若变压器容量选择过大，不但增加了投资，而且变压器长期在轻载下运行，还会使网络的损耗和变压器的损耗增加，使功率因数降低，这种“大马拉小车”的配置形式显然是很不经济的。如果变压器容量过小，变压器在过负荷状态下运行，轻者因发热而降低使用寿命，严重时会烧毁设备。同时在选择并联运行变压器的容量时必须考虑容量比不超过 3:1，否则会使负荷分配极不平衡，或在运行方式改变时，小容量的变压器起不到备用作用。

Jb0003331029－1　高压熔断器可以对哪些设备进行过载及短路保护？（5分）

考核知识点：高压熔断器的意义

难易度：易

标准答案：

（1）输配电线路。

（2）电力变压器。

（3）电压互感器。

（4）电力电容器。

Jb0003331030－1　在什么情况下，供电企业不经批准即可终止向客户供电？（5分）

考核知识点：终止供电的原则

难易度：易

标准答案：

（1）不可抗力和紧急避险。

（2）客户确有窃电行为。

Jb0003332031－1　智能电能表技术规范中将智能电能表检验分为几种？（5分）

考核知识点：智能电能表校验的分类

难易度：中

标准答案：

智能电能表一般分为出厂检验、型式检验、全性能试验、抽样验收试验、全检验收试验。

Jb0003332032－1　如发现客户用电量有突增突减现象时，应如何进行分析、处理？（5分）

考核知识点：电量异常的分析处理

难易度：中

标准答案：

如发现用户电量突增突减现象时，应当场复看电能表示数、倍率，对电量进行复算，了解用户的用电情况，并检查电能表是否故障，用户有无正当用电手段等。如属正常，则应在抄表卡片备注栏内注明原因；如属电表故障，应根据规定推算电量，并填写工作传票报告处理；如属用户用非正常手段用电，应保护现场、取证，及时报告领导进行查处。

Jb0003332033－1　电能计量装置设计审定的基本内容有哪些？（5分）

考核知识点：电能计量装置设计审定的基本内容

难易度：中

标准答案：

电能计量点、计量方式的确定；电能计量器具型号、规格、准确度等级、制造厂家、互感器二次回路及附件等级的选择；电能计量柜（箱）的选用、安装条件的审查等。

Jb0003333034－1　复费率表通电后无任何显示可能的原因有哪些？（5分）

考核知识点：电能表故障显示

难易度：难

标准答案：

（1）开关未通或断线或熔丝断、接触不良。

（2）整流器、稳压管或稳压集成块坏。

（3）时控制板插头脱落或失去记忆功能。

（4）电池电压不足。

Jb0003332035－1　临时用电客户未装用电计量装置的如何处理？（5分）

考核知识点：临时用电客户的异常处置方法

难易度：中

标准答案：

根据《供电营业规则》第八十七条规定，供电企业应根据其用电容量，按双方约定的每日使用时数和使用期限预收全部电费。用电终止时，如实际使用时间不足约定期限二分之一的，可退还预收电费的二分之一；超过约定期限二分之一的，预收电费不退；到约定期限时，得终止供电。

Jb0003331036－1　简述电能表的装、拆、换作业中安装电能表时的接线顺序。（5分）

考核知识点：电能表接线顺序

难易度：易

标准答案：

按照“先出后进、先零后相、从右到左”的原则进行接线。接线顺序为先接负荷侧零线，后接负荷侧相线，再接电源侧零线，最后接电源侧相线。

Jb0003331037－1　停电检查高压电能计量装置的内容包括哪些？（5分）

考核知识点：电能计量

难易度：易

标准答案：

包括检查电能表、互感器、高压熔断器、二次回路、联合接线盒等。

Jb0003332038－1　电流互感器额定一次电流如何确定？（5分）

考核知识点：电能计量装置配置原则

难易度：中

标准答案：

应保证其在正常运行中的实际负荷电流达到额定值的60%左右，至少不应小于30%。否则，应选用高动热稳定电流互感器，以减小变比。

Jb0003332039－1　同一组的电流（电压）互感器有哪些相同要求？（5分）

考核知识点：电能计量装置安装接线规则和安装要求

难易度：中

标准答案：

要求选用制造厂、型号、额定电流（电压）变比、准确度等级、二次容量均相同的互感器。

Jb0003332040－1　检查电能表安装是否完好主要检查哪些部位？（5分）

考核知识点：装表接电

难易度：中

标准答案：

（1）电能表是否倾斜。

（2）电能表进出线是否完好。

（3）电能表进出线裸露部分是否太长。

（4）箱的锁是否完好。

Jb0003331041－1　开展低压计量箱隐患排查和巡检，查验内容有哪些？（5分）

考核知识点：《国家电网公司低压计量箱质量监督管理办法》

难易度：易

标准答案：

主要有计量箱的安装高度、破损情况、接线工艺、现场封印。

Jb0003333042－1　采用伏安相位法测量电压互感器实际二次负荷，同时采样有哪些参数？（5分）

考核知识点：电能计量检验检测

难易度：难

标准答案：

电流、相位、电压。

Jb0003332043－1　电压互感器选型时应注意哪些参数？（5分）

考核知识点：电能计量

难易度：中
标准答案：
额定电压、变比、额定容量。

Jb0003333044－1　发生电能计量差错后可运用哪些方法进行退补电量计算？（5分）
考核知识点：电能计量
难易度：难
标准答案：
功率测量法、更正系数法、计量装置比对法、平均电量法、估算法。

Jb0003332045－1　电能表现场检验作业发现客户有违约用电或窃电行为时应如何处理？（5分）
考核知识点：装表接电
难易度：中
标准答案：
电能表现场检验作业发现客户有违约用电或窃电行为时应停止工作，保护现场，通知和等候用电检查（稽查）人员处理。

Jb0003331046－1　在计量屏柜上安装三相电能表应符合哪些要求？（5分）
考核知识点：电能计量装置安装接线规则
难易度：易
标准答案：
两只三相电能表相距的最小距离应大于80mm，电能表与屏边的最小距离应大于40mm。电能表安装必须垂直牢固，表中心线向各方向的倾斜不大于1°。

Jb0003331047－1　电能表安装时在距离尼龙扎带根部多长钳去扎带尾部？（5分）
考核知识点：装表接电
难易度：易
标准答案：
2mm。

Jb0003331048－1　现场安装互感器接入式电能表时，对导线绑扎有怎样的要求？（5分）
考核知识点：装表接电
难易度：易
标准答案：
导线应扎紧，无明显松动，捆扎间距不得超过10cm，拐角处3cm处应扎线扎。

Jb0003331049－1　单相电能表安装走线时，对其单根导线弯角曲率半径有何要求？（5分）
考核知识点：装表接电
难易度：易
标准答案：
不小于3倍导线外径。

Jb0003331050－1　电能表接线盒出线端导线接线的螺钉应按什么顺序拧紧？（5分）
考核知识点：装表接电
难易度：易
标准答案：
先拧紧下面螺钉，后拧紧上面螺钉。

Jb0003331051－1　简述对带接线盒的电能计量装置的接线顺序。（5分）
考核知识点：装表接电
难易度：易
标准答案：
先接负荷端，后接电源端。

Jb0003331052－1　简述同组电流互感器的安装原则。（5分）
考核知识点：装表接电
难易度：易
标准答案：
同组电流互感器应按同一方向安装，以保证同组互感器一、二次电流方向一致，并尽可能将铭牌向外，以便于观察。

Jb0003331053－1　对于带电更换电能表、更换互感器工作须做好哪些内容的记录？（5分）
考核知识点：计量标准化作业
难易度：易
标准答案：
记录无表计费期间的起止时间和功率值，电能表的起始示数和互感器倍率等。

Jb0003332054－1　在现场新装单相电能表时，应注意哪些关键步骤？（5分）
考核知识点：装表接电
难易度：中
标准答案：
（1）要严格按电能表接线端子盒盖反面或接线盒上标明的接线图和标号接线。
（2）接线桩头上的螺栓必须全部旋紧并压紧线和电压连接片。
（3）单相电能表的第一进线端钮必须接电源的相线。

Jb0003331055－1　更换电能表时应注意哪些关键步骤？（5分）
考核知识点：装表接电
难易度：易
标准答案：
（1）先将原接线做好标记。
（2）拆线时，先拆电源侧。
（3）正确加封印。

Jb0003331056－1　电能计量装置安装结束后应在哪几个关键部位加封？（5分）

考核知识点：计量标准化作业
难易度：易
标准答案：
（1）电能表端钮盒盖。
（2）试验接线盒盖。
（3）计量柜门。

Jb0003331057－1 电能表端钮盒盖应使用什么封印？（5分）
考核知识点：Q/GDW 11009—2021《电能计量封印技术规范》
难易度：易
标准答案：
黄色的现场装接封印。

Jb0003331058－1 电能表安装是否牢固应从哪几方面进行检查？（5分）
考核知识点：装表接电
难易度：易
标准答案：
（1）电能表固定螺栓是否完好牢固。
（2）电能表进出线是否固定好。

Jb0003331059－1 直接接入式电能表进行调换工作前，应怎样验电？（5分）
考核知识点：计量标准化作业
难易度：易
标准答案：必须使用电压等级合适而且合格的验电器进行验电，验电时应对电能表进线的各相和出线的各相验电。

Jb0003331060－1 拆除电能表时，应将哪些内容及时通知客户？（5分）
考核知识点：计量标准化作业
难易度：易
标准答案：
拆除时间，资产编号，拆表示数。

Jb0003332061－1 计量装置的接线检查主要检查接线的内容有哪些？（5分）
考核知识点：电能计量
难易度：中
标准答案：
（1）无开路或接触不良；检查接线有无短路。
（2）检查接线有无改接和错接。
（3）检查有无越表接线和私拉乱接。
（4）检查 TA、TV 接线是否符合要求。
（5）检查互感器的实际接线和变比。

Jb0003332062－1　电能表配互感器安装有哪些要求？（5分）

考核知识点：装表接电

难易度：中

标准答案：

（1）电能表的安装地点应尽量靠近互感器。

（2）周围应干燥、清洁、光线充足、便于抄录，并应安装在牢固、振动小的墙或柜上。

（3）要确保工作人员在抄表、校表、轮换时的方便及安全，不会误碰开关。

（4）在电能表至互感器之间的二次导线中应装联合接线盒。

Jb0003311063－1　某电力用户TA变比为50A/5A，TV变比为10 000V/100V，脉冲常数为5000，终端1min采集到的脉冲数为5000个，试计算终端1min的电量是多少？（5分）

考核知识点：电量计算

难易度：易

标准答案：

解：

终端1min计算的电量：

$$\frac{50}{5}\times\frac{10\,000}{100}\times\frac{5000}{5000}=1000\ \text{（kWh）}$$

答：终端1min计算的电量是1000kWh。

Jb0003311064－1　某低压三相四线供电平衡负载用户，有功功率为2kW，工作电流为5A。试求该用户的功率因数是多少？（5分）

考核知识点：功率因数

难易度：易

标准答案：

解：

$$\cos\varphi = P/S = 2000/(3\times 220\times 5) = 0.606$$

答：该户功率因数为0.606。

Jb0003311065－1　某工厂有功负荷 P=1000kW，功率因数 $\cos\varphi=0.8$，10kV供电，高压计量，求需配置多大的电流互感器？（5分）

考核知识点：电流互感器配置

难易度：易

标准答案：

解：

按题意有：

$$P=\sqrt{3}UI\cos\varphi$$

$$I=\frac{P}{\sqrt{3}U\cos\varphi}=\frac{1000}{\sqrt{3}\times 10\times 0.8}=72.17\ \text{（A）}$$

答：需配置75A/5A的电流互感器。

Jb0003311066－1　高压用户，TV 变比为 10V/0.1V，TA 变比为 50A/5A，有功表常数为 2500r/kWh，现实测有功表转 6 转需 30s。试计算该用户有功功率。（5 分）

考核知识点：有功功率

难易度：易

标准答案：

解：

按题意有

$$P=[(6\times 3600)/(2500\times 30)]\times(10/0.1)\times(50/5)=288\text{（kW）}$$

答：该用户此时有功功率为 288kW。

Jb0003312067－1　某用户电能表发生错误接线，经检查其错误接线的功率为 $P'=2UI\sin\varphi$，电能表在错误接线情况下累计电量为 15 万 kWh，该用户的功率因数为 0.87（L）（L 表示感性），求实际电能量并确定退补电量。（5 分）

考核知识点：追补电量

难易度：中

解：

标准答案：

更正系数为

$$K=\frac{P}{P'}=\frac{\sqrt{3}UI\cos\varphi}{2UI\sin\varphi}=\frac{\sqrt{3}\cos\varphi}{2\sin\varphi}$$

由 $\cos\varphi=0.87$，知 $\sin\varphi=0.49$，则得

$$K=\frac{P}{P'}=\frac{\sqrt{3}\times 0.87}{2\times 0.49}\approx 1.54$$

实际电能量

$$A=K\times A'=1.54\times 15=23.1\text{万（kWh）}$$

$$\Delta A=A-A'=23.1-15=8.1\text{万（kWh）}$$

答：电能表少计了 8.1 万 kWh 电能，用户应按规定电价补交电费。

Jb0003312068－1　某低压三相用户，安装的是三相四线有功电能表，三相 TA 牌上变比均为 300A/5A，由于安装前对表计进行了校试，而互感器未校试，运行一个月后对 TA 进行检定发现：B 相 TA 比差为－40%，角差合格，C 相 TA 比差为＋10%，角差合格，A 相 TA 合格，已知运行中的平均功率因数为 0.85，故障期间抄见表码为 500，试求应退补的电量。（5 分）

考核知识点：追补电量

难易度：中

标准答案：

解：

先求更正系数

$$K_{\mathrm{G}}=\frac{3IU\cos\varphi}{IU\cos\varphi+(1-0.4)IU\cos\varphi+(1+0.1)IU\cos\varphi}=1.11$$

故应追补的电量ΔW为

$$\Delta W=(K_G-1)\times 500\times \frac{300}{5}=3300\ \text{（kWh）}$$

答：退补的电量为3300kWh。

Jb0003312069－1　某低压三相用户，安装的是三相四线有功电能表，TA 变比为 250A/5A，装表时误将 C 相二次电流接到了表的 A 相，负的 A 相电流接到了表的 C 相，已知故障期间平均功率因数为 0.88，故障期间抄见表示数（有功）为 300kWh，试求应追补的电量。（5 分）

考核知识点：追补电量

难易度：中

标准答案：

解：

先求更正率 ε：

$$\varepsilon=\frac{3IU\cos\varphi}{IU\cos(120^\circ-\varphi)+IU\cos\varphi+IU\cos(180^\circ-120^\circ-\varphi)}-1$$
$$=\frac{3IU\times 0.88}{-0.03IU+0.88IU+0.851IU}-1=0.552$$

故应追补的电量 ΔW 为

$$\Delta W=0.552\times 300\times \frac{250}{5}=8280\ \text{（kWh）}$$

答：应追补电量 8280kWh。

Jb0003313070－1　某工厂由 U=380V 三相供电，用电日平均有功负荷 P_{av}=100kW，高峰负荷电流 I=200A，日平均功率因数为 0.9，求该厂的日负荷率为多少？（5 分）

考核知识点：日负荷率

难易度：难

标准答案：

解：

$$U=380\text{V}、I=200\text{A}、\cos\varphi=0.9、P_{av}=100\text{kW}$$

日最高负荷

$$P_{max}=\sqrt{3}UI\times\cos\varphi=118.47\ \text{（kW）}$$

$$日负荷率=\frac{P_{av}}{P_{max}}=\frac{100}{118.47}\times 100\%=84.4\%$$

答：该厂的日负荷率为 84.4%。

Jb0003312071－1　某客户利用节能技术改造电动机一台。已知改造前电动机额定功率 P=1.1kW，效率 η_1=79%，改造后效率提高 1.2%，年运行小时按 5000h 计算，试求改造后该电动机额定运行状态下的年节电量 W。（5 分）

考核知识点：电工基础

难易度：中

标准答案：

解：改造后的电动机效率为

$$\eta_2=\eta_1(1+1.2\%)=79.948\%$$

改造前及改造后的输入功率为

$$P_1 = P / \eta_1 = 1100 / 0.79 = 1392.41 \text{（W）}$$

$$P_2 = P / \eta_2 = 1100 / 0.799\,48 = 1375.89 \text{（W）}$$

年节电量

$$W = (P_2 - P_1) \times 5000 \div 1000 = (1392.41 - 1375.89) \times 5 = 82.9 \text{（kWh）}$$

答：年节电量为 82.9kWh。

Jb0003311072－1　一台深井泵改造前参数为：流量为 140t/h，级数为 14 级，电动机输入功率为 26.5kW，单耗为 0.171kWh/t。改造后的参数为：流量为 157t/h，级数为 6 级，电动机输入功率为 17kW，单耗为 0.121kWh/t，试计算改造后的节电效率。（5 分）

考核知识点：电工基础

难易度：易

标准答案：

解：改造后的节电效率＝[(改造前单耗－改造后单耗)/改造前单耗]×100%

＝(0.171－0.121)/0.171×100%＝29.24%

答：改造后的节电效率为 29.24%。

Jb0003312073－1　某用户最大负荷时，月平均有功功率为 500kW，功率因数为 0.65。若将功率因数提高到 0.9，问应装电容器组的总容量为多少？（5 分）

考核知识点：电工基础

难易度：中

标准答案：

解：由公式得

$$\begin{aligned} Q_c &= P(\tan\varphi_1 - \tan\varphi_2) \\ &= P\left[\left(\sqrt{\frac{1}{\cos^2\varphi_1} - 1} - \sqrt{\frac{1}{\cos^2\varphi_2} - 1}\right)\right] \\ &= 500 \times \left(\sqrt{\frac{1}{0.65^2} - 1} - \sqrt{\frac{1}{0.90^2} - 1}\right) = 342.5 \text{（kvar）} \end{aligned}$$

答：应装设电容器组的总容量为 342.5kvar。

Jb0003312074－1　某 10kV 企业三班制生产，年有功与无功用电量分别为 13 000 000kWh 和 14 000 000kvarh，年最大负荷利用小时 T_{max}＝5200h，负荷系数 β＝0.8，求其平均功率因数值，如按要求将功率因数提高到规定值 0.9，则应补偿无功容量多少（小数保留 2 位）？（5 分）

考核知识点：电工基础

难易度：中

标准答案：

解：补偿前

$$\begin{aligned} \cos\varphi_1 &= \frac{W_P}{\sqrt{W_P^2 + W_Q^2}} \\ &= \frac{13\,000\,000}{\sqrt{13\,000\,000^2 + 14\,000\,000^2}} = 0.68 \end{aligned}$$

平均有功功率

$$P = (13\,000\,000 / 520) \times 0.8 = 2000 \text{ (kW)}$$

$$Q = P \times (\tan\varphi_1 - \tan\varphi_2) = 2000 \times (1.08 - 0.48) = 1200 \text{ (kvar)}$$

答：平均功率因数为 0.68，若将功率因数提高到 0.9，应补偿无功容量 1200kvar。

Jb0003331075－1　发现有人触电时，应如何使其脱离电源？有哪些注意事项？（5 分）

考核知识点：作业安全

难易度：易

标准答案：

发现有人触电时，首先要使触电者迅速脱离电源。脱离电源就是将触电者接触的那一部分带电设备的断路器、隔离开关或其他断路设备断开，或设法将触电者与带电设备脱离。触电者未脱离电源前，救护人员不准直接用手触及伤者，因为有触电的危险。如触电者处于高处，要采取预防解脱电源后自高处坠落的措施。

Jb0003331076－1　什么是误操作事故？（5 分）

考核知识点：用电安全

难易度：易

标准答案：

指操作人员违反操作规程操作或操作失误造成的事故。如带负荷拉合隔离开关，带接地线或接地隔离开关合闸，带电挂接地线或合接地隔离开关等。

Jb0003331077－1　何谓用电客户影响系统事故？（5 分）

考核知识点：用电安全

难易度：易

标准答案：

指用电客户内部发生事故，造成其他单位断电或引起电力系统波动而大量减负荷的事故。

Jb0003331078－1　用户配电变压器并列运行应满足哪些条件？（5 分）

考核知识点：电工基础

难易度：易

标准答案：

（1）接线级别相同。

（2）变比差值不得超过±0.5%。

（3）短路电压值不得超过 10%。

（4）两台并列变压器容量比不宜超过 3:1。

Jb0003331079－1　电网损耗是怎样组成的？各组成部分对损耗的影响如何？（5 分）

考核知识点：电工基础

难易度：易

标准答案：

（1）电网损耗是由两部分组成的：一部分是与传输功率有关的损耗，产生在线路和变压器的串联阻抗上，传输功率越大，则损耗越大；另一部分是与电压有关的损耗，产生在线路和变压器的并联导纳上，如线路的电晕损耗、变压器的激磁损耗等。

（2）两部分在总损耗中，前者所占比重较大。

Jb0003331080－1 影响功率因数变化的因素有哪些？（5 分）

考核知识点：电工基础

难易度：易

标准答案：

（1）电感性用电设备配套不合适和使用不合理，造成用电设备长期轻载或空载运行，致使无功功率的消耗量增大。

（2）大量采用电感性用电设备，如异步电动机、交流电焊机、感应电炉等。

（3）变压器的负载率和年利用小时过低，造成过多消耗无功功率。

（4）线路中的感抗值比电阻值大好几倍，使无功功率损耗大。

（5）无功补偿设备的容量不足，致使输变电设备的无功功率消耗很大。

Jb0003331081－1 电气设备操作的安全技术规定有哪些？（5 分）

考核知识点：电工基础

难易度：易

标准答案：

（1）断路器、隔离开关的停送电操作顺序。停电时，先拉断路器，后拉负荷侧隔离开关，再拉电源侧隔离开关。送电时，先合电源侧隔离开关，再合负荷侧隔离开关，最后合断路器。

（2）配电变压器停送电操作顺序。送电先合两边相跌落熔断器，后合中相跌落熔断器。停电先拉中相跌落熔断器，后拉两边相跌落熔断器。

（3）发生带负荷拉隔离开关时，不论情况如何，均不许将错拉的隔离开关再重新合上。

（4）严禁用隔离开关拉开接地故障和故障电容器、电压互感器及避雷器等。

（5）电气设备停电后，由于随时有未得到通知而突然来电的可能，因此在未做好安全措施前，不得触摸设备或进入遮拦。

（6）严禁约时停送电。

第六章　装表接电工高级工技能操作

Jc0003342001－1　电能表运行判断及其功率计算。(100 分)

考核知识点：设备运维

难易度：中

技能等级评价专业技能考核操作工作任务书

一、任务名称

电能表运行判断及其功率计算。

二、适用工种

装表接电工高级工。

三、具体任务

在指定工位［3×220/380V、3×1.5（6）A 三相电能表，TA 变比为 50A/5A］，电能表有功脉冲 1min 闪烁 100 次，根据脉冲闪烁次数与有功常数的关系计算有功功率并填写表 Jc0003342001－1－1。

表 Jc0003342001－1－1

表号	规格	有功常数	有功功率

四、工作规范及要求

（1）着装符合要求，穿全棉长袖工作服、绝缘鞋，戴安全帽、线手套。

（2）携带自备工具（钢笔或中性笔、计算器）进入现场，待考评员宣布许可工作命令后开始工作并计时。

（3）打开计量柜（箱）门之前必须对柜（箱）体验电，现场操作严格执行《国家电网公司电力安全工作规程（配电部分）》。

（4）工作结束清理现场，并向监考员报告。

五、现场提供材料及工器具

验电笔、万用表、钳形电流表、螺钉旋具。

六、考核时间及要求

本考核操作时间为 30 分钟，时间到停止考评。

技能等级评价专业技能考核操作评分标准

<table>
<tr><td>工种</td><td colspan="8">装表接电工</td><td>评价等级</td><td>高级工</td></tr>
<tr><td>项目模块</td><td colspan="7">电能计量装置安装—三相四线经 TA、TV 接入式电能计量装置安装</td><td>编号</td><td colspan="2">Jc0003342001－1</td></tr>
<tr><td>单位</td><td colspan="3"></td><td colspan="2">准考证号</td><td colspan="3"></td><td>姓名</td><td></td></tr>
<tr><td>考试时限</td><td colspan="2">30 分钟</td><td colspan="2">题型</td><td colspan="4">单项操作</td><td>题分</td><td>100 分</td></tr>
<tr><td>成绩</td><td></td><td>考评员</td><td colspan="2"></td><td colspan="2">考评组长</td><td colspan="2"></td><td>日期</td><td></td></tr>
<tr><td>试题正文</td><td colspan="10">电能表运行判断及其功率计算</td></tr>
</table>

续表

需要说明的问题和要求	（1）要求单人操作。 （2）操作时应注意安全，按照标准化作业指导书的技术安全说明做好安全措施					
序号	项目名称	质量要求	满分	扣分标准	扣分原因	得分
1	安全文明生产	佩戴安全帽；穿全棉工作服；穿绝缘鞋；操作时戴线手套；打开柜门前需先验电	20	未按要求进行，每项扣5分，扣完为止		
2	参数抄读	正确抄读电能表铭牌各项参数	15	错误一项扣5分，扣完为止		
3	计算正确	正确计算有功功率	40	计算错误扣40分		
4	填写记录	正确、规范填写记录表	15	数据填写错误，每处扣5分； 单位使用错误，每处扣5分； 扣完为止		
5	现场恢复	操作结束后清理现场杂物，并将工器具归位摆放整齐	10	现场留有杂物或工器具未归位扣10分		
合计			100			

计量装置设置：

（1）考试使用电能表为仿真表，通过模拟装置进行参数设置。

（2）考场在指定工位安装 3×220V/380V、3×1.5（6）A、常数为 3200imp/kWh 三相电能表，假定 TA 变比为 50A/5A。

（3）假定电能表有功指示灯 1min 闪烁 100 次。

标准答案：

正确抄读电能表铭牌参数，掌握电能表有功常数与功率指示灯规定时间闪烁次数的关系，计算出当前有功功率（表 Jc0003342001－1－2 内空白处以考核现场电能计量装置参数示数值为准）。

表 Jc0003342001－1－2

表号	规格	有功常数	有功功率
	3×220V/380V、3×1.5（6）A	3200imp/kWh	19kW

$$P=\frac{100\times60}{3200}\times\frac{50}{5}=19\,(\mathrm{kW})$$

因此，有功功率为 19kW。

Jc0003342002－1 表计异常判断处理。（100 分）

考核知识点：设备运维

难易度：中

技能等级评价专业技能考核操作工作任务书

一、任务名称

表计异常判断处理。

二、适用工种

装表接电工高级工。

三、具体任务

（1）经用电信息采集系统分析，发现现场表号为××的三相电能表长期无电流，已知该户为台区考核总表，现场分析原因。

（2）现场处理异常。

四、工作规范及要求

（1）着装符合要求，穿全棉长袖工作服、绝缘鞋，戴安全帽、线手套。

（2）携带自备工具（钢笔或中性笔、计算器、线手套）进入现场，待考评员宣布许可工作命令后开始工作并计时。

（3）打开计量柜（箱）门之前必须对柜（箱）体验电，现场操作严格执行《国家电网公司电力安全工作规程（配电部分）》。

（4）工作结束清理现场，并向监考员报告。

五、现场提供工器具及材料

验电笔、螺钉旋具、铅封、绝缘胶带、封表钳。

六、考核及时间要求

本考核操作时间限定为20分钟，计时结束停止考评。

技能等级评价专业技能考核操作评分标准

工种	装表接电工				评价等级	高级工
项目模块	电能计量装置安装—三相四线经TA、TV接入式电能计量装置安装			编号	Jc0003342002－1	
单位		准考证号			姓名	
考试时限	20分钟	题型	单项操作		题分	100分
成绩	考评员		考评组长		日期	
试题正文	表计异常判断处理					
需要说明的问题和要求	（1）要求单人操作。 （2）操作应注意安全，按照标准化作业书的技术安全说明做好安全措施					

序号	项目名称	质量要求	满分	扣分标准	扣分原因	得分
1	安全文明生产	佩戴安全帽；穿全棉工作服；穿绝缘鞋；操作时戴线手套；打开柜门前需先验电	10	未按要求进行，每项扣2分，扣完为止		
2	异常检查	正确检查出异常	20	异常判断错误扣20分		
3	异常恢复	（1）现场螺钉旋具需进行绝缘化处理。 （2）三个电流连接片需全部打开，操作熟练。 （3）连接片打开后需检查表内信息，看电流是否恢复。 （4）恢复破坏的铅封	60	（1）、（3）、（4）未做，各扣10分； （2）未做扣30分； 操作过程中违反安规要求，每项扣12分； 扣完为止		
4	现场恢复	操作结束后清理现场杂物，并将工器具归位摆放整齐	10	现场留有杂物或工器具未归位扣10分		
合计			100			

标准答案：

（1）现场电能表端子盒内电流连接片未打开导致表内无电流通过。

（2）工作步骤。

1）检查时佩戴线手套及安全帽，着长袖工作服。

2）将螺钉旋具绝缘化处理。

3）检查电能表及接线盒。

4）打开电流连接片。

5）通过表计键显检查表计内是否有电流。

6）恢复端子盒铅封。

Jc0003342003－2　表计异常判断处理。（100分）

考核知识点：设备运维

难易度：中

技能等级评价专业技能考核操作工作任务书

一、任务名称

表计异常判断处理。

二、适用工种

装表接电工高级工。

三、具体任务

（1）经用电信息采集系统分析，发现某三相四线电能表A相无电压，已知该户为台区考核总表，现场分析该表异常原因。

（2）现场处理异常。

四、工作规范及要求

（1）着装符合要求，穿全棉长袖工作服、绝缘鞋，戴安全帽、线手套。

（2）携带自备工具（钢笔或中性笔、计算器、线手套）进入现场，待考评员宣布许可工作命令后开始工作并计时。

（3）打开计量柜（箱）门之前必须对柜（箱）体验电，现场操作严格执行《国家电网公司电力安全工作规程（配电部分）》。

（4）工作结束清理现场，并向监考员报告。

五、现场提供工器具及材料

验电笔、螺钉旋具、铅封、绝缘胶带、封表钳。

六、考核及时间要求

本考核操作时间限定为20分钟，计时结束停止考评。

技能等级评价专业技能考核操作评分标准

工种	装表接电工					评价等级	高级工
项目模块	电能计量装置安装—三相四线经TA、TV接入式电能计量装置安装				编号	Jc0003342003－2	
单位			准考证号			姓名	
考试时限	20分钟		题型	单项操作		题分	100分
成绩		考评员		考评组长		日期	
试题正文	表计异常判断处理						
需要说明的问题和要求	（1）要求单人操作。 （2）操作应注意安全，按照标准化作业书的技术安全说明做好安全措施						

序号	项目名称	质量要求	满分	扣分标准	扣分原因	得分
1	安全文明生产	佩戴安全帽；穿全棉工作服；穿绝缘鞋；操作时戴线手套；打开柜门前需先验电	10	未按要求进行，每项扣2分，扣完为止		
2	异常检查	正确检查出异常	20	异常判断错误扣20分		
3	异常恢复	（1）现场螺钉旋具需进行绝缘化处理。 （2）三个电流连接片需全部打开，操作熟练。	60	回答错误，每项扣15分，扣完为止		

续表

序号	项目名称	质量要求	满分	扣分标准	扣分原因	得分
3	异常恢复	（3）连接片打开后需检查表内信息，看电流是否恢复。 （4）最后需将破坏的铅封恢复	60	回答错误，每项扣15分，扣完为止		
4	现场恢复	操作结束后清理现场杂物，并将工器具归位摆放整齐	10	现场留有杂物或工器具未归位扣10分		
合计			100			

标准答案：

（1）现场电能表端子盒内A相电压连接片打开导致表内无电压。

（2）工作步骤。

1）检查时佩戴线手套及安全帽，着长袖全棉工作服。

2）将螺钉旋具绝缘化处理。

3）检查电能表及接线盒。

4）合上A相电压连接片。

5）检查表计内A相是否有电压。

6）恢复端子盒铅封。

Jc0003343004－3　表计异常判断处理。（100分）

考核知识点：设备运维

难易度：难

技能等级评价专业技能考核操作工作任务书

一、任务名称

表计异常判断处理。

二、适用工种

装表接电工高级工。

三、具体任务

某新装用户的计费表安装三相四线有功电能表1套，额定电压为3×380V/220V，配置TA变比为200A/5A，抄表员首次抄表时发现有一相TA铭牌标记为300A/5A，抄表时当前有功示数为300kWh。

（1）发现此类情况后抄表员应如何处理？

（2）已知经供电部门用电检查人员组织用户将变比为300A/5A的TA更换为变比为200A/5A的TA，更换时表内当前有功示数为325kWh，请计算该户的退补电量。

四、工作规范及要求

自备钢笔或圆珠笔、计算器。

五、考核及时间要求

本考核操作时间限定为30分钟，计时结束停止考评。

技能等级评价专业技能考核操作评分标准

工种	装表接电工		评价等级	高级工
项目模块	电能计量装置安装—三相四线经TA、TV接入式电能计量装置安装	编号	Jc0003343004－3	

续表

单位			准考证号		姓名	
考试时限	30 分钟	题型		单项操作	题分	100 分
成绩		考评员		考评组长		日期	
试题正文	表计异常判断处理					
需要说明的问题和要求	无					

序号	项目名称	质量要求	满分	扣分标准	扣分原因	得分
1	抄表员发现异常时处理方法	内容描述清楚、准确	30	每漏答或错答一项扣 15 分，扣完为止		
2	退补电量计算	计算过程完整，正确	70	更正率计算错误扣 20 分； 计算方法错误扣 20 分； 退补电量错误扣 20 分； 计算过程不完整扣 10 分		
合计			100			

标准答案：

（1）抄表员应开展下列工作。

1）正确抄取表计参数及电量信息，在电量退补期间，用户先按抄见电量如期缴纳电费。

2）抄取互感器铭牌信息，填写异常单并提交业务接洽，由相关部门开展电量退补工作。

（2）退补电量计算。

$$更正率=(正确用电量-错误用电量)/错误用电量\times 100\%$$

$$正确用电量=1/3+1/3+1/3=1$$

$$错误用电量=1/3+1/3+1/3\times[(200/5)/(300/5)]=8/9$$

$$更正率=(1-8/9)/(8/9)\times 100\%=0.125\times 100\%=12.5\%$$

$$追补电量=更正率\times 抄见电量=12.5\%\times 13\,000=1625\text{（kWh）}$$

因此，退补电量为 1625kWh。

Jc0003341005－1　三相电能表识读。（100 分）

考核知识点： 设备识读

难易度： 易

技能等级评价专业技能考核操作工作任务书

一、任务名称

三相电能表识读。

二、适用工种

装表接电工高级工。

三、具体任务

（1）现场识读指定电能表的型号，并描述型号所代表含义。

（2）判断该电能表是 2009 规范还是 2013 规范，试描述 2009 规范与 2013 规范电能表主要区别有哪些（至少描述 5 条）？

（3）识别该电能表模块是 2009 模块还是 2013 模块，并判断该模块与电能表是否匹配。

四、工作规范及要求

（1）着装符合要求，穿全棉长袖工作服、绝缘鞋，戴安全帽、线手套。

（2）携带自备工具（钢笔或中性笔、计算器、线手套）进入现场，待考评员宣布许可工作命令后开始工作并计时。

（3）打开计量柜（箱）门之前必须对柜（箱）体验电，现场操作严格执行《国家电网公司电力安全工作规程（配电部分）》。

（4）工作结束清理现场，并向监考员报告。

五、现场提供工器具及材料

验电笔、螺钉旋具、铅封、绝缘胶带、封表钳。

六、考核及时间要求

本考核操作时间限定为20分钟，计时结束停止考评。

技能等级评价专业技能考核操作评分标准

工种	装表接电工					评价等级	高级工
项目模块	电能计量装置安装—三相四线经TA、TV接入式电能计量装置安装				编号	Jc0003341005－1	
单位			准考证号			姓名	
考试时限	20分钟		题型	单项操作		题分	100分
成绩		考评员		考评组长		日期	
试题正文	三相电能表识读						
需要说明的问题和要求	（1）要求单人操作。 （2）操作应注意安全，按照标准化作业书的技术安全说明做好安全措施						

序号	项目名称	质量要求	满分	扣分标准	扣分原因	得分
1	安全文明生产	佩戴安全帽；穿全棉工作服；穿绝缘鞋；操作时戴线手套；打开柜门前需先验电	10	未按要求进行，每项扣2分，扣完为止		
2	电能表含义试读	（1）型号填写正确。 （2）电能表型号中各字符含义回答完整准确	20	型号填写错误扣5分； 电能表型号中各字符少回答或回答错误，每个扣3分，扣完为止		
3	电能表版本识别	（1）电能表的规范版本正确回答。 （2）正确回答出5个以上2009规范电能表与13规范电能表的区别	40	电能表版本回答错误扣10分； 2009与2013规范电能表区别回答5个及以上得满分，少回答一项扣6分，扣完为止		
4	模块识别	正确识别出模块版本	20	模块版本判断错误扣20分		
5	现场恢复	操作结束后清理现场杂物，并将工器具归位摆放整齐	10	现场留有杂物或工器具未归位扣10分		
合计			100			

标准答案：

（1）电能表的表号为0001077174、型号为DDZY67C－Z，该型号表示单相载波本地费控智能电能表。

（2）该表为2009规范电能表，2009规范电能表与2013规范电能表的主要区别包括以下几个方面。

1）2009规范电能表存在电能表与通信模块不匹配的情况；2013规范电能表在通信模块模拟电源接口（VCC）针脚与地之间接入纯阻性负载，要求测量VCC电压与地针脚电压值保持在12V±1V范围内，有效保障电能表与通信模块的顺畅衔接。

2）2009规范电能表在互换通信模块时存在无法正常通信的情况，甚至影响到计量的准确度。

2013 规范电能表增加模块互换性测试要求，实现模块热插拔，保证了数据链路畅通、采集准确可靠。

3）2009 规范电能表未对磁场干扰进行要求；2013 规范电能表增加防恒定磁场测试，要求在 200mT（300mT）恒定磁场下，工作状态下的电能表应不死机、不黑屏，电能表内置继电器不应误动作，并能正确执行拉合闸命令，电能表计量误差改变量不超过 2.0%。

4）2009 规范电能表未对高温极限工作环境测试进行要求；2013 规范电能表增加高温极限工作环境测试要求，要求电能表在环境温度设定为 70℃、电能表电压线路施加 115%U_n、电流线路施加 I_{max}、连续运行 4h 不应出现死机或黑屏现象。

5）2009 规范电能表在实际应用中经常由于 RS－485 接口接线错误出现无法通信的情况；2013 规范电能表在 RS－485 总线正、反接线时都能正常通信。

6）2009 规范电能表未对电能表型式完全统一；2013 规范电能表对电能表型式进行了统一，对电能表的条码、卡槽、透明翻盖、指示灯、按键的相对位置进行统一，外形尺寸进行统一，模块仓和模块的尺寸、结构及公差要求进行了统一。

7）2009 规范电能表中有编程开关；2013 规范电能表取消编程开关，取消原通信协议中的 02、04 级密码保护设置参数功能，全部采用 ESAM 加密方式进行参数设置。

8）2009 规范电能表通信模块实现互换后，仅从铭牌上无法区分该表的通信方式；2013 规范电能表明确带模块仓的各款表铭牌固定区域做透明处理，并规定了区域的尺寸大小，模块的对应位置也做了明确规定，如生产厂家、通信类型、状态灯信息等。

9）2009 规范电能表有报警灯设计；2013 规范电能表取消了报警灯。

10）2009 规范电能表铅封采用传统的穿线封印工艺；2013 规范电能表明确规定封印孔位置、尺寸、螺钉标准。

11）2009 规范电能表无红外认证功能；2013 规范电能表增加了红外认证功能，认证前只能读取用户的表号、通信地址和当前用电信息，认证通过后，可以读取用户的所有信息，在密钥保护下可进行参数修改。

（3）该表内电能表模块为 2013 规范模块，由于电能表为 2009 规范，因此不能匹配使用。

Jc0003342006－1　用电信息采集系统应用及电费计算。(100 分)

考核知识点：信息系统应用

难易度：中

技能等级评价专业技能考核操作工作任务书

一、任务名称

用电信息采集系统应用及电费计算。

二、适用工种

装表接电工高级工。

三、具体任务

已知××供电公司用户的表号为 0003475684，使用营销业务应用系统和用电信息采集系统完成以下任务。

（1）在营销业务应用系统中查询出该用户户号及终端地址。

（2）召测该电能表上二月月末冻结表码、上一月月末冻结表码、当前表码。

（3）在营销系统中查询上二月、上一月发行的电量电费，并核实发行抄见电量与采集系统是否一致。

四、工作规范及要求

（1）在使用用电信息采集系统及营销业务应用系统功能时，不得进行其他无关操作。

（2）自备钢笔或圆珠笔、计算器。

（3）要求上二月月末冻结表码、上一月月末冻结表码、当前表码值等结果需提供截图；电费明细需导出。

五、现场提供工器具及材料

用电信息采集系统及营销业务应用系统相关权限账户、功率因数调整表、变损速查表。

六、考核及时间要求

本考核操作时间限定为30分钟，计时结束停止考评。

技能等级评价专业技能考核操作评分标准

工种	装表接电工				评价等级	高级工
项目模块	电能计量装置安装—三相四线直接接入式电能计量装置安装			编号	Jc0003342006－1	
单位			准考证号		姓名	
考试时限	30分钟	题型	单项操作		题分	100分
成绩		考评员		考评组长	日期	
试题正文	用电信息采集系统应用及电费计算					
需要说明的问题和要求	无					

序号	项目名称	质量要求	满分	扣分标准	扣分原因	得分
1	用电信息采集系统操作	（1）通过终端地址进行实时数据召测。 （2）通过户号查询该表上一月、上二月冻结表码。 （3）提供上一月、上二月冻结表码截图	40	数据项错误，每项扣10分； 无截图，每项扣5分； 扣完为止		
2	营销系统操作	（1）通过表号正确查询户号。 （2）在用户档案中查询终端地址。 （3）通过户号查询上二月、上一月电费明细。 （4）导出上二月、上一月电费明细。 （5）正确判断营销系统发行抄见电量与采集系统是否一致	60	每错误一项扣15分，扣完为止		
合计			100			

标准答案：

（1）通过营销业务应用系统查询出该用户户号为3015152652、终端地址为640339878。

（2）通过用电信息采集系统冻结表码查询上二月、上一月月末冻结表码；通过实时召测功能，抄收该表计当前表码。

（3）在营销业务应用系统中，通过“核算管理－公共查询－电费计算明细”查询并导出电费明细。

Jc0003342007－1　低压居民阶梯电价电费计算。（100分）

考核知识点：电费计算

难易度：中

技能等级评价专业技能考核操作工作任务书

一、任务名称

低压居民阶梯电价电费计算。

二、适用工种

装表接电工高级工。

三、具体任务

某一户一表居民新装客户 2015 年 7 月 6 日接电，所装电能表为本地费控表，电能表的硬件版本为 2009 版，至 2015 年 12 月各月的电能表止码如表 Jc0003342007－1 所示，请依据宁夏地区居民阶梯电价政策计算该客户 2015 年阶梯电价年清算退费金额（按递增法计算）。

表 Jc0003342007－1　　电能表示数表（月末 24 点冻结）　　单位：kWh

7 月	8 月	9 月	10 月	11 月	12 月
242	340	364	579	1407	1565

四、工作规范及要求

（1）自备钢笔或中性笔。

（2）计算公式、步骤正确。

（3）电价执行准确。

五、考核及时间要求

本考核为计算实操任务，严格按照规定步骤完成，考试时间为 20 分钟。

技能等级评价专业技能考核操作评分标准

工种	装表接电工				评价等级	高级工
项目模块	电能计量装置安装—三相四线直接接入式电能计量装置安装			编号	Jc0003342007－1	
单位		准考证号			姓名	
考试时限	20 分钟	题型	单项操作		题分	100 分
成绩		考评员		考评组长	日期	
试题正文	低压居民阶梯电价电费计算					
需要说明的问题和要求	（1）要求单人完成。 （2）自备钢笔或中性笔。 （3）总成绩满分 100 分					

序号	项目名称	质量要求	满分	扣分标准	扣分原因	得分
1	月阶梯电费	分档电量、电价准确	40	分档电量、电价、结果不准确，每处扣 20 分，扣完为止		
2	年阶梯电费	更正（差错）率	40	年阶梯电量计算错误扣 20 分；电费错误扣 20 分		
3	年清算退费金额	退补电量计算	20	年清算退费金额错误扣 20 分		
合计			100			

标准答案：

解：

（1）月阶梯电费。

7 月电量＝242kWh

7 月月阶梯电费＝242×0.448 6＋(242－170)×0.05＝112.16（元）

8 月电量＝340－242＝98（kWh）

8 月月阶梯电费＝98×0.448 6＝43.96（元）

9 月电量 = 364 − 340 = 24（kWh）
9 月月阶梯电费 = 24 × 0.448 6 = 10.77（元）
10 月电量 = 579 − 364 = 215（kWh）
10 月月阶梯电费 = 215 × 0.448 6 + (215 − 170)× 0.05 = 96.45 + 2.25 = 98.70（元）
11 月电量 = 1407 − 579 = 828（kWh）
11 月月阶梯电费 = 828 × 0.448 6 + (260 − 170)× 0.05 + （828 − 260）× 0.3
= 371.44 + 4.5 + 170.4 = 546.34（元）
12 月电量 = 1565 − 1407 = 158（kWh）
12 月月阶梯电费 = 158 × 0.448 6 = 70.88（元）
月阶梯电费合计 = 112.16 + 43.96 + 10.77 + 98.70 + 546.34 + 70.88 = 882.81（元）
（2）年阶梯电费。
2015 年年阶梯电量 = 1565kWh
年阶梯分档电量为：
第一档电量 = 170 × 6 = 1020（kWh）
第二档电量 = 90 × 6 = 540（kWh）
第三档电量 = 1565 − 1020 − 540 = 5（kWh）
2015 年年阶梯电费 = 1565 × 0.448 6 + 540 × 0.05 + 5 × 0.3 = 730.56（元）
阶梯电价年清算退费金额 = 月阶梯电费合计 − 年阶梯电费 = 882.81 − 730.56 = 152.25（元）
答：该客户年清算退费金额 152.25 元。

Jc0003342008－1　独立安装一只直接接入式三相四线有功电能表。(100 分)
考核知识点：设备安装
难易度：中

技能等级评价专业技能考核操作工作任务书

一、任务名称
独立安装一只直接接入式三相四线有功电能表。
二、适用工种
装表接电工高级工。
三、具体任务
（1）挂线。
（2）接线。
（3）送电。
（4）加封。
四、工作规范及要求
（1）着装符合要求，穿全棉长袖工作服、绝缘鞋，戴安全帽、线手套。
（2）待考评员宣布许可工作命令后开始工作并计时。
（3）现场操作严格执行《国家电网公司电力安全工作规程（配电部分）》。
（4）工作结束清理现场，并向监考员报告。
五、现场提供材料及工器具
（1）工具自备。
（2）材料现场提供。

（3）一只三相四线有功电能表。

六、考核时间及要求

本考核操作时间为25分钟，时间到停止考评。

技能等级评价专业技能考核操作评分标准

工种	装表接电工					评价等级	高级工
项目模块	电能计量装置安装—三相四线经TA接入式电能计量装置安装				编号	Jc0003342008－1	
单位			准考证号			姓名	
考试时限	25分钟		题型	单项操作		题分	100分
成绩		考评员		考评组长		日期	
试题正文	独立安装一只直接接入式三相四线有功电能表						
需要说明的问题和要求	（1）要求单人操作。 （2）遵守《国家电网公司电力安全工作规程》						

序号	项目名称	质量要求	满分	扣分标准	扣分原因	得分
1	挂表	（1）位置选择得当。 （2）表计安装牢固无倾斜。 （3）三点固定	25	表计倾斜超过3°扣5分； 表计安装不牢固扣10分； 布局不合理扣10分		
2	接线	（1）接线正确无误。 （2）导线连接牢固。 （3）导线排列整齐。 （4）工具使用得当。 （5）操作过程安全、步骤得当	40	各连接导线未做到横平竖直扣5分； 导线接头金属部分外露扣10分； 工具使用不当扣5分； 操作步骤不合理扣5分； 工作中存在不安全行为扣15分		
3	送电	（1）送电前再次进行接线核验。 （2）工具使用得当。 （3）操作过程安全、步骤得当	25	未再次核验接线扣5分 无负载试验时未检查有无潜动扣10分； 有负载试验时未检查表计运行情况扣10分		
4	加封	应施封位置无遗漏	10	每出现一处未加封扣4分； 工作单填写错误或涂改，每处扣2分； 扣完为止		
合计			100			

Jc0003342009－2　低压居民阶梯电价客户电费计算。（100分）

考核知识点： 电费计算

难易度： 中

技能等级评价专业技能考核操作工作任务书

一、任务名称

低压居民阶梯电价客户电费计算。

二、适用工种

装表接电工高级工。

三、具体任务

某电力公司根据居民阶梯电价政策对一户一表的居民生活用电以年为周期执行阶梯电价。某居民客户装设一只2009规范的本地费控电能表，表内按月执行阶梯电价，营销业务应用系统以年为周期执行阶梯电价结算电费，实行单月抄表制度。2016年1－12月抄见电量如表Jc0003342009－2所示，请计算该客户年清算退补电费（居民生活电度电价 0.448 6 元/kWh，第一档电量每月 0～170kWh，执行现行电价标准；第二档电量每月 171～260kWh，每千瓦时加价 0.05 元；第三档电量每月超过 2600kWh 部分，每千瓦时加价 0.3 元）。

表 Jc0003342009－2　　　　电 量 统 计 表

月份	2016.1	2016.2	2016.3	2016.4	2016.5	2016.6
电量	362	372	191	73	217	226
月份	2016.7	2016.8	2016.9	2016.10	2016.11	2016.12
电量	201	256	223	223	324	910

四、工作规范及要求

（1）自备钢笔或中性笔。

（2）计算公式、步骤正确。

（3）追补电量计算正确。

五、考核及时间要求

本考核为计算实操任务，严格按照规定步骤完成，考试时间为 40 分钟。

技能等级评价专业技能考核操作评分标准

工种	装表接电工					评价等级	高级工
项目模块	电能计量装置安装—三相四线经 TA、TV 接入式电能计量装置安装				编号	Jc0003342009－2	
单位			准考证号			姓名	
考试时限	40 分钟		题型	单项操作		题分	100 分
成绩		考评员		考评组长		日期	
试题正文	低压居民阶梯电价用户电费计算						
需要说明的问题和要求	（1）要求单人完成。 （2）自备钢笔或中性笔。 （3）总成绩满分 100 分						

序号	项目名称	质量要求	满分	扣分标准	扣分原因	得分
1	月阶梯电费	分档电量、电价、电费准确、步骤完整	40	步骤不完整、结果不准确，每处扣 2 分，扣完为止		
2	年阶梯电费	电量、电价、电费准确、步骤完整	40	年阶梯电量计算错误扣 20 分； 电费错误扣 20 分		
3	年清算退费金额	退费金额计算准确	20	年清算退费金额错误扣 20 分		
合计			100			

标准答案：

解：

（1）每月阶梯电费（按分档法计算）。

2016 年 1 月电量＝170×0.448 6＋90×0.498 6＋(362－260)×0.748 6＝76.26＋44.87＋76.36＝197.49（元）

2016 年 2 月电量＝170×0.448 6＋90×0.498 6＋(372－260)×0.748 6＝76.26＋44.87＋83.84＝204.97（元）

2016 年 3 月电量＝170×0.448 6＋(191－170)×0.498 6＝76.26＋10.47＝86.73（元）

2016 年 4 月电量＝73×0.448 6＝32.75（元）

2016 年 5 月电量＝170×0.448 6＋(217－170)×0.498 6＝76.26＋23.43＝99.69（元）

2016 年 6 月电量＝170×0.448 6＋(226－170)×0.498 6＝76.26＋27.92＝104.18（元）

2016 年 7 月电量＝170×0.448 6＋(201－170)×0.498 6＝76.26＋15.46＝91.72（元）

2016 年 8 月电量＝170×0.448 6＋(256－170)×0.498 6＝76.26＋42.88＝119.14（元）

2016 年 9 月电量＝170×0.448 6＋(223－170)×0.498 6＝76.26＋26.43＝102.69（元）

2016 年 10 月电量＝170×0.448 6＋(223－170)×0.498 6＝76.26＋26.43＝102.69（元）

2016 年 11 月电量＝170×0.448 6＋90×0.498 6＋(324－260)×0.748 6＝76.26＋44.87＋47.91＝169.04（元）

2016 年 12 月电量＝170×0.448 6＋90×0.498 6＋(910－260)×0.748 6＝76.26＋44.87＋486.59＝607.72(元)

2016 年月阶梯电费合计＝197.49＋204.97＋86.73＋32.75＋99.69＋104.18＋91.72＋119.14＋102.69＋102.69＋169.04＋607.72＝1918.81（元）

（2）年阶梯电费。

该户 2016 年用电量＝362＋372＋191＋73＋217＋226＋201＋256＋223＋223＋324＋910＝3578（kWh）

年阶梯电费＝170×12×0.448 6＋90×12×0.498 6＋(3578－260×12)×0.748 6＝915.14＋538.49＋342.86＝1796.49（元）

（3）退补电费＝年阶梯电费－月阶梯电费＝1796.49－1918.81＝－122.32（元）

答：该客户年清算追补金额 122.32 元。

Jc0003342010－3　220V 低压居民一户一表客户阶梯电价年度电费清算。(100 分)

考核知识点：电费计算

难易度：中

技能等级评价专业技能考核操作工作任务书

一、任务名称

220V 低压居民一户一表客户阶梯电价年度电费清算。

二、适用工种

装表接电工高级工。

三、具体任务

某一居民客户，2012 年装设 2009 版本费控电能表一只，2015 年 4 月 24 日客户反映家里电能表异常要求更换计费电能表，考虑到客户年纪较大不方便往返拆校电表，于 2015 年 4 月 26 日为该客户更换了同版本的费控电能表，换表时旧表止码为 11 268.41，新表起码为 0，后旧表经计量室校验认定无误差。表 Jc0003342010－3 所示是该客户 2015 年电表示数信息，根据以下信息计算该客户 2016 年 1 月年清算应给客户退补并写卡多少电费（要求：居民阶梯电价计算方法用分档法）。

表 Jc0003342010－3　　计 费 表 数 据

电能表编号	示数类型	表码月份	本月示数（kWh）	目录电度电价（元/kWh）
000619737	有功（总）	1 月	10 196.65	0.448 6

续表

电能表编号	示数类型	表码月份	本月示数（kWh）	目录电度电价（元/kWh）
000619737	有功（总）	2月	10 349.15	0.448 6
000619737	有功（总）	3月	10 569.06	
000619737	有功（总）	4月	11 051.85	
000619737	有功（总）	5月	28.39	
000619737	有功（总）	6月	166.48	
000619737	有功（总）	7月	300.54	
000619737	有功（总）	8月	542.35	
000619737	有功（总）	9月	766.24	
000619737	有功（总）	10月	842.54	
000619737	有功（总）	11月	1054.87	
000619737	有功（总）	12月	1121.14	
000619737	有功（总）	1月	1221.01	

四、工作规范及要求

（1）自备计算器、钢笔或中性笔。

（2）计算公式、步骤正确。

五、考核及时间要求

本考核为计算实操任务，严格按照规定步骤完成，考试时间为60分钟。

技能等级评价专业技能考核操作评分标准

工种	装表接电工				评价等级	高级工
项目模块	电能计量装置现场检验—电费计算			编号	Jc0003342010－3	
单位		准考证号			姓名	
考试时限	60分钟	题型	单项操作		题分	100分
成绩		考评员		考评组长	日期	
试题正文	220V低压居民一户一表客户阶梯电价年度电费清算					
需要说明的问题和要求	（1）要求单人完成。 （2）列式计算，写出计算步骤，数据清晰					

序号	项目名称	质量要求	满分	扣分标准	扣分原因	得分
1	每月实用电量	每月电量计算正确	30	计算结果错误扣30分		
2	每月缴纳电费	每月电费计算正确	30	计算结果错误扣30分		
3	全年已缴纳电费	已缴纳电费计算正确	5	已缴纳电费计算错误扣5分		
4	年清算电量	电量统计正确	5	电量计算错误扣5分		
5	年清算应缴电费	应缴纳电费计算正确	20	应缴纳电费分阶计算错误，每处扣10分，扣完为止		
6	退补电费	退补金额正确	10	退补金额错误扣10分		
合计			100			

标准答案：

解：

（1）该客户2015年已缴电量、电费。

2015 年 1 月电量 = 10 349.15 − 10 196.65 = 153（kWh）

2015 年 1 月电费 = 153 × 0.448 6 = 68.64（元）

2015 年 2 月电量 = 10 569.06 − 10 349.15 = 220（kWh）

2015 年 2 月电费 = 170 × 0.448 6 + (220 − 170) × 0.498 6 = 76.26 + 24.93 = 101.19（元）

2015 年 3 月电量 = 11 051.85 − 10 569.06 = 483（kWh）

2015 年 3 月电费 = 170 × 0.448 6 + (260 − 170) × 0.498 6 + (483 − 260) × 0.748 6 = 76.26 + 44.87 + 166.94 = 288.07（元）

2015 年 4 月电量 = (11 268.41 − 11 051.85) + (28.39 − 0) = 217 + 28 = 245（kWh）

2015 年 4 月电费 = 170 × 0.448 6 + (245 − 170) × 0.498 6 = 76.26 + 37.40 = 113.66（元）

2015 年 5 月电量 = 166.48 − 28.39 = 138（kWh）

2015 年 5 月电费 = 138 × 0.448 6 = 61.91（元）

2015 年 6 月电量 = 300.54 − 166.48 = 134（kWh）

2015 年 6 月电费 = 134 × 0.448 6 = 60.11（元）

2015 年 7 月电量 = 542.35 − 300.54 = 242（kWh）

2015 年 7 月电费 = 170 × 0.448 6 + (242 − 170) × 0.498 6 = 76.26 + 35.90 = 112.16（元）

2015 年 8 月电量 = 766.24 − 542.35 = 224（kWh）

2015 年 8 月电费 = 170 × 0.448 6 + (224 − 170) × 0.498 6 = 76.26 + 26.92 = 103.18（元）

2015 年 9 月电量 = 842.54 − 766.24 = 76（kWh）

2015 年 9 月电费 = 76 × 0.448 6 = 34.09（元）

2015 年 10 月电量 = 1054.87 − 842.54 = 212（kWh）

2015 年 10 月电费 = 170 × 0.448 6 + (212 − 170) × 0.498 6 = 76.26 + 20.94 = 97.20（元）

2015 年 11 月电量 = 1121.14 − 1054.87 = 66（kWh）

2015 年 11 月电费 = 66 × 0.448 6 = 29.61（元）

2015 年 12 月电量 = 1221.01 − 1121.14 = 100（kWh）

2015 年 12 月电费 = 100 × 0.448 6 = 44.86（元）

该客户 2015 年全年已缴电费合计 = 68.64 + 101.19 + 288.07 + 113.66 + 61.91 + 60.11 + 112.16 + 103.18 + 34.09 + 97.20 + 29.61 + 44.86 = 1114.68（元）

（2）2015 年应缴电量、电费。

该客户年清算电量合计 = 153 + 220 + 483 + 245 + 138 + 134 + 242 + 224 + 76 + 212 + 66 + 100 = 2293（kWh）

全年执行一阶电价电量 = 170 × 12 = 2040（kWh）

全年执行二阶电价电量 = 170 × 12 + (260 − 170) × 12 = 3120（kWh）

该客户年清算应收电费 = 2040 × 0.448 6 + (2293 − 2040) × 0.498 6 = 915.14 + 126.15 = 1041.29（元）

（3）2016 年 1 月年清算时退补电费。

退补电费 = 该客户 2015 年清算应收电费 − 该客户 2015 年全年已缴电费 = 1041.29 − 1114.68 = −73.39（元）

答：应追补并写卡 73.39 元。

Jc0003343011－1　三相四线电能表故障分析并处理。（100 分）

考核知识点：设备运维

难易度：难

技能等级评价专业技能考核操作工作任务书

一、任务名称

三相四线电能表故障分析并处理。

二、适用工种

装表接电工高级工。

三、具体任务

在指定工位完成 3×220/380V、3×5（60）A 直通三相四线电能表故障分析与处理，假定三相负荷平衡，写出有功功率表达式并计算更正系数。

四、工作规范及要求

（1）着装符合要求，穿全棉长袖工作服、绝缘鞋，戴安全帽、线手套。

（2）携带自备工具（钢笔或中性笔、计算器）进入现场，待考评员宣布许可工作命令后开始工作并计时。

（3）打开计量柜（箱）门之前必须对柜（箱）体验电，现场操作严格执行《国家电网公司电力安全工作规程（配电部分）》。

（4）工作结束清理现场，并向监考员报告。

五、现场提供材料及工器具

验电笔、万用表、钳形电流表、螺钉旋具。

六、考核时间及要求

本考核操作时间为 30 分钟，时间到停止考评。

技能等级评价专业技能考核操作评分标准

工种	装表接电工					评价等级	高级工
项目模块	电能计量装置安装—三相四线经 TA、TV 接入式电能计量装置安装				编号	Jc0003343011－1	
单位			准考证号			姓名	
考试时限	30 分钟		题型	单项操作		题分	100 分
成绩		考评员		考评组长		日期	
试题正文	三相四线电能表故障分析与处理						
需要说明的问题和要求	（1）要求单人操作。 （2）操作时应注意安全，按照标准化作业指导书的技术安全说明做好安全措施						

序号	项目名称	质量要求	满分	扣分标准	扣分原因	得分
1	安全文明生产	佩戴安全帽；穿全棉工作服；穿绝缘鞋；操作时戴线手套；打开柜门前需先验电	20	未按要求进行，每项扣 5 分，扣完为止		
2	仪器使用	正确使用万用表、钳形电流表	20	万用表、钳形电流表使用错误，每次扣 5 分，扣完为止		
3	异常判断	正确判断异常原因	20	异常原因未找到扣 20 分		
4	异常处理	正确处理计量异常	20	异常未处理扣 20 分		
5	计算结果	正确计算更正系数	10	更正系数计算错误扣 10 分		
6	现场恢复	操作结束后清理现场杂物，并将工器具归位摆放整齐	10	现场留有杂物或工器具未归位扣 10 分		
合计			100			

计量装置设置：

（1）考试使用电能表为仿真表，通过模拟装置进行参数设置。

（2）考场在指定工位安装 3×380V/220V、3×5（60）A 直通三相电能表，设置表尾 A 相电压连接片断开错误接线，电流设置为 5A。

（3）屏蔽电能表显示屏。

标准答案：

（1）故障分析：通过万用表测量表尾 A 相电压为 0，判断由于表尾 A 相电压连接片断开导致电能表 A 相电压失压。

（2）处理：恢复表尾 A 相电压连接片。

（3）列出有功功率表达式

$$P_1 = 0$$

$$P_2 = U_B I_B \cos\varphi$$

$$P_3 = U_C I_C \cos\varphi$$

$$P = P_1 + P_2 + P_3 = 2UI\cos\varphi$$

（4）计算更正系数

$$K_P = \frac{P_0}{P} = \frac{3UI\cos\varphi}{2UI\cos\varphi} = \frac{3}{2}$$

答：更正系数为 $\frac{3}{2}$。

Jc0003343012–1　直接接入式三相电能表抄读、异常处理及电费计算。（100 分）

考核知识点：设备运维及电费计算

难易度：难

技能等级评价专业技能考核操作工作任务书

一、任务名称

直接接入式三相电能表抄读、异常处理及电费计算。

二、适用工种

装表接电工高级工。

三、具体任务

（1）抄读指定三相四线电能表，完成铭牌信息及表内示数信息填写，见表 Jc0003343012－1－1。

表 Jc0003343012－1－1

电能表铭牌参数		表内信息	
电能表出厂编号		正向有功总电量	
参比电压		反向有功总	
标定电流及最大电流		组合无功 Ⅰ	
接线方式		组合无功 Ⅱ	
准确度等级		功率因数	

（2）使用掌机读取当前表内阶梯电价执行套数及阶梯电价值、费率电价执行套数及费率电价值。

（3）已知该户执行一般工商业平段电价，将表内电价修改正确（一般工商业平段电价执行 0.680 0

元/kWh)。

(4)表 Jc0003343012－1－2 为该用户的购电记录，计算因电价错误产生的退补电费。

表 Jc0003343012－1－2

购电时间	购电类型	电卡购电次数	本次写卡金额(元)	累计购电金额(元)
2016年11月12日	日常购电	2	170	270
2016年10月12日	首次购电	1	100	100

四、工作规范及要求

(1)着装符合要求，穿全棉长袖工作服、绝缘鞋，戴安全帽、线手套。

(2)携带自备工具(钢笔或中性笔、计算器、线手套)进入现场，待考评员宣布许可工作命令后开始工作并计时。

(3)打开计量柜(箱)门之前必须对柜(箱)体验电，现场操作严格执行《国家电网公司电力安全工作规程(配电部分)》。

(4)工作结束清理现场，并向监考员报告。

五、现场提供工器具及材料

验电笔、抄表掌机、电价设置卡(一般工商业平段电价设置卡)。

六、考核及时间要求

本考核操作时间限定为30分钟，计时结束停止考评。

技能等级评价专业技能考核操作评分标准

工种	装表接电工					评价等级	高级工
项目模块	电能计量装置安装—三相四线经TA接入式电能计量装置安装				编号	Jc0003343012－1	
单位			准考证号			姓名	
考试时限	30分钟		题型	单项操作		题分	100分
成绩		考评员		考评组长		日期	
试题正文	直接接入式三相电能表抄读、异常处理及电费计算						
需要说明的问题和要求	(1)要求单人操作。 (2)操作应注意安全，按照标准化作业书的技术安全说明做好安全措施						

序号	项目名称	质量要求	满分	扣分标准	扣分原因	得分
1	安全文明生产	佩戴安全帽；穿全棉工作服；穿绝缘鞋；操作时戴线手套；打开柜门前需先验电	10	未按要求进行，每项扣2分，扣完为止		
2	电能表抄读	(1)电能表铭牌信息填写正确规范。 (2)表内示数信息填写正确规范	20	铭牌信息填写错误扣5分； 示数信息填写错误扣15分		
3	电价抄读	(1)正确回答当前表内执行第几套阶梯电价。 (2)正确回答当前表内阶梯电价值。 (3)正确回答当前表内执行第几套费率电价。 (4)正确回答当前表内执行费率电价值	20	错误一项扣5分，扣完为止		
4	电价修改	电价修改正确	10	未正确修改电价扣10分		
5	电费计算	电费计算正确	30	电费计算方法不正确扣20分； 结果计算错误扣10分		
6	现场恢复	操作结束后清理现场杂物，并将工器具归位摆放整齐	10	现场留有杂物或工器具未归位扣10分		
合计			100			

标准答案：

（1）抄读1号台体3号表位表号为0002820719的电能表，电能表相关信息见表Jc0003343012－1－3。

表Jc0003343012－1－3

电能表铭牌参数		表内信息	
电能表出厂编号	0002820719	正向有功总电量（kWh）	234.32
参比电压	3×220V/380V	反向有功总电量（kWh）	0
标定电流及最大电流	3×1.5（6）A	组合无功Ⅰ	0
接线方式	三相四线	组合无功Ⅱ	0
准确度等级	有功1.0，无功2.0	功率因数	0.8

（2）当前表内执行第二套阶梯，阶梯电价标准为0.448 6、0.498 6、0.748 6元/kWh；当前表内执行第一套费率电价，电价标准为0.680 0元/kWh。

（3）表内应执行电价为0.680 0元/kWh，实际电价为费率电价与阶梯电价叠加，应将阶梯电价关闭。

（4）通过读取表内信息可知，当前总电量为234.32kWh，剩余金额为5.35元。

在电价执行正确时，用户表内应发生电费＝234.32×0.68＝159.34（元）

表内应剩余金额＝270－59.34＝110.66（元）

但因电价错误，用户表内实际剩余金额为5.35元。

用户电费为105.31元。用户电费＝110.66－5.35＝105.31（元）

Jc0003342013－1　三相电能表抄读及异常处理。（100分）

考核知识点：设备运维

难易度：中

技能等级评价专业技能考核操作工作任务书

一、任务名称

三相电能表抄读及异常处理。

二、适用工种

装表接电工高级工。

三、具体任务

（1）抄读指定三相电能表，完成铭牌信息及表内示数信息填写，见表Jc0003342013－1－1。

表Jc0003342013－1－1

电能表铭牌参数		表内信息	
电能表出厂编号		当前总电量	
参比电压		上一月总电量	
标定电流及最大电流		剩余金额	
接线方式		电压	
准确度等级		电流	

（2）笔答现场发现的电能表异常。

（3）填写表计异常单。

四、工作规范及要求

（1）着装符合要求，穿全棉长袖工作服、绝缘鞋，戴安全帽、线手套。

（2）携带自备工具（钢笔或中性笔、线手套）进入现场，待考评员宣布许可工作命令后开始工作并计时。

（3）打开计量柜（箱）门之前必须对柜（箱）体验电，现场操作严格执行《国家电网公司电力安全工作规程（配电部分）》。

（4）工作结束清理现场，并向监考员报告。

五、现场提供材料及工器具

验电笔、表计异常单。

六、考核及时间要求

（1）本考核操作时间限定为20分钟，计时结束停止考评。

（2）故障查找过程中，如确实不能查找出故障，可向考评员申请排除故障，该项故障项目不得分，但不影响其他项目。

技能等级评价专业技能考核操作评分标准

工种	装表接电工					评价等级	高级工
项目模块	电能计量装置安装—三相四线经TA接入式电能计量装置安装				编号	Jc0003342013－1	
单位		准考证号				姓名	
考试时限	20分钟	题型		单项操作		题分	100分
成绩		考评员		考评组长		日期	
试题正文	三相电能表抄读及异常处理						
需要说明的问题和要求	（1）要求单人操作。 （2）操作应注意安全，按照标准化作业书的技术安全说明做好安全措施						

序号	项目名称	质量要求	满分	扣分标准	扣分原因	得分
1	安全文明生产	佩戴安全帽；穿全棉工作服；穿绝缘鞋；操作时戴线手套；打开柜门前需先验电	10	未按要求进行，每项扣2分，扣完为止		
2	电能表抄读	（1）电能表铭牌信息填写正确规范。 （2）表内示数信息填写正确规范	40	铭牌信息填写错误扣10分； 示数信息填写错误扣30分		
3	判断电能表异常	正确识别表内电能表异常	20	漏答、错答，每项扣10分，扣完为止		
4	填写表计异常单	异常单内容填写完整、正确	20	漏填、错填，每项扣2分，扣完为止		
5	现场恢复	操作结束后清理现场杂物，并将工器具归位摆放整齐	10	现场留有杂物或工器具未归位扣10分		
合计			100			

标准答案：

（1）抄读1号台体6号表位表号为0001077174的电能表，电能表相关信息见表Jc0003342013－1－2。

表Jc0003342013－1－2

电能表铭牌参数		表内信息	
电能表出厂编号		当前总电量	
参比电压		上一月总电量	

续表

电能表铭牌参数		表内信息	
标定电流及最大电流		剩余金额	
接线方式		电压	
准确度等级		电流	

（2）异常情况：电池欠压 Err－04、时钟错误 Err－08。

×××供电公司表计异常单

填写日期：　　年　　月　　日　　　　　　　　　　　　　　　　No：

户号	户名		抄表段号		电能表出厂编号	电能表型号	电压/电流	倍率
抄见示数						用电地址：		
总	峰	平	谷	子表 1	子表 2			
异常情况								

发现人：　　　　　　　　　　处理人：　　　　　　　　　　处理日期：

Jc0003343014－2　三相电能表抄读、异常处理及电费计算。（100 分）

考核知识点： 设备运维

难易度： 难

技能等级评价专业技能考核操作工作任务书

一、任务名称

三相电能表抄读、异常处理及电费计算。

二、适用工种

装表接电工高级工。

三、具体任务

（1）抄读指定三相电能表，完成铭牌信息及表内示数信息填写，见表 Jc0003343014－2－1。

表 Jc0003343014－2－1

电能表铭牌参数		表内信息	
电能表出厂编号		当前总电量	
参比电压		剩余金额	
标定电流及最大电流		电压	
接线方式		电流	
准确度等级		功率	

（2）使用掌机读取当前表内阶梯电价执行套数及阶梯电价值、费率电价执行套数及费率电价值。

（3）已知该户为居民用户，判断表内电价执行是否正确，如不正确请改正（阶梯电价值为 0.448 6、0.498 6、0.748 6 元/kWh）。

（4）经用电信息采集系统检查，该户自首次购电后，每月用电量均小于 170kWh，表 Jc0003343014－2－2 为该用户的购电记录，请计算应退补电费。

表 Jc0003343014－2－2

购电时间	购电类型	电卡购电次数	本次写卡金额（元）	累计购电金额（元）
2016 年 4 月 12 日	日常购电	6	1000	5500
2015 年 10 月 12 日	日常购电	5	1000	4500
2014 年 9 月 12 日	银行联网	4	1000	3500
2013 年 8 月 12 日	银行联网	3	1000	2500
2012 年 7 月 12 日	日常购电	2	1000	1500
2012 年 1 月 12 日	首次购电	1	500	500

四、工作规范及要求

（1）着装符合要求，穿全棉长袖工作服、绝缘鞋，戴安全帽、线手套。

（2）携带自备工具（钢笔或中性笔、计算器、线手套）进入现场，待考评员宣布许可工作命令后开始工作并计时。

（3）打开计量柜（箱）门之前必须对柜（箱）体验电，现场操作严格执行《国家电网公司电力安全工作规程（配电部分）》。

（4）工作结束清理现场，并向监考员报告。

五、现场提供工器具及材料

验电笔、抄表掌机、电价设置卡（0 电价费率设置卡）。

六、考核及时间要求

本考核操作时间限定为 30 分钟，计时结束停止考评。

技能等级评价专业技能考核操作评分标准

工种	装表接电工					评价等级	高级工
项目模块	电能计量装置安装—三相四线经 TA 接入式电能计量装置安装				编号	Jc0003343014－2	
单位			准考证号			姓名	
考试时限	30 分钟	题型	单项操作			题分	100 分
成绩		考评员		考评组长		日期	
试题正文	三相电能表抄读、异常处理及电费计算						
需要说明的问题和要求	（1）要求单人操作。 （2）操作应注意安全，按照标准化作业书的技术安全说明做好安全措施						

序号	项目名称	质量要求	满分	扣分标准	扣分原因	得分
1	安全文明生产	佩戴安全帽；穿全棉工作服；穿绝缘鞋；操作时戴线手套；打开柜门前需先验电	10	未按要求进行，每项扣 2 分，扣完为止		
2	电能表抄读	（1）电能表铭牌信息填写正确规范。 （2）表内示数信息填写正确规范	20	铭牌信息填写错误扣 5 分； 示数信息填写错误扣 15 分		
3	电价抄读	（1）正确回答当前表内执行第几套阶梯电价。 （2）正确回答当前表内阶梯电价值。 （3）正确回答当前表内执行第几套费率电价。 （4）正确回答当前表内执行费率电价值	20	错误一项扣 5 分，扣完为止		

续表

序号	项目名称	质量要求	满分	扣分标准	扣分原因	得分
4	电价修改	电价修改正确	10	未正确修改电价扣 10 分		
5	电费计算	电费计算正确	30	电费计算方法错误扣 30 分； 结果计算错误扣 10 分		
6	现场恢复	操作结束后清理现场杂物，并将工器具归位摆放整齐	10	现场留有杂物或工器具未归位扣 10 分		
合计			100			

标准答案：

（1）抄读 1 号台体 7 号表位表号为 0001128485 的电能表，电能表相关信息见表 Jc0003343014－2－3。

表 Jc0003343014－2－3

电能表铭牌参数		表内信息	
电能表出厂编号		当前总电量	
参比电压		剩余金额	
标定电流及最大电流		电压	
接线方式		电流	
准确度等级		功率	

（2）当前用户表内执行第二套阶梯电价，阶梯电价值为 0.448 6、0.498 6、0.748 6 元/kWh；执行第一套费率电价，电价值为 0.68 元/kWh。

（3）由于该户为居民用户，应执行电价为 0.448 6、0.498 6、0.748 6 元/kWh 阶梯电价，但实际用户执行电价为阶梯电价与费率电价叠加电价，执行 1.128 6、1.178 6、1.428 6 元/kWh 的电价。

该户电价执行错误，现场使用电价设置卡将费率电价设置为 0。

（4）通过表计读取该用户当前总电量为 5281.09kWh，剩余金额为 56.04 元，根据题意已知该户每月用电量均小于 170kWh，执行一档电价，因此用户在电价正常的情况下

$$应发生电费 = 5281.09 \times 0.448\,6 = 2369.1（元）$$

由购电记录可知用户累计购电 5500 元，表内电价执行正确的情况下

$$表内应剩余电费 = 5500 - 2369.1 = 3130.9（元）$$

但因电价错误，实际用户表内剩余金额为 56.04 元，则

$$应退电费 = 3130.9 - 56.04 = 3074.86（元）$$

因此，应退电量应为 3074.86 元。

Jc0003343015－3　三相电能表抄读、异常处理及电费计算。（100 分）

考核知识点：设备运维

难易度：难

技能等级评价专业技能考核操作工作任务书

一、任务名称

三相电能表抄读、异常处理及电费计算。

二、适用工种

装表接电工高级工。

三、具体任务

（1）抄读指定三相电能表，完成铭牌信息及表内示数信息填写，见表 Jc0003343015－3－1。

表 Jc0003343015－3－1

电能表铭牌参数		表内信息	
电能表出厂编号		当前总电量	
参比电压		剩余金额	
标定电流及最大电流		有功峰段电量	
接线方式		有功平段电量	
准确度等级		有功谷段电量	

（2）使用掌机读取当前表内阶梯电价执行套数和阶梯电价值、费率电价执行套数及费率电价值。

（3）已知该户为一般工商业用户，执行峰谷分时电价，判断表内电价执行是否正确，如不正确请改正（一般工商业电价峰段 0.930 2 元/kWh、平段 0.680 0 元/kWh、谷段 0.429 8 元/kWh）。

（4）表 Jc0003343015－3－2 为该用户的购电记录，计算因电价错误产生的退补电费。

表 Jc0003343015－3－2

购电时间	购电类型	电卡购电次数	本次写卡金额（元）	累计购电金额（元）
2016 年 5 月 12 日	日常购电	6	500	2700
2015 年 10 月 12 日	日常购电	5	500	2200
2014 年 9 月 12 日	银行联网	4	500	1700
2013 年 8 月 12 日	银行联网	3	500	1200
2012 年 7 月 12 日	日常购电	2	500	700
2012 年 1 月 12 日	首次购电	1	200	500

四、工作规范及要求

（1）着装符合要求，穿全棉长袖工作服、绝缘鞋，戴安全帽、线手套。

（2）携带自备工具（钢笔或中性笔、计算器、线手套）进入现场，待考评员宣布许可工作命令后开始工作并计时。

（3）打开计量柜（箱）门之前必须对柜（箱）体验电，现场操作严格执行《国家电网公司电力安全工作规程（配电部分）》。

（4）工作结束清理现场，并向监考员报告。

五、现场提供工器具及材料

验电笔、抄表掌机、费率电价设置卡（费率电价为 0.930 2、0.680 0、0.429 8 元/kWh）。

六、考核及时间要求

本考核操作时间限定为 30 分钟，计时结束停止考评。

技能等级评价专业技能考核操作评分标准

工种	装表接电工		评价等级	高级工
项目模块	电能计量装置安装—三相四线经 TA 接入式电能计量装置安装	编号	Jc0003343015－3	

续表

单位		准考证号		姓名	
考试时限	30 分钟	题型	单项操作	题分	100 分
成绩	考评员		考评组长	日期	
试题正文	三相电能表抄读、异常处理及电费计算				
需要说明的问题和要求	（1）要求单人操作。 （2）操作应注意安全，按照标准化作业书的技术安全说明做好安全措施				

序号	项目名称	质量要求	满分	扣分标准	扣分原因	得分
1	安全文明生产	佩戴安全帽；穿全棉工作服；穿绝缘鞋；操作时戴线手套；打开柜门前需先验电	10	未按要求进行，每项扣 2 分，扣完为止		
2	电能表抄读	（1）电能表铭牌信息填写正确规范。 （2）表内示数信息填写正确规范	20	铭牌信息填写错误扣 5 分； 示数信息填写错误扣 15 分		
3	电价抄读	（1）正确回答当前表内执行第几套阶梯电价。 （2）正确回答当前表内阶梯电价值。 （3）正确回答当前表内执行第几套费率电价。 （4）正确回答当前表内执行费率电价值	20	错误一项扣 5 分，扣完为止		
4	电价修改	电价修改正确	10	未正确修改电价扣 10 分		
5	电费计算	电费计算正确	30	电费计算方法不正确扣 30 分； 结果计算错误扣 10 分		
6	现场恢复	操作结束后清理现场杂物，并将工器具归位摆放整齐	10	现场留有杂物或工器具未归位扣10分		
合计			100			

标准答案：

（1）抄读 1 号台体 7 号表位表号为 0001128485 的电能表，电能表相关信息见表 Jc0003343015－3－3。

表 Jc0003343015－3－3

电能表铭牌参数		表内信息	
电能表出厂编号		当前总电量	
参比电压		剩余金额	
标定电流及最大电流		有功峰段电量	
接线方式		有功平段电量	
准确度等级		有功谷段电量	

（2）当前用户表内执行第二套阶梯电价，执行电价标准为 0.448 6、0.498 6、0.748 6 元/kWh；执行第二套费率电价，电价值为 0 元/kWh。

（3）用户应执行一般工商业分时电价，表内实际执行阶梯电价，应将阶梯电价关闭，并使用电价设置卡设置费率电价。

（4）通过读取表内信息可知，当前总电量为 5281.09kWh，峰段总电量为 2385.13kWh，平段总电量为 1793.50kWh，谷段总电量为 1102.45kWh，剩余金额为 56.04 元。一般工商业电价峰段为 0.930 2 元/kWh、平段为 0.680 0 元/kWh、谷段为 0.429 8 元/kWh。

用户应发生电费＝2385.13×0.930 2＋1793.50×0.680 0＋1102.45×0.429 8＝3911.75（元）

但因电价错误，用户表内实际发生电费＝2700－56.04＝2643.96（元）

用户应补缴电费＝3911.75－2643.96＝1267.79（元）

因此，用户应补缴电费 1267.79 元。

Jc0003343016－1　直接接入式三相电能表抄读、异常处理及电费计算。（100 分）

考核知识点： 设备运维

难易度： 难

技能等级评价专业技能考核操作工作任务书

一、任务名称

直接接入式三相电能表抄读、异常处理及电费计算。

二、适用工种

装表接电工高级工。

三、具体任务

（1）抄读指定三相四线电能表，完成铭牌信息及表内示数信息填写，见表 Jc0003343016－1－1。

表 Jc0003343016－1－1

电能表铭牌参数		表内信息	
电能表出厂编号		正向有功总电量	
参比电压		反向有功总	
标定电流及最大电流		组合无功Ⅰ	
接线方式		组合无功Ⅱ	
准确度等级		功率因数	

（2）使用掌机读取当前表内阶梯电价执行套数及阶梯电价值、费率电价执行套数及费率电价值。

（3）已知该户执行一般工商业平段电价，请将表内电价修改正确（一般工商业平段电价执行 0.680 0 元/kWh）。

（4）表 Jc0003343016－1－2 为该用户的购电记录，计算因电价错误产生的退补电费。

表 Jc0003343016－1－2

购电时间	购电类型	电卡购电次数	本次写卡金额（元）	累计购电金额（元）
2016 年 11 月 12 日	日常购电	2	170	270
2016 年 10 月 12 日	首次购电	1	100	100

四、工作规范及要求

（1）着装符合要求，穿全棉长袖工作服、绝缘鞋，戴安全帽、线手套。

（2）携带自备工具（钢笔或中性笔、计算器、线手套）进入现场，待考评员宣布许可工作命令后开始工作并计时。

（3）打开计量柜（箱）门之前必须对柜（箱）体验电，现场操作严格执行《国家电网公司电力安全工作规程（配电部分）》。

（4）工作结束清理现场，并向监考员报告。

五、现场提供工器具及材料

验电笔、抄表掌机、电价设置卡（一般工商业平段电价设置卡）。

六、考核及时间要求

本考核操作时间限定为30分钟，计时结束停止考评。

技能等级评价专业技能考核操作评分标准

工种	装表接电工				评价等级	高级工
项目模块	电能计量装置安装—三相四线经TA接入式电能计量装置安装			编号	Jc0003343016－1	
单位		准考证号			姓名	
考试时限	30分钟	题型	单项操作		题分	100分
成绩	考评员		考评组长		日期	
试题正文	直接接入式三相电能表抄读、异常处理及电费计算					
需要说明的问题和要求	（1）要求单人操作。 （2）操作应注意安全，按照标准化作业书的技术安全说明做好安全措施					
序号	项目名称	质量要求	满分	扣分标准	扣分原因	得分
1	安全文明生产	佩戴安全帽；穿全棉工作服；穿绝缘鞋；操作时戴线手套；打开柜门前需先验电	10	未按要求进行，每项扣2分，扣完为止		
2	电能表抄读	（1）电能表铭牌信息填写正确规范。 （2）表内示数信息填写正确规范	20	铭牌信息填写错误扣5分； 示数信息填写错误扣15分		
3	电价抄读	（1）正确回答当前表内执行第几套阶梯电价。 （2）正确回答当前表内阶梯电价值。 （3）正确回答当前表内执行第几套费率电价。 （4）正确回答当前表内执行费率电价值	20	错误一项扣5分，扣完为止		
4	电价修改	电价修改正确	10	未正确修改电价扣10分		
5	电费计算	电费计算正确	30	电费计算方法不正确扣30分； 结果计算错误扣10分		
6	现场恢复	操作结束后清理现场杂物，并将工器具归位摆放整齐	10	现场留有杂物或工器具未归位扣10分		
合计			100			

标准答案：

（1）抄读1号台体3号表位表号为0002820719的电能表，电能表相关信息见表Jc0003343016－1－3。

表 Jc0003343016－1－3

电能表铭牌参数		表内信息	
电能表出厂编号	0002820719	正向有功总电量（kWh）	234.32
参比电压	3×220/380V	反向有功总（kWh）	0
标定电流及最大电流	3×1.5（6）A	组合无功Ⅰ	0
接线方式	三相四线	组合无功Ⅱ	0
准确度等级	有功1.0，无功2.0	功率因数	0.8

（2）当前表内执行第二套阶梯，阶梯电价标准为0.448 6、0.498 6、0.748 6元/kWh；当前表内执行第一套费率电价，电价标准为0.680 0元/kWh。

（3）表内应执行电价为 0.680 0 元/kWh，实际电价为费率电价与阶梯电价叠加，应将阶梯电价关闭。

（4）通过读取表内信息可知，当前总电量为 234.32kWh，剩余金额为 5.35 元。

在电价执行正确时，用户表内应发生电费 = 234.32 × 0.68 = 159.34（元）

表内应剩余金额 = 270 − 59.34 = 110.66（元）

但因电价错误，用户表内实际剩余金额为 5.35 元。

应退用户电费 = 110.66 − 5.35 = 105.31（元）

因此，应退用户电费 105.31 元。

Jc0003342017－1　采集终端现场抄表。（100 分）

考核知识点： 设备运维

难易度： 中

技能等级评价专业技能考核操作工作任务书

一、任务名称

采集终端现场抄表。

二、适用工种

装表接电工高级工。

三、具体任务

请使用指定专用变压器终端抄取指定电能表信息，完成相关数据填写，见表 Jc0003342017－1－1。

表 Jc0003342017－1－1

1. 终端参数		2. 测量点参数	
终端地址		所属测量点	
主用 IP		通信速率	
主用端口		端口号	
APN		通信规约	
心跳周期		电量位数	
—		电能表地址	

3. 电能表铭牌参数		4. 电能表示数		
表号		示数类型	当月	上一月
参比电压		有功总		
标定电流及最大电流		有功峰		
电能表常数		有功平		
准确度等级		有功谷		
		无功		
		需量		

四、工作规范及要求

（1）着装符合要求，穿全棉长袖工作服、绝缘鞋，戴安全帽、线手套。

（2）携带自备工具（钢笔或中性笔、线手套）进入现场，待考评员宣布许可工作命令后开始工作并计时。

（3）打开计量柜（箱）门之前必须对柜（箱）体验电，现场操作严格执行《国家电网公司电力安全工作规程（配电部分）》。

（4）工作结束清理现场，并向监考员报告。

五、现场提供工器具及材料

验电笔。

六、考核及时间要求

本考核操作时间限定为30分钟，计时结束停止考评。

技能等级评价专业技能考核操作评分标准

工种	装表接电工				评价等级	高级工
项目模块	电能计量装置安装—专用变压器采集终端安装与调试			编号	Jc0003342017－1	
单位		准考证号			姓名	
考试时限	30分钟	题型	单项操作		题分	100分
成绩		考评员		考评组长		日期	
试题正文	采集终端现场抄表					
需要说明的问题和要求	（1）要求单人操作。 （2）操作应注意安全，按照标准化作业书的技术安全说明做好安全措施					

序号	项目名称	质量要求	满分	扣分标准	扣分原因	得分
1	安全文明生产	佩戴安全帽；穿全棉工作服；穿绝缘鞋；操作时戴线手套；打开柜门前需先验电	10	未按要求进行，每项扣2分，扣完为止		
2	电能表抄读	所有数据项数据真实、完整	80	数据项对应数据每错一项扣20分，扣完为止		
3	现场恢复	操作结束后清理现场杂物，并将工器具归位摆放整齐	10	现场留有杂物或工器具未归位扣10分		
合计			100			

标准答案：

计量装置信息抄读如表Jc0003342017－1－2所示。

表Jc0003342017－1－2

1. 终端参数		2. 测量点参数		
终端地址	00013	所属测量点	1	
主用IP	192.168.001.100	通信速率	2400bit/s	
主用端口	07000	端口号	02	
APN	CMNET	通信规约	T645－07	
心跳周期	5min	电量位数	5＋2	
		地址	201500001200	
3. 电能表铭牌参数		4. 电能表示数		
表号	201500001200	示数类型	当月	上一月
参比电压	3×100V	有功总	1200.09kWh	900.00kWh
标定电流及最大电流	3×1.5（6）A	有功峰	400.00kWh	300.00kWh
电能表常数	3200imp/kWh，3200imp/kvar	有功平	600.09kWh	200.00kWh
准确度等级	有功1.0，无功2.0	有功谷	200.00kWh	400.00kWh
		无功	800.05kWh	620.00kWh
		需量	0.535 0	0.543 0

Jc0003341018－1 安装三相电能表。（100 分）

考核知识点：设备安装

难易度：易

技能等级评价专业技能考核操作工作任务书

一、任务名称

安装三相电能表。

二、适用工种

装表接电工高级工。

三、具体任务

（1）挂表。

（2）接线。

（3）送电。

（4）加封。

四、工作规范及要求

（1）着装符合要求，穿全棉长袖工作服、绝缘鞋，戴安全帽、线手套。

（2）待考评员宣布许可工作命令后开始工作并计时。

（3）现场操作严格执行《国家电网公司电力安全工作规程（配电部分）》。

（4）工作结束清理现场，并向监考员报告。

五、现场提供材料及工器具

（1）220V 单相电能表：2.5（10）、5（10）、10（40）A 各 1 只。

（2）万用表 1 只。

（3）电表盘 1 个、低压断路器 1 个。

（4）电工刀、起子、尖嘴钳、试电笔各 1 把。

（5）单股铜芯线若干米。

六、考核时间及要求

本考核操作时间为 20 分钟，时间到停止考评。

技能等级评价专业技能考核操作评分标准

工种	装表接电工				评价等级	高级工	
项目模块	电能计量安装—三相四线经 TA 接入式电能计量装置安装			编号	Jc0003341018－1		
单位		准考证号			姓名		
考试时限	20 分钟	题型	单项操作		题分	100 分	
成绩		考评员		考评组长		日期	
试题正文	安装三相电能表						
需要说明的问题和要求	（1）要求单独进行操作处理。 （2）现场就地操作演示，不得触动进行设备。 （3）万一遇生产事故，立即停止考核，退出现场。 （4）注意安全，要文明操作演示						
序号	项目名称	质量要求	满分	扣分标准		扣分原因	得分
1	挂表	（1）位置选择得当。 （2）表计安装牢固无倾斜。 （3）三点固定	10	表计倾斜超过 3° 扣 3 分； 表计安装不牢固扣 5 分； 布局不合理扣 2 分			

续表

序号	项目名称	质量要求	满分	扣分标准	扣分原因	得分
2	接线	（1）接线正确无误。 （2）导线连接牢固。 （3）导线整列整齐。 （4）工具使用得当。 （5）操作过程安全、步骤得当	50	各连接导线未做到横平竖直扣 5 分； 导线接头金属部分外露扣 20 分； 工具使用不当扣 5 分； 操作步骤不合理扣 5 分； 工作中存在不安全行为扣 15 分		
3	送电	（1）送电前再次进行接线核验。 （2）工具使用得当。 （3）操作过程安全、步骤得当	30	未再次核验接线扣 5 分； 无负载试验时未检查有无潜动扣 10 分； 有负载试验时未检查表计运行情况扣 10 分		
4	施封	应施封位置无遗漏	10	每出现一处未加封，扣 4 分； 工作单填写错误或涂改，每处扣 2 分； 扣完为止		
合计			100			

Jc0003341019－1　采集终端现场抄表。（100 分）

考核知识点： 设备运维

难易度： 易

技能等级评价专业技能考核操作工作任务书

一、任务名称

采集终端现场抄表。

二、适用工种

装表接电工高级工。

三、具体任务

使用指定集中器完成以下操作。

（1）使用集中器抄取指定 1 号电能表示数信息，完成表 Jc0003341019－1－1 的填写。

表 Jc0003341019－1－1

1. 测量点参数		2. 电能表示数		
所属测量点		示数类型	当月	上一月
通信速率		有功总		
端口号		有功峰		
通信规约		有功平		
电量位数		有功谷		
地址		无功		

（2）将指定的 2 号电能表设置到集中器测量点序号 10，并实现采集。

四、工作规范及要求

（1）着装符合要求，穿全棉长袖工作服、绝缘鞋，戴安全帽、线手套。

（2）携带自备工具（钢笔或中性笔、线手套）进入现场，待考评员宣布许可工作命令后开始工作并计时。

（3）打开计量柜（箱）门之前必须对柜（箱）体验电，现场操作严格执行《国家电网公司电力安全工作规程（配电部分）》。

（4）工作结束清理现场，并向监考员报告。

五、现场提供工器具及材料

验电笔。

六、考核及时间要求

本考核操作时间限定为30分钟，计时结束停止考评。

技能等级评价专业技能考核操作评分标准

<table>
<tr><td>工种</td><td colspan="4">装表接电工</td><td>评价等级</td><td colspan="2">高级工</td></tr>
<tr><td>项目模块</td><td colspan="3">电能计量装置安装—集中器安装与调试</td><td>编号</td><td colspan="3">Jc0003341019－1</td></tr>
<tr><td>单位</td><td colspan="2"></td><td>准考证号</td><td></td><td>姓名</td><td colspan="2"></td></tr>
<tr><td>考试时限</td><td>30分钟</td><td>题型</td><td colspan="2">单项操作</td><td>题分</td><td colspan="2">100分</td></tr>
<tr><td>成绩</td><td>考评员</td><td></td><td>考评组长</td><td></td><td>日期</td><td colspan="2"></td></tr>
<tr><td>试题正文</td><td colspan="7">采集终端现场抄表</td></tr>
<tr><td>需要说明的问题和要求</td><td colspan="7">（1）要求单人操作。
（2）操作应注意安全，按照标准化作业书的技术安全说明做好安全措施</td></tr>
<tr><td>序号</td><td>项目名称</td><td colspan="2">质量要求</td><td>满分</td><td>扣分标准</td><td>扣分原因</td><td>得分</td></tr>
<tr><td>1</td><td>安全文明生产</td><td colspan="2">佩戴安全帽；穿全棉工作服；穿绝缘鞋；操作时戴线手套；打开柜门前需先验电</td><td>10</td><td>未按要求进行，每项扣2分，扣完为止</td><td></td><td></td></tr>
<tr><td>2</td><td>1号电能表抄读</td><td colspan="2">所有数据项数据真实、完整</td><td>40</td><td>数据项对应数据每错一项扣10分，扣完为止</td><td></td><td></td></tr>
<tr><td>3</td><td>2号电能表调试</td><td colspan="2">（1）参数设置正确。
（2）实现抄表</td><td>40</td><td>未实现抄表扣20分；
参数设置错误，每项扣5分；
扣完为止</td><td></td><td></td></tr>
<tr><td>4</td><td>现场恢复</td><td colspan="2">操作结束后清理现场杂物，并将工器具归位摆放整齐</td><td>10</td><td>现场留有杂物或工器具未归位扣10分</td><td></td><td></td></tr>
<tr><td colspan="2">合计</td><td colspan="2"></td><td>100</td><td></td><td></td><td></td></tr>
</table>

标准答案：

（1）集中器中1号电能表信息抄读如表Jc0003341019－1－2所示。

表 Jc0003341019－1－2

1. 测量点参数		2. 电能表示数		
所属测量点		示数类型	当月	上一月
通信速率		有功总		
端口号		有功峰		
通信规约		有功平		
电量位数		有功谷		
地址		无功		

（2）通过集中器参数设置，将2号电能表表号设置到集中器测量点序号10，并完成相关参数设置后实现抄表。

Jc0003342020－1　电流互感器的选择。（100分）

考核知识点：设备选型

难易度：中

技能等级评价专业技能考核操作工作任务书

一、任务名称

电流互感器的选择。

二、适用工种

装表接电工高级工。

三、具体任务

准确选择电流互感器。

四、工作规范及要求

（1）着装符合要求，穿全棉长袖工作服、绝缘鞋，戴安全帽、线手套。

（2）携带自备工具（钢笔或中性笔、计算器、线手套）进入现场，待考评员宣布许可工作命令后开始工作并计时。

（3）打开计量柜（箱）门之前必须对柜（箱）体验电，现场操作严格执行《国家电网公司电力安全工作规程（配电部分）》。

（4）工作结束清理现场，并向监考员报告。

五、现场提供工器具及材料

一套计量装置、螺钉旋具、数字万用表等。

六、考核及时间要求

本考核时间限定为30分钟，计时结束停止考评。

技能等级评价专业技能考核操作评分标准

工种	装表接电工				评价等级	高级工
项目模块	电能计量装置现场检验—互感器选型及极性检查			编号	Jc0003342020－1	
单位		准考证号			姓名	
考试时限	30分钟	题型	单项操作		题分	100分
成绩		考评员		考评组长		日期
试题正文	电流互感器的选择					
需要说明的问题和要求	（1）要求单人操作。 （2）操作应注意安全，按照标准化作业书的技术安全说明做好安全措施					

序号	项目名称	质量要求	满分	扣分标准	扣分原因	得分
1	安全文明生产	佩戴安全帽；穿全棉工作服；穿绝缘鞋；操作时戴线手套；打开柜门前需先验电	10	未按要求进行，每项扣2分，扣完为止		
2	电流互感器的选择要求	（1）电流互感器的额定电压应与运行电压相同。 （2）根据预计的负荷电流，选择电流互感器的变比，其额定一次电流的确定，应保证其在正常运行中的实际负荷电流达到额定值的60%左右，至少应不小于30%，否则应选用动热稳定电流互感器以减小变比。 （3）电流互感器实际二次负荷应在25%～100%额定二次负荷，额定二次负荷的功率因数应在0.8～1.0。 （4）电流互感器的准确度等级应符合规程规定的要求。 （5）应满足动稳定和热稳定的要求	80	错误一项扣16分，扣完为止		
3	现场恢复	操作结束后清理现场杂物，并将工器具归位摆放整齐	10	现场留有杂物或工器具未归位扣10分		
合计			100			

Jc0003343021－4　表计异常判断处理。（100 分）

考核知识点：设备运维

难易度：难

技能等级评价专业技能考核操作工作任务书

一、任务名称

表计异常判断处理。

二、适用工种

装表接电工高级工。

三、具体任务

（1）工作人员 2016 年 11 月 30 日 12:00 经用电信息采集系统分析，发现表号为 0001128485 的居民用户单相表自 2016 年 10 月 1 日 12:00 开始不走字，现场检查原因。

（2）简述针对此种情况的主要处理步骤。

（3）如该用户家中主要负荷有照明 1.5kW、空调 2kW、电热水器 2kW。根据用户用电容量计算该户应追补电费、违约使用电费（追补电费不考虑阶梯电价因素）。

四、工作规范及要求

（1）着装符合要求，穿全棉长袖工作服、绝缘鞋，戴安全帽、线手套。

（2）携带自备工具（钢笔或中性笔、计算器、线手套）进入现场，待考评员宣布许可工作命令后开始工作并计时。

（3）打开计量柜（箱）门之前必须对柜（箱）体验电，现场操作严格执行《国家电网公司电力安全工作规程（配电部分）》。

（4）工作结束清理现场，并向监考员报告。

五、现场提供工器具及材料

验电笔。

六、考核及时间要求

本考核操作时间限定为 30 分钟，计时结束停止考评。

技能等级评价专业技能考核操作评分标准

工种	装表接电工					评价等级	高级工
项目模块	电能计量装置安装—三相四线经 TA、TV 接入式电能计量装置安装				编号	Jc0003343021－4	
单位			准考证号			姓名	
考试时限	30 分钟		题型	单项操作		题分	100 分
成绩		考评员		考评组长		日期	
试题正文	表计异常判断处理						
需要说明的问题和要求	（1）要求单人操作。 （2）操作应注意安全，按照标准化作业书的技术安全说明做好安全措施						

序号	项目名称	质量要求	满分	扣分标准	扣分原因	得分
1	安全文明生产	佩戴安全帽；穿全棉工作服；穿绝缘鞋；操作时戴线手套；打开柜门前需先验电	10	未按要求进行，每项扣 2 分，扣完为止		
2	异常检查	正确检查出异常	10	异常判断错误扣 10 分		
3	窃电处理的步骤	窃电处理的步骤回答正确	30	每错误一个步骤扣 6 分，扣完为止		

续表

序号	项目名称	质量要求	满分	扣分标准	扣分原因	得分
4	电费计算	（1）窃电时间计算正确。 （2）追补电量计算正确。 （3）追补电费计算正确。 （4）违约使用电费计算正确	40	每错误一项扣 10 分，扣完为止		
5	现场恢复	操作结束后清理现场杂物，并将工器具归位摆放整齐	10	现场留有杂物或工器具未归位扣10分		
合计			100			

标准答案：

（1）该用户表计不走的原因为电流进出线短接用电。

（2）处理单相表窃电的步骤如下。

1）现场拍照取证。

2）抄取表计电量信息。

3）填写用电检查通知书、窃电通知书，送达用户并由用户签收。

4）进行违约电费计算处理（窃电时间根据用电信息采集系统进行判断，动力按照 12h 计算，居民按照 6h 计算）。

5）用户如签字并接受处理，可现场恢复正常接线并加封；对于用户拒不接受处理可立即中止供电。

（3）计算该户应追补电量。

该用户自 2016 年 10 月 1 日窃电开始到 2016 年 11 月 30 日止，共计窃电天数 60 天，该户属居民用电，按照每天 6h 计算窃电电量。

$$用户用电容量=1.5+2+2=5.5（kW）$$

$$应追补电量=5.5\times6\times60=1980（kWh）$$

$$应追补电费=1980\times0.448\,6=888.23（元）$$

$$违约使用电费=3\times888.23=2664.69（元）$$

$$用户共计需缴纳费用=888.23+2664.69=3552.92（元）$$

因此，用户共需缴纳电费 3552.92 元。

Jc0003341022－1　周期检定（轮换）。（100 分）

考核知识点：信息系统应用

难易度：易

技能等级评价专业技能考核操作工作任务书

一、任务名称

周期检定（轮换）。

二、适用工种

装表接电工高级工。

三、具体任务

利用营销业务应用系统，进行周期检定（轮换）。

四、工作规范及要求

（1）着装符合要求，穿全棉长袖工作服、绝缘鞋，戴安全帽、线手套。

（2）待考评员宣布许可工作命令后开始工作并计时。

（3）现场操作严格执行《国家电网公司电力安全工作规程（配电部分）》。

（4）工作结束清理现场，并向监考员报告。

（5）利用营销业务应用系统，完成指定程序操作，程序选择错误不得分。

（6）利用给定轮换表计信息，进行周期检定（轮换）。

（7）凡经考评员提醒处理提交到下一环节，该项目不得分。

五、现场提供材料及工器具

（1）营销业务应用系统。

（2）计算机若干台。

（3）营销账号 1 个。

六、考核时间及要求

本考核操作时间为 30 分钟，时间到停止考评。

技能等级评价专业技能考核操作评分标准

工种	装表接电工					评价等级	高级工
项目模块	电能计量装置安装—三相四线经 TA、TV 接入式电能计量装置安装				编号	Jc0003341022－1	
单位			准考证号			姓名	
考试时限	30 分钟		题型	单项操作		题分	100 分
成绩		考评员		考评组长		日期	
试题正文	周期检定（轮换）						
需要说明的问题和要求	（1）要求单人操作。 （2）操作时应注意安全，按照标准化作业指导书的技术安全说明做好安全措施						

序号	项目名称	质量要求	满分	扣分标准	扣分原因	得分
1	登录	正确打开程序并正确登录应用程序	5	不能正确登录扣 5 分		
2	轮换计划调整	正确登录系统，根据给定信息进行轮换计划制作	10	不能正确登录扣 5 分； 制定信息错误，每条扣 5 分，扣完为止		
3	生成轮换任务	正确登录系统，将轮换计划生成任务	10	不能正确登录扣 5 分； 不能正确生成任务扣 5 分		
4	配表（备表）	正确登录系统，根据用户信息进行表计选择并配出	15	不能正确登录扣 5 分； 表计配错扣 10 分		
5	出库	正确登录系统，将配送表计出库	10	不能正确登录扣 5 分； 不能正确出库扣 5 分		
6	更换派工	正确登录系统，进行更换派工	10	不能正确登录扣 5 分； 不能正确更换派工扣 5 分		
7	装拆工单打印	正确登录系统，打印装拆工单	10	不能正确登录扣 5 分； 未进行装拆工单打印扣 5 分		
8	更换信息录入	正确登录系统，按给定表底信息将轮换表计示数录入并提交	15	不能正确登录扣 5 分； 表底示数录入错误，每条扣 5 分，最多扣 10 分		
9	拆回表计入库	正确登录系统，将拆回表计入库	10	不能正确登录扣 5 分； 不能正确将表计入库扣 5 分		
10	信息归档	正确登录系统，进行信息归档	5	不能正确归档扣 5 分		
合计			100			

Jc0003342023－1 带电更换低压经互感器接入电能表。（100 分）

考核知识点：设备更换

难易度：中

技能等级评价专业技能考核操作工作任务书

一、任务名称

带电更换低压经互感器接入电能表。

二、适用工种

装表接电工高级工。

三、具体任务

利用试验接线盒功能带负荷间断计量完成低压三相四线智能电能表更换、计算间断计量期间发生的实用电量。

四、工作规范及要求

（1）给定条件：电能计量装置为三相四线智能电能表，TA 变比分别为 300/5，换表期间计量装置接入负荷相对稳定且对称平衡。

（2）工作要求。

1）要求单独操作。

2）正确办理工作票，规范填写现场工作单。

3）换表过程严格遵守安全操作规程及质量规范。

4）计算换表期间的间断计量所发生的实际电量。计算过程清楚，结果正确，书写规范、整洁。

5）操作中若出现计量装置二次回路电压短路或接地、电流开路，终止考核，成绩不合格。

6）现场操作严格执行《国家电网公司电力安全工作规程（配电部分）》。

7）工作结束清理现场，并向监考员报告。

五、现场提供材料及工器具

（1）模拟三相四线电能计量装置（带试验接线盒）一台。

（2）电能表现场校验仪、相位伏安表、万用表、钳型电流表。

（3）考生自备工作服、绝缘鞋、安全帽、棉线手套、笔、函数计算器。

（4）各类工器具及备品备件。

六、考核时间及要求

本考核操作时间为 45 分钟，时间到停止考评。

技能等级评价专业技能考核操作评分标准

<table>
<tr><td>工种</td><td colspan="8">装表接电工</td><td>评价等级</td><td>高级工</td></tr>
<tr><td>项目模块</td><td colspan="7">电能计量装置安装—三相四线经 TA、TV 接入式电能计量装置安装</td><td>编号</td><td colspan="2">Jc0003342023－1</td></tr>
<tr><td>单位</td><td colspan="3"></td><td colspan="2">准考证号</td><td colspan="3"></td><td>姓名</td><td></td></tr>
<tr><td>考试时限</td><td colspan="2">45 分钟</td><td colspan="2">题型</td><td colspan="4">单项操作</td><td>题分</td><td>100 分</td></tr>
<tr><td>成绩</td><td></td><td>考评员</td><td colspan="2"></td><td colspan="2">考评组长</td><td colspan="2"></td><td>日期</td><td></td></tr>
<tr><td>试题正文</td><td colspan="10">带电更换低压互感器接入电能表</td></tr>
<tr><td>需要说明的问题和要求</td><td colspan="10">（1）要求单人操作。
（2）操作时应注意安全，按照标准化作业指导书的技术安全说明做好安全措施</td></tr>
</table>

续表

序号	项目名称	质量要求	满分	扣分标准	扣分原因	得分
1	着装	按规程要求规范着纯棉工作服；正确佩戴安全帽；戴棉线手套；穿绝缘鞋	2	不按规程要求着装，每处扣1分； 着装不规范，每处扣0.5分 扣完为止		
2	开工前准备					
2.1	安全防护措施	（1）正确办理并填写工作票。 （2）验电步骤合理	5	未办理工作票直接开工操作扣5分； 工作票填写不规范，每处扣0.5分； 工作未完成时提前填写工作办结时间扣3分； 计量柜壳体未验电扣3分； 验电不规范扣1分； 扣完为止		
2.2	正确填写换表工作单	按照换表工作单所列项目，正确填写	2	计量装置参数填写不正确、漏填，每处扣1分； 填写不规范，每处扣0.5分； 扣完为止		
2.3	准备和检查工器具及材料	根据工作内容准备所需工器具及相关材料，并检查是否符合实际要求	3	工器具准备不充分，开工后借用工器具，每件扣1分，扣完为止		
2.4	工器具的使用	正确、合理使用工器具，常用工具金属裸露部分应采取绝缘措施，并经检验合格	3	工器具使用不当，每次扣1分； 未对工具进行绝缘处理或处理不符合要求，每件扣1分； 扣完为止		
3	换表前准备工作	（1）礼貌规范地向客户（考评员替代）说明工作任务。 （2）根据工单核对电能表信息。 （3）对电能计量装置进行外观检查，确认表计正常运转且封印完好后正确启封	6	未向客户说明工作任务扣3分； 未核对工单信息扣1分； 未对计量装置进行外观检查扣2分； 启封方法不正确，每处扣1分； 扣完为止		
4	换表工作					
4.1	接线检查	（1）检查电能表是否有故障，使用相关仪表等方式核对电能表接线方式，正确、安全地测量接入各元件的电压、电流、功率角，并判断计量装置接线是否正确，记录正确、完整，当接线异常时，应停止换表作业。 （2）测试结束后，允许保持现场校验仪接线状态，要求将现场校验仪测试信号源和工作电源从计量回路断开	8	仪器选择错误扣2分； 仪器接线错误扣2分； 仪器设置、操作不当，每次扣1分； 未记录测试数据，每处扣1分； 未对计量装置接线正确性做出判断扣2分； 记录不正确、不完整，每处扣1分； 记录不规范，每处扣0.5分； 扣完为止		
4.2	短接电流和断开电压连接片	把试验接线盒内的电流端子短接，断开电压连接片、中性线连接片，依次为先电流后电压	6	未先将各相电流可靠短接、后将电压完全断开，每处扣2分，扣完为止		
4.3	记录时间、截止电量示数与功率	（1）记录换表开始时刻和瞬时功率。 （2）正确抄录电能表当前示数，由用户签字确认	5	未抄录待换表截止当前示数扣2分； 抄录不全或错误，每少一处扣0.5分； 未正确记录停止计量时间扣2分； 未经客户确认（考评员代替）扣2分； 扣完为止		
4.4	拆表前确认电能表端电压、电流是否趋于0	拆表前，正确使用万用表确认进表各相电压已断开，用钳型电流表测试进表电流已趋于0	4	仪表使用错误，每次扣1分； 漏确认元件，每个扣1分； 扣完为止		
4.5	拆除待换表，安装待装表	（1）拆除电能表进、出线，依次为：先电压线、后电流线，先进线、后出线，先相线、后零线，从左到右。 （2）拆除电能表固定螺栓，取下电能表。 （3）做好接入导线、表计标记。 （4）安装电能表时，应把电能表牢固地固定在计量柜（箱）内。 （5）按照“先出后进、先零后相、从右到左”的原则进行接线。 （6）导线应连接牢固，螺栓拧紧，导线金属裸露部分应全部插入接线端钮内，不得有外露、压皮现象	20	拆除与安装接线时电压电流的顺序不满足要求扣2分； 螺栓未松完，乱拔导线，每次扣1分； 拆线未做标记，每处扣1分； 电能表进出线金属外露及压皮，每处扣1分； 螺钉未紧固，每处扣1分； 电能表安装不牢固扣1分； 换表过程中表计脱落损坏扣10分； 扣完为止		

续表

序号	项目名称	质量要求	满分	扣分标准	扣分原因	得分
4.6	恢复电压连接片、中性线连接片，恢复电流连接片，恢复新换表计量	换表工作完成并检查无误后，恢复联合接线盒内的电压连接片、电压中性线连接片，恢复电流连接片，依次为先电压后电流	5	换表工作完成后未进行接线正确性检查扣2分； 未先将电压连接片可靠接通、后将电流连接片完全断开扣3分		
4.7	记录时间、新表示数	（1）记录恢复计量时间。 （2）正确抄录新装电能表当前示数，由用户签字确认	5	新换电能表起始示数抄录不全或错误，每处扣0.5分； 未正确记录恢复计量时间扣2分； 未经用户确认（考评员代替）扣2分； 扣完为止		
4.8	现场通电检查	（1）检查联合接线盒内连接片位置，确保正确。 （2）检查电能表运行状态应正常。 （3）用验电笔（器）测试电能表外壳、零线端子、接地端子应无电压。 （4）用相关仪表测试换表后的二次接线是否正确	10	未检查接线盒内连接片正确与否扣2分； 未观察表计运行情况扣2分； 仪器使用错误扣5分； 仪器操作不当，每次扣1分； 未测试二次接线是否正确扣3分； 扣完为止		
4.9	加封	确认表计正常运转后正确加封，记录封印编号	2	加封不正确，每处扣0.5分； 未记录封印编号，每处扣0.5分； 扣完为止		
5	换表工作终结	收拾工具，清扫工作现场	4	未收拾工具扣2分； 未清扫工作现场扣2分		
6	计算电量	利用公式正确计算换表期间未计电量，并经客户确认签字	10	计算公式错误扣2分； 代入数据错误扣2分； 结论错误扣4分； 卷面不规范、不整洁，每处扣0.5分； 无客户确认签字，扣2分； 扣完为止		
合计			100			

装拆电能表示数见表Jc0003342023－1。

表 Jc0003342023－1

表号______________________________

示数种类	示数项目	新表	旧表
有功示数	当前正向有功总电量（kWh）		
	当前正向有功尖电量（kWh）		
	当前正向有功峰电量（kWh）		
	当前正向有功平电量（kWh）		
	当前正向有功谷电量（kWh）		
	当前反向有功总电量（kWh）		
	当前反向有功尖电量（kWh）		
	当前反向有功峰电量（kWh）		
	当前反向有功平电量（kWh）		
	当前反向有功谷电量（kWh）		
无功示数	当前组合无功 1 总电量（kvarh）		
	当前组合无功 2 总电量（kvarh）		
	当前第 1 象限无功总电量（kvarh）		

续表

示数种类	示数项目	新表	旧表
无功示数	当前第 2 象限无功总电量（kvarh）		
	当前第 3 象限无功总电量（kvarh）		
	当前第 4 象限无功总电量（kvarh）		
最大需量示数	当前正向有功总最大需量（kW）		
	当前反向有功总最大需量（kW）		

Jc0003343024－1　带电更换高压三相三线计量装置电能表。（100 分）

考核知识点：设备更换

难易度：难

技能等级评价专业技能考核操作工作任务书

一、任务名称

带电更换高压三相三线计量装置电能表。

二、适用工种

装表接电工高级工。

三、具体任务

利用试验接线盒功能带负荷间断计量完成 V/v 型高供高计电能计量装置多功能电能表更换、计算间断计量期间发生的实用电量。

四、工作规范及要求

（1）给定条件：电能计量装置为三相三线智能电能表，变比分别为 TA 300A/5A、TV 10V/0.1V，换表期间计量装置接入负荷相对稳定且对称平衡。

（2）工作要求。

1）要求单独操作。

2）正确办理工作票，规范填写现场工作单。

3）换表过程严格遵守安全操作规程及质量规范。

4）计算换表期间的间断计量所发生的实际电量。计算过程清楚，结果正确，书写规范、整洁。

5）操作中若出现计量装置二次回路电压短路或接地、电流开路，终止考核，成绩不合格。

五、现场提供材料及工器具

（1）模拟三相三线电能计量装置（带试验接线盒）一台。

（2）电能表现场校验仪、相位伏安表、万用表、钳型电流表。

（3）考生自备工作服、绝缘鞋、安全帽、棉线手套、笔、函数计算器。

（4）各类工器具及备品备件。

六、考核时间及要求

本考核操作时间为 45 分钟，时间到停止考评。

技能等级评价专业技能考核操作评分标准

工种	装表接电工		评价等级	高级工
项目模块	电能计量装置安装—三相三线直接接入式电能计量装置安装	编号	Jc0003343024－1	

续表

单位		准考证号		姓名	
考试时限	45 分钟	题型	单项操作	题分	100 分
成绩	考评员		考评组长	日期	
试题正文	带电更换高压三相三线计量装置电能表				
需要说明的问题和要求	（1）要求单人操作。 （2）操作时应注意安全，按照标准化作业指导书的技术安全说明做好安全措施				

序号	项目名称	质量要求	满分	扣分标准	扣分原因	得分
1	着装	按规程要求规范着纯棉工作服；正确佩戴安全帽；戴棉线手套；穿绝缘鞋	2	不按规程要求着装，每处扣 1 分； 着装不规范，每处扣 0.5； 扣完为止		
2	开工前准备					
2.1	安全防护措施	（1）正确办理并填写工作票。 （2）验电步骤合理	5	未办理工作票直接开工操作扣 5 分； 工作票填写不规范，每处扣 0.5 分； 工作未完成，提前填写工作办结时间扣 3 分； 计量柜壳体未验电扣 3 分； 计量柜壳体验电不规范扣 1 分		
2.2	正确填写换表工作单	按照换表工作单所列项目，正确填写	2	计量装置参数填写不正确、漏填，每处扣 1 分； 填写不规范，每处扣 0.5 分； 扣完为止		
2.3	准备和检查工器具及材料	根据工作内容准备所需工器具及相关材料，并检查是否符合实际要求	3	工器具准备不充分，开工后借用工器具，每件次扣 1 分，扣完为止		
2.4	工器具的使用	正确、合理使用工器具，常用工具金属裸露部分应采取绝缘措施，并经检验合格	3	工器具使用不当，每次扣 1 分； 未对工具进行绝缘处理或处理不符合要求，每件扣 1 分； 扣完为止		
3	换表前准备工作	（1）礼貌规范地向客户（考评员替代）说明工作任务。 （2）根据工单核对电能表信息。 （3）对电能计量装置进行外观检查，确认表计正常运转且封印完好后正确启封	6	未向客户说明工作任务扣 3 分； 未核对工单信息扣 1 分； 未对计量装置进行外观检查扣 2 分； 启封方法不正确，每处扣 1 分，扣完为止		
4	换表工作					
4.1	接线检查	（1）检查电能表是否有故障，使用相关仪表等方式核对电能表接线方式，正确、安全地测量接入各元件的电压、电流、功率角，并判断计量装置接线是否正确，记录正确、完整。 （2）当接线异常时，应停止换表作业（测试结束后，允许保持现场校验仪接线状态，要求将现场校验仪测试信号源和工作电源从计量回路断开）	8	仪器选择错误扣 2 分； 仪器接线错误扣 2 分； 仪器设置、操作不当，每次扣 1 分； 未记录测试数据，每处扣 1 分； 未对计量装置接线正确性做出判断扣 2 分； 记录不正确、不完整，每处扣 1 分； 记录不规范，每处扣 0.5 分		
4.2	短接电流和断开电压连接片	把试验接线盒内的电流端子连接片短接，断开电压连接片、依次为先电流后电压	6	未先将各相电流连接片可靠短接、后将电压连接片完全断开，每处扣 2 分，扣完为止		
4.3	记录时间、截止电量示数与功率	（1）记录换表开始时刻和瞬时功率。 （2）正确抄录电能表当前示数，由用户签字确认	5	未抄录待换表截止当前示数扣 2 分； 抄录不全或错误，每少一处扣 0.5 分； 未正确记录停止计量时间扣 2 分； 未经客户确认（考评员代替）扣 2 分		
4.4	拆表前确认电能表端电压、电流是否趋于 0	拆表前，正确使用万用表确认进表各相电压已断开、用钳型电流表测试进表电流已趋于 0	4	仪表使用错误，每次扣 1 分； 漏确认元件，每件扣 1 分； 扣完为止		

续表

序号	项目名称	质量要求	满分	扣分标准	扣分原因	得分
4.5	拆除待换表，安装待装表	（1）拆除电能表进、出线，依次为：先电压线、后电流线，先进线、后出线，从左到右。 （2）拆除电能表固定螺栓，取下电能表。 （3）做好接入导线表计标记。 （4）安装电能表时，应把电能表牢固地固定在计量柜（箱）内。 （5）按照“先出后进、从右到左”的原则进行接线。 （6）导线应连接牢固，螺栓拧紧，导线金属裸露部分应全部插入接线端钮内，不得有外露、压皮现象	20	拆除与安装接线时电压电流的顺序不满足要求扣2分； 螺栓未松完、乱拔导线，每次扣1分； 拆线未做标记，每处扣1分； 电表进出线金属外露及压皮，每处扣1分； 螺栓未紧固，每处扣1分； 电能表安装不牢固扣1分； 换表过程中表计脱落损坏扣10分； 扣完为止		
4.6	恢复电压连接片、中性线连接片，恢复电流连接片，恢复新换表计量	换表工作完成并检查无误后，恢复联合接线盒内的电压连接片，恢复电流连接片，依次为先电压后电流	5	换表工作完成后未检查扣2分； 未先将电压连接片可靠接通、后将电流连接片完全断开，每处扣3分，扣完为止		
4.7	记录时间、新表示数	（1）记录恢复计量时间。 （2）正确抄录新装电能表当前示数，由客户签字确认	5	新换电能表起始示数抄录不全或错误，每处扣0.5分； 未正确记录恢复计量时间扣2分； 未经客户确认（考评员代替）扣2分； 扣完为止		
4.8	现场通电检查	（1）检查联合接线盒内连接片位置，确保正确。 （2）检查电能表运行状态应正常。 （3）用验电笔（器）测试电能表外壳、接地端子应无电压。 （4）用相关仪表测试换表后的二次接线是否正确	10	未检查接线盒内连接片正确与否扣2分； 未观察表计运行情况扣2分； 仪器使用错误扣5分； 仪器操作不当，每次扣1分； 未测试二次接线是否正确扣3分		
4.9	加封	确认表计正常运转后正确加封，记录封印编号	2	加封不正确，每处扣0.5分； 未记录封印编号，每处扣0.5分； 扣完为止		
5	换表工作终结	收拾工具，清扫工作现场	4	未收拾工具扣2分； 未清扫工作现场扣2分		
6	计算电量	利用公式正确计算换表期间未计电量，并经客户确认签字	10	计算公式错误扣2分； 代入数据错误扣2分； 结论错误扣2分； 卷面不规范、不整洁，每处扣0.5分； 无客户确认签字扣2分； 扣完为止		
合计			100			

Jc0003342025–1　带电更换高压三相四线计量装置电能表。（100分）

考核知识点：设备更换

难易度：中

技能等级评价专业技能考核操作工作任务书

一、任务名称

带电更换高压三相四线计量装置电能表。

二、适用工种

装表接电工高级工。

三、具体任务

利用试验接线盒功能带负荷间断计量完成高压三相四线智电能表更换、计算间断计量期间发生的实用电量。

四、工作规范及要求

（1）给定条件：电能计量装置为三相四线智能电能表，变比分别为TA 300A/5A、TV 110/V0.1V，换表期间计量装置接入负荷相对稳定且对称平衡。

（2）工作要求。

1）要求单独操作。

2）正确办理工作票，规范填写现场工作单。

3）换表过程严格遵守安全操作规程及质量规范。

4）计算换表期间的间断计量所发生的实际电量。计算过程清楚，结果正确，书写规范、整洁。

5）操作中若出现计量装置二次回路电压短路或接地、电流开路，终止考核，成绩不合格。

五、现场提供材料及工器具

（1）模拟三相四线电能计量装置（带试验接线盒）1台。

（2）电能表现场校验仪、相位伏安表、万用表、钳型电流表。

（3）考生自备工作服、绝缘鞋、安全帽、棉线手套、笔、函数计算器。

（4）各类工器具及备品备件。

六、考核时间及要求

本考核操作时间为45分钟，时间到停止考评。

技能等级评价专业技能考核操作评分标准

工种	装表接电工					评价等级	高级工
项目模块	电能计量装置安装—三相四线经TA、TV接入式电能计量装置安装				编号	Jc0003342025－1	
单位			准考证号			姓名	
考试时限	45分钟		题型	单项操作		题分	100分
成绩		考评员		考评组长		日期	
试题正文	带电更换高压三相四线计量装置电能表						
需要说明的问题和要求	（1）要求单独操作。 （2）正确办理工作票，规范填写换表工作单。 （3）换表过程严格遵守安全操作规程及质量规范。 （4）计算换表期间的间断计量所发生的实际电量。 （5）计算过程清楚，结果正确，书写规范、整洁 （6）否决项，如出现以下情况之一，得0分。 1）操作中若出现计量装置二次回路电压短路或接地、电流开路（终止操作）。 2）换表后出现计量差错。 3）在规定时间内，未完成换表操作的（表计换完能正确计量但未进行电量追补的不作为否决项）						

序号	项目名称	质量要求	满分	扣分标准	扣分原因	得分
1	着装	按规程要求规范着纯棉工作服；正确佩戴安全帽；戴棉线手套；穿绝缘鞋	2	不按规程要求着装，每处扣1分； 着装不规范，每处扣0.5分； 扣完为止		
2	开工前准备					
2.1	安全防护措施	（1）正确办理并填写工作票。 （2）验电步骤合理	5	未办理工作票直接开工操作扣5分； 工作票填写不规范，每处扣0.5分； 工作未完成，提前填写工作办结时间扣3分； 计量柜壳体未验电扣3分； 计量柜壳体验电不规范扣1分		
2.2	正确填写换表工作单	按照换表工作单所列项目，正确填写	2	计量装置参数填写不正确、漏填，每处扣1分； 填写不规范，每处扣0.5分； 扣完为止		

续表

序号	项目名称	质量要求	满分	扣分标准	扣分原因	得分
2.3	准备和检查工器具及材料	根据工作内容准备所需工器具及相关材料，并检查是否符合实际要求	3	工器具准备不充分，开工后借用工器具，每件次扣1分，扣完为止		
2.4	工器具的使用	正确、合理使用工器具，常用工具金属裸露部分应采取绝缘措施，并经检验合格	3	工器具使用不当，每次扣1分； 未对工具进行绝缘处理或处理不符合要求，每件扣1分； 扣完为止		
3	换表前准备工作	（1）礼貌规范地向客户（考评员替代）说明工作任务。 （2）根据工单核对电能表信息。 （3）对电能计量装置进行外观检查，确认表计正常运转且封印完好后正确启封	6	未向客户说明工作任务扣3分； 未核对工单信息扣1分； 未对计量装置进行外观检查扣2分； 启封方法不正确，每处扣1分； 扣完为止		
4	换表工作					
4.1	接线检查	（1）检查电能表是否有故障，使用相关仪表等方式核对电能表接线方式，正确、安全地测量接入各元件的电压、电流、功率角，并判断计量装置接线是否正确，记录正确、完整，当接线异常时，应停止换表作业。 （2）测试结束后，允许保持现场校验仪接线状态，要求将现场校验仪测试信号源和工作电源从计量回路断开	8	仪器选择错误扣2分； 仪器接线错误扣2分； 仪器设置、操作不当，每次扣1分； 未记录测试数据，每处扣1分； 未对计量装置接线正确性做出判断扣2分； 记录不正确、不完整，每处扣1分； 记录不规范，每处扣0.5分； 扣完为止		
4.2	短接电流和断开电压连接片	把试验接线盒内的电流连接片端子短接，断开电压连接片、中性线连接片，依次为先电流后电压	6	未先将各相电流连接片可靠短接、后将电压连接片完全断开，每处扣2分，扣完为止		
4.3	记录时间、截止电量示数与功率	（1）记录换表开始时刻和瞬时功率。 （2）正确抄录电能表当前示数，由客户签字确认	5	未抄录待换表截至当前示数扣2分； 抄录不全或错误，每少一处扣0.5分； 未正确记录停止计量时间扣2分； 未经客户确认扣2分； 扣完为止		
4.4	拆表前确认电能表端电压、电流是否趋于0	拆表前，正确使用万用表确认进表各相电压已断开、用钳型电流表测试进表电流已趋于0	4	仪表使用错误，每次扣1分； 漏确认元件，每件扣1分； 扣完为止		
4.5	拆除待换表，安装待装表	（1）拆除电能表进、出线，依次为：先电压线、后电流线，先进线、后出线，先相线、后零线，从左到右。 （2）拆除电能表固定螺栓，取下电能表。 （3）做好接入导线表计标记。 （4）安装电能表时，应把电能表牢固地固定在计量柜（箱）内。 （5）按照“先出后进、先零后相、从右到左”的原则进行接线。 （6）导线应连接牢固，螺栓拧紧，导线金属裸露部分应全部插入接线端钮内，不得有外露、压皮现象	20	拆除与安装接线时电压电流的顺序不满足要求扣2分； 螺栓未松完、乱拔导线，每次扣1分； 拆线未做标记，每处扣1分； 电能表进出线金属外露及压皮，每处扣1分； 螺栓未紧固，每处扣1分； 电能表安装不牢固扣1分； 换表过程中表计脱落损坏扣10分； 扣完为止		
4.6	恢复电压连接片、中性线连接片，恢复电流连接片，恢复新换表计量	换表工作完成并检查无误后，恢复联合接线盒内的电压连接片、电压中性线连接片，恢复电流连接片，依次为先电压后电流	5	换表工作完成后未检查扣2分； 未先将电压连接片可靠接通、后将电流连接片完全断开，每处扣3分； 扣完为止		
4.7	记录时间、新表示数	（1）记录恢复计量时间。 （2）正确抄录新装电能表当前示数，由用户签字确认	5	新换电能表起始示数抄录不全或错误，每处扣0.5分； 未正确记录恢复计量时间扣2分； 未经客户确认（考评员代替）扣2分； 扣完为止		
4.8	现场通电检查	（1）检查联合接线盒内连接片位置，确保正确。 （2）检查电能表运行状态应正常。 （3）用验电笔（器）测试电能表外壳、零线端子、接地端子应无电压。 （4）用相关仪表测试换表后的二次接线	10	未检查接线盒内连接片正确与否扣2分； 未观察表计运行情况扣2分； 仪器使用错误扣5分； 仪器操作不当，每次扣1分； 未测试二次接线是否正确扣3分； 扣完为止		

续表

序号	项目名称	质量要求	满分	扣分标准	扣分原因	得分
4.9	加封	确认表计正常运转后正确加封，记录封印编号	2	加封不正确，每处扣 0.5 分； 未记录封印编号，每处扣 0.5 分； 扣完为止		
5	换表工作终结	收拾工具，清扫工作现场	4	未收拾工具扣 2 分； 未清扫工作现场扣 2 分		
6	计算电量	利用公式正确计算换表期间未计电量，并经客户确认签字	10	计算公式错误扣 2 分； 代入数据错误扣 2 分； 结论错误扣 2 分； 卷面不规范、不整洁，每处扣 0.5 分； 无客户确认签字扣 2 分； 扣完为止		
合计			100			

Jc0003342026－1　安全工具定期试验规定。（100 分）

考核知识点：安全工器具管理

难易度：中

技能等级评价专业技能考核操作工作任务书

一、任务名称

安全工具定期试验规定。

二、适用工种

装表接电工高级工。

三、具体任务

请根据表格中关于绝缘胶垫、绝缘靴、绝缘手套定期试验的相关规定补充完整（见表 Jc0003342026－1－1）。

四、工作规范及要求

根据安全规程要求将表格中关于绝缘胶垫、绝缘靴、绝缘手套定期试验的相关规定补充完整。

五、现场提供材料及工器具

包括场地、设备、工具、材料、图表资料等。

六、考核时间及要求

本考核操作时间为 30 分钟，时间到停止考评。

技能等级评价专业技能考核操作评分标准

工种	装表接电工					评价等级	高级工
项目模块	电能计量装置安装—三相三线经 TA、TV 接入式电能计量装置安装				编号	Jc0003342026－1	
单位			准考证号			姓名	
考试时限	30 分钟	题型		单项操作		题分	100 分
成绩		考评员		考评组长		日期	
试题正文	安全工具定期试验规定						
需要说明的问题和要求	根据已知工器具，在以下的实验单中填空						

序号	项目名称	质量要求	满分	扣分标准	扣分原因	得分
1	试验内容填写	填空准确	100	每漏填或填错一处，扣 5 分，扣完为止		
合计			100			

表 Jc0003342026－1－1

序号	器具	项目	周期	要求				说明
1	绝缘胶垫			电压等级	工频耐压（kV）	持续时间（min）		使用于带电设备区域
				高压				
				低压				
2	绝缘靴			工频耐压（kV）	持续时间（min）	泄漏电流（mA）		
3	绝缘手套			电压等级	工频耐压（kV）	持续时间（min）	泄漏电流（mA）	
				高压				
				低压				

参考答案：

如表 Jc0003342026－1－2 所示。

表 Jc0003342026－1－2

序号	器具	项目	周期	要求				说明
1	绝缘胶垫	工频耐压试验	1 年	电压等级	工频耐压（kV）	持续时间（min）		使用于带电设备区域
				高压	15	1		
				低压	3.5	1		
2	绝缘靴	工频耐压试验	半年	工频耐压（kV）	持续时间（min）	泄漏电流（mA）		
				25	1	≤10		
3	绝缘手套	工频耐压试验	半年	电压等级	工频耐压（kV）	持续时间（min）	泄漏电流（mA）	
				高压	8	1	≤9	
				低压	2.5	1	≤2.5	

Jc0003342027－1　接户线、进户线的选择。（100 分）

考核知识点：设备及材料选型

难易度：中

技能等级评价专业技能考核操作工作任务书

一、任务名称

接户线、进户线的选择。

二、适用工种

装表接电工高级工。

三、具体任务

根据给定的条件正确选择接户线、进户线的型号、规格。

四、工作规范及要求

（1）着装符合要求，穿全棉长袖工作服、绝缘鞋，戴安全帽、线手套。

（2）携带自备工具（钢笔或中性笔、计算器、线手套）进入现场，待考评员宣布许可工作命令后开始工作并计时。

（3）打开计量柜（箱）门之前必须对柜（箱）体验电，现场操作严格执行《国家电网公司电力安全工作规程（配电部分）》。

（4）工作结束清理现场，并向监考员报告。

五、现场提供材料及工器具

（1）模拟三相四线电能计量装置（带试验接线盒）一台。

（2）电能表现场校验仪、相位伏安表、万用表、钳型电流表。

（3）考生自备工作服、绝缘鞋、安全帽、棉线手套、笔、函数计算器。

（4）各类工器具及备品备件。

六、考核时间及要求

本考核操作时间为30分钟，时间到停止考评。

技能等级评价专业技能考核操作评分标准

工种	装表接电工			评价等级	高级工	
项目模块	电能计量装置安装—三相三线经TA、TV接入式电能计量装置安装		编号	Jc0003342027－1		
单位		准考证号		姓名		
考试时限	30分钟	题型	单项操作	题分	100分	
成绩		考评员		考评组长		日期
试题正文	接户线、进户线的选择					
需要说明的问题和要求	（1）要求单人操作。 （2）在配电盘上操作					
序号	项目名称	质量要求	满分	扣分标准	扣分原因	得分
1	负荷电流计算	正确计算负荷电流	40	公式选择错误扣40分； 计算过程错误扣20分		
2	经济电流密度	正确选择相关参数	30	负载的最大负荷利用小时数选择错误扣15分； 经济电流密度选择错误扣15分		
3	导线截面积选择	正确选择导线型号规格	30	导线截面积计算公式错误扣15分； 导线截面积计算错误扣5分； 导线规格型号选择错误：大于应选导线截面积扣15分，小于应选导线截面积扣30分		
合计			100			

参考答案：

某商业用电负荷，24kW，供电直径 25m，采用三相四线方式供电，按照导线选配原则，确定导线型号、规格。

解：

确定负荷电流 I，功率因数按0.8计算

$$I=\frac{P}{\sqrt{3}U_{\mathrm{N}}\cos\varphi}=\frac{2400}{\sqrt{3}\times380\times0.8}=45.58\text{（A）}$$

确定导线的经济电流密度 j（$\mathrm{A/mm^2}$），按照商业用电性质，负载的最大负荷利用小时数 $T_{\max}\approx3000\sim5000\mathrm{h}$，按照铝质导线选择，则 $j=1.15$。

导线截面积 S 为

$$S=\frac{I_{max}}{j}=\frac{45.58}{1.15}=39.6\ (mm^2)$$

考虑负载的变化因数，选择聚氯乙烯绝缘铝导线 BLV－50 型，满足长期连续负荷允许载流量和架空导线的最小截面积。

Jc0003343028－1　模拟高供低计客户电能计量装置安装。（100 分）

考核知识点： 设备安装

难易度： 难

技能等级评价专业技能考核操作工作任务书

一、任务名称

模拟高供低计客户电能计量装置安装。

二、适用工种

装表接电工高级工。

三、具体任务

供电公司申请新上一台 200kVA 变压器，已施工完成并验收合格可装表送电。正式用电，林木培育和种植行业，三类负荷，10kV 单电源，高供低计，执行单一制电价，非工业用电。

四、工作规范及要求

（1）工作要求。

1）要求单独操作。

2）规范填写换表工作单。

3）安装过程严格遵守安全操作规程及质量规范。

4）时间到应立即停止操作，整理工具材料离开操作场地。

（2）否决项，如出现以下情况之一，不得分。

1）发生设备损坏或作业人员受伤。

2）出现原理性接线错误。

五、现场提供材料及工器具

（1）电能计量装置模拟安装屏（板）。

（2）2.5mm^2、4mm^2 导线（黄、绿、红、黑）。

（3）3×1.5（6）A、3×220V/380V、0.5S 三相四线智能电能表（2 时段＋远程＋RS－485、5 时段＋RS－485、9 时段＋远程＋RS－485 各 1 只）。

（4）150A/5A、300A/5A、600A/5A、0.2S 低压电流互感器（每种规格各 3 只）。

（5）150mm^2 尼龙扎带。

（6）FJ6/PJ1 三相四线联合接线盒。

（7）封印。

（8）安装工器具。

六、考核时间及要求

本考核操作时间为 60 分钟，时间到停止考评。

技能等级评价专业技能考核操作评分标准

工种	装表接电工		评价等级	高级工
项目模块	电能计量装置安装—三相三线经 TA、TV 接入式电能计量装置安装	编号	Jc0003343028－1	

续表

单位			准考证号		姓名	
考试时限	60 分钟	题型	单项操作		题分	100 分
成绩		考评员		考评组长	日期	
试题正文	模拟高供低计客户电能计量装置安装					
需要说明的问题和要求	（1）要求单人操作。 （2）操作时应注意安全，按照标准化作业指导书的技术安全说明做好安全措施					

序号	项目名称	质量要求	满分	扣分标准	扣分原因	得分
1	着装	（1）穿工作服。 （2）穿绝缘胶鞋。 （3）戴安全帽。 （4）戴棉线手套	4	着装不符合要求，每项扣 1 分，扣完为止		
2	准备和检查工器具及材料	根据工作内容准备所需工器具及相关材料，并检查是否符合实际要求	2	工器具准备不充分，开工后借用工器具，每件扣 1 分，扣完为止		
3	装拆工单	装拆工单填写规范、完整	6	示数填写错误扣 6 分； 电能表及互感器参数填写错误，每处扣 2 分； 其他信息填写错误，每处扣 1 分； 扣完为止		
4	电流互感器极性检查	仪表使用正确、操作规范、合理	10	电流互感器未进行极性检查扣 10 分； 测量时万用表量程档位选择不当扣 2 分； 测量时万用表指针没有明显偏转扣 2 分； 极性判定方法错误或判断错误扣 5 分； 万用表使用结束未放置正确档位扣 1 分		
5	导线使用	导线使用无浪费现象	10	二次下线长度超过 5cm，每处扣 0.5 分； 二次下线长度超过 10cm，每处扣 1 分； 故意将下线折断，每次扣 2 分； 扣完为止		
6	设备安装、布局	（1）设备安装正确。 （2）布线路径合理、美观（横平竖直，弯角弧度合适、长线在外、短线在内）绑扎线位置合适	25	电能计量装置安装不平直，超过 10mm，每处扣 1 分； 安全距离（相间及相间对地）不符合规程要求，每处扣 5 分； 布线路径不合理（安全距离、宏观美观程度），扣 10 分； 导线不横平竖直（明显有角度偏差 5° 以上），每处扣 2 分； 布线绞线每处扣 1 分，布线短线在外，每处扣 1 分； 布线不美观（导线存在弓弯，超过 10mm），每处扣 2 分； 导线转角弧度过大，每处扣 2 分； 导线转角弧度过小（出现明显拉皮现象），每处扣 2 分； 绑扎线距转角两端超过 3cm，每处扣 1 分； 绑扎线直线段间距超过 15cm，每处扣 1 分； 绑扎线绑扎不紧或余线未剪，每处扣 1 分； 扣完为止		

续表

序号	项目名称	质量要求	满分	扣分标准	扣分原因	得分
7	导线连接工艺	（1）导线连接牢固、接触良好。 （2）接线工艺美观，导线接头金属部分不外露	25	电能计量装置固定螺栓不全、不紧（明显松动）或垫圈不全，每处扣1分； 计量二次回路接线螺栓松动或垫圈不全，每处扣1分； 羊眼圈过大、反扣、未闭环，每处扣1分； 电能表、接线盒接线螺栓松动，每处扣2分； 接线平视露铜，每处扣1分； 接线螺栓压绝缘，每处扣2分； 扣完为止		
8	相序	相序正确	10	电流互感器未按标识安装扣6分； 接线相序、相色错误扣12分； 导线不分色扣6分		
9	加封	装置正确加封	4	电能表、联合接线盒未加盖，每处扣2分； 缺封印，每处扣1分； 扣完为止		
10	工作终结	收拾工具，清扫工作现场	4	未收拾工具扣2分； 未清扫工作现场扣2分		
合计			100			

第四部分
技　师

第七章　装表接电工技师技能笔答

Jb0002233001－1　高压电能计量装置故障处理电能表核查的作业内容有哪些？（5分）

考核知识点： 电能计量装置故障处理

难易度： 难

标准答案：

（1）核查电能表外观是否有破损、烧毁痕迹，封印是否完好，有异常现象，拍照取证后转异常处理流程。

（2）核查电能表显示屏是否完整，有无黑屏故障。

（3）核查电能表时钟、时段、电压、电流、相序、功率、功率因数等信息是否正常。对本地费控表，应核查表内金额。

（4）拆除联合接线盒封印并做好记录，用钳形万用表测量电能表电压、电流后，用现场校验仪核查电能表接线，并进行误差校验，确认电能表误差是否在合格范围内。

Jb0002232002－1　低压电能计量装置竣工验收的项目有哪些？（5分）

考核知识点： 电能计量装置竣工验收

难易度： 中

标准答案：

（1）检查互感器是否完好清洁，一次回路连接是否良好。

（2）铭牌及倍率、极性、相位等标志是否正确完整。

（3）二次回路用材、导线截面积、附件及安装质量是否符合要求，接线是否正确。

（4）计量柜是否符合要求，门应开启灵活，能加锁加封。

（5）安装位置、安装的计量装置是否符合规定和设定的计量方式。

Jb0002232003－1　现场检查接线方面有哪些内容？（5分）

考核知识点： 电能计量装置现场检查

难易度： 中

标准答案：

（1）检查接线有无开路或接触不良。

（2）检查接线有无短路。

（3）检查接线有无改接和错接。

（4）检查有无越表接线和私拉乱接。

（5）检查TA、TV接线是否符合要求。

Jb0002232004－1　检查互感器方面有哪些内容？（5分）

考核知识点： 互感器的检查

难易度： 中

标准答案：

（1）检查互感器的铭牌参数是否和用户手册相符。
（2）检查互感器的变比选择是否正确。
（3）检查互感器的实际接线和变比。
（4）检查互感器的运行情况。

Jb0002231005－1 带电检查电能表的接线有哪几种方法？（5分）
考核知识点：电能表带电检查
难易度：易
标准答案：
（1）瓦秒法（实负荷功率比较法）。
（2）力矩法。
（3）六角图法。

Jb0002231006－1 互感器或电能表误差超差如何退补电量？（5分）
考核知识点：电量退补
难易度：易
标准答案：
根据《供电营业规则》第八十条规定，互感器或电能表误差超出允许范围时，以0误差为基准，按验证后的误差值退补电量。退补时间从上次校验或换装后投入之日起至误差更正之日止的二分之一时间计算。

Jb0002231007－1 在高压设备上工作时，为什么要挂接地线？（5分）
考核知识点：接电线安装
难易度：易
标准答案：
（1）悬挂接地线是为了放尽高压设备上的剩余电荷。
（2）在高压设备的工作地点突然来电时，保护工作人员的安全。

Jb0002231008－1 在带电的电压互感器二次回路上工作时，要采取哪些安全措施？（5分）
考核知识点：电压互感器接线
难易度：易
标准答案：
（1）使用绝缘工具戴手套，必要时工作前停用有关保护装置。
（2）接临时负载时，必须装有专用的刀闸和可熔保险或其他降低冲击电流对电压互感器的影响。

Jb0002232009－1 更换电能表或电能表接线时应注意哪些事项？（5分）
考核知识点：电能计量装置更换
难易度：中
标准答案：
（1）先将原接线做好标记。
（2）拆线时，先拆电源侧，后拆负荷侧；恢复时，先接负荷侧，后接电源侧。

（3）要先做好安全措施，以免造成电压互感器二次短路或接地、电流互感器二次回路开路。

（4）工作完成应清理、打扫现场，不要将工具或线头遗留在现场，并应再复查一遍所有接线，确保无误后再送电。

（5）送电后，观察电能表运行是否正常。

（6）正确加封印。

Jb0002231010－1　用户在装表接电前必须具备哪些条件？（5分）

考核知识点：装表接电的条件

难易度：易

标准答案：

（1）检查用户内部工程和配合的外线工程，均必须竣工并验收合格。

（2）业务费用等均已交齐。

（3）供用电协议已签订。

（4）计量室已配好电能表。

（5）有装表接电的工作单。

Jb0002232011－1　低压单相、三相四线电能表安装完后，应通电检查哪些项目？（5分）

考核知识点：通电检查的内容

难易度：中

标准答案：

（1）用相序表复查相序，用验电笔测单、三相四线电能表相、零线是否接对，外壳、零线端子上应无电压。

（2）空载检查电能表是否空走（潜动）。

（3）带负载检查电能表是否正转及表速是否正常，有无反转、停转现象。

（4）接线盖板、电能表箱等是否按规定加封。

Jb0002232012－1　送电时，先合断路器哪一侧隔离开关？为什么？（5分）

考核知识点：送电顺序

难易度：中

标准答案：

送电时，应先合电源侧隔离开关，再合负荷侧隔离开关。如果断路器是处在合闸位置，若先合负荷侧隔离开关，后合电源侧隔离开关，会造成带负荷合电源侧隔离开关，发生弧光短路，将造成断路器电源侧事故，使上一级断路器跳闸，扩大事故范围；而先合电源侧隔离开关，后合负荷侧隔离开关，在负荷侧的隔离开关可能发生弧光短路，因弧光短路点在断路器的负荷侧，保护装置可使断路器跳闸，其他设备可照常供电，缩小了事故范围。所以送电时，应先合电源侧隔离开关。

Jb0002233013－1　什么是预付费电能表的监控功能？如何检查这种功能？（5分）

考核知识点：预付费电能表的监控功能

难易度：难

标准答案：

（1）能实现客户必须先买电后用电的功能。电费将用完时，即电能量剩余数等于设置值时，应发报警信号。电能量剩余数为零时，发出断电信号以控制开关断电，或仅发报警信号，但能按规定做欠费记录。报警的剩余电能数也可根据客户要求确定。检查方法：设置表计剩余报警电量及购电量（购电量应大于剩余报警电量），将表计通电，看至剩余报警电量及剩余电量为零时，表计是否报警或断电，允许赊欠时，有无欠电量记录。

（2）若使用备用电池，则应有电池电压不正常警告。检查方法：将表断电，装入电压低于报警电压的电池，看有无电池电压不正常告警显示。

Jb0002232014－1 带电压更换单相电能表的主要施工步骤和注意点是什么？（5 分）

考核知识点：电能表带电更换

难易度：中

标准答案：

（1）拉开用户总隔离开关，切断负荷。

（2）先将电能表各相线进线分别抽去，抽出时注意不要碰地、碰壳，抽出的带电线头分别用绝缘套套好，再抽其零线和负荷出线。带互感器电能表虽已无负荷电流，最好先用夹子线将电流互感器二次端子短接，然后再拆线。

（3）拆下旧的电能表，装上新的电能表。

（4）接上零线和电流线圈出线，再分别接上电源相线。带电流互感器电能表在接相线前拆去互感器二次端子上的短路夹子。

（5）检查电能表是否空走，然后合上总隔离开关，开灯检查电能表是否正常转动。完毕后加封，填写工作单。

Jb0002233015－1 为何三相四线电能表的中线不能与其他相线颠倒？如何预防？（5 分）

考核知识点：三相四线电能表接线

难易度：难

标准答案：

（1）因为三相四线有功电能表接线正常时，三个电压线圈上依次加的都是相电压，即U_{AN}、U_{BN}、U_{CN}。

（2）若中线与 A、B、C 中任何一根相线（如 A 相线）颠倒，则第一元件上加的电压是U_{AN}，第二、第三元件上加的电压分别是U_{BA}、U_{CA}。这样，一则错计电量，二则原来接在 B、C 相的电压线圈和负载承受的电压由 220V 上升到 380V，结果会使这些设备烧坏。

（3）为了防止中线和相线颠倒故障发生，在送电前必须用电压表准确找出中线。即三根线与第四根线的电压分别都为 220V，则第四根线就为中线。

Jb0002231016－1 停电轮换或新装单相电能表时应注意些什么？（5 分）

考核知识点：停电轮换注意事项

难易度：易

标准答案：

（1）核对电能表与工作单上所标示的电能表规格、型号是否相符。

（2）要严格按电能表接线端子盒盖反面或接线盒上标明的接线图和标号接线。

（3）接线桩头上的螺栓必须全部旋紧并压紧线和电压连接片。

（4）电能表必须挂垂直。

（5）单相电能表的第一进线端钮必须接电源的相线，电源的中性线接第二进线端钮，防止偷电漏计。

Jb0002233017－1　电能计量装置新装完工后，在送电前检查的内容是哪些？（5分）

考核知识点：电能计量装置新装送电检查的内容

难易度：难

标准答案：

（1）核查电流、电压互感器安装是否牢固，安全距离是否足够，各处螺栓是否旋紧，接触面是否紧密。

（2）核对电流、电压互感器一、二次线的极性及电能表的进出端钮及相别是否对应。

（3）检查电流、电压互感器的二次侧及外壳是否接地。

（4）检查电能表的桩头螺栓是否全部旋紧、外壳是否接地，线头不得外露。

（5）核对有功、无功、最大需量电能表的倍率、起码，并抄录在工作单上。

（6）检查电压熔丝面端弹簧铜片夹的弹性及接触是否良好。

（7）检查所有封印是否完好、清晰、无遗漏。

（8）检查工具、物体等，不应遗留在设备上。

Jb0002231018－1　在带电的低压线路上“挑火”和“搭火”时，应注意什么？（5分）

考核知识点：低压线路带电作业

难易度：易

标准答案：

在带电的低压线路上卡或接头时，应选好工作位置，分清相线和地线。挑火时，先挑相线，再挑零线；搭火时，先搭零线，再搭相线。

Jb0002231019－1　在高压设备上工作时，装拆接地线的程序是如何规定的？（5分）

考核知识点：装拆接地线的程序

难易度：易

标准答案：

（1）装接地线前，先用验电器验明确实已停电。

（2）装接地线时，先将接地线接好地，再接导体端，并必须接触良好。

（3）拆接地线时，先将导体端的接地线拆除，再拆接地端。

Jb0002232020－1　在带电的电流互感器二次回路上工作时，应采取哪些安全措施？（5分）

考核知识点：电流互感器二次回路安全措施

难易度：中

标准答案：

（1）严禁将电流互感器二次侧开路。

（2）短路电流互感器二次绕组，必须使用短路片或短路串，短路应妥善可靠，严禁用导线缠绕。

（3）严禁在电流互感器与短路端子之间的回路和导线上进行任何工作。

（4）工作必须认真、谨慎，不得将回路的永久接地点断开。

（5）工作时，必须有专人监护，使用绝缘工具，并站在绝缘垫上。

Jb0002233021－1　电压互感器高压熔断器熔丝熔断的原因是什么？（5分）

考核知识点：熔断器熔丝

难易度：难

标准答案：

高压熔断器是电压互感器的保护装置。高压熔丝熔断的原因是：

（1）电压互感器内部发生绕组的匝间、层间或相间短路及一相接地故障。

（2）二次侧出口发生短路或当二次保护熔丝选用过大时，二次回路发生故障，而二次熔丝未熔断，可能造成电压互感器的过电流，而使高压熔丝熔断。

（3）在中性点系统中，由于高压侧发生单相接地，其他两相对地电压升高，可能使一次电流增大，而使高压熔丝熔断。

（4）系统发生铁磁谐振，电压互感器上将产生过电压或过电流，电流激增，使高压熔丝熔断发生一相间歇性电弧接地，也可能导致电压互感器铁芯饱和，感抗下降，电流急剧增大，也会使高压熔丝熔断。

Jb0002232022－1 选择电流互感器有哪些要求？（5分）

考核知识点：电流互感器的选择

难易度：中

标准答案：

（1）电流互感器的额定电压应与运行电压相同。

（2）根据预计的负荷电流，选择电流互感器的变比。其额定一次电流的确定，应保证其在正常运行中的实际负荷电流达到额定值的60%左右，至少应不小于30%，否则应选用动热稳定电流互感器以减小变比。

（3）电流互感器的准确度等级应符合规程规定的要求。

（4）电流互感器实际二次负荷应在 25%～100%额定二次负荷，额定二次负荷的功率因数应为0.8～1.0。

（5）应满足动稳定和热稳定的要求。

Jb0002233023－1 智能电能表费控功能总体要求是什么？（5分）

考核知识点：智能电能表费控要求

难易度：难

标准答案：

（1）本地费控电能表是在智能电能表本地实现费控功能的电能表。本地费控电能表支持CPU卡、射频卡等固态介质进行充值及参数设置，同时也支持通过虚拟介质远程实现充值、参数设置及控制功能的电能表，即本地预付费与远程预付费是本地费控电能表所应具有的两种预付费方式，本地费控电能表的费控功能都是在智能电能表内部实现的。

（2）远程费控电能表，本地主要实现计量功能，不支持本地计费功能；计费功能应由远程的主站/售电系统完成，当用户欠费时由远程主站/售电系统发送跳闸命令，给用户断电；当用户充值后，远程主站/售电系统再发送合闸命令，为用户合闸。

Jb0002232024－1 通过RS－485通信串口采集电能表数据异常时，如何检查处理？（5分）

考核知识点：RS－485采集数据异常的处理方法

难易度：中

标准答案：

检查RS－485电能表是否通电；查看RS－485接线是否正常，是否有虚接及螺栓拧在RS－485线皮上现象；检查终端到电表的RS－485线连接是否正确，A、B接线端是否分别对应；查看相应测量点参数，如端口号、表类型、表规约、表地址配置是否正常；检查电表或终端 RS－485 口是否损坏，RS－485 的 A 与 B 之间的电压，正常范围应在 2.5～5V。

Jb0002232025－1　采集系统中电能表规约是怎样确定的？（5 分）

考核知识点： 电能表规约的确定方法

难易度： 中

标准答案：

电能表规约是通过营销电能表资产信息的制造标准和接线方式确定的，制造标准为 GB/T 17215—1998《1 和 2 级静止式交流有功电度表》是 2007 年之前，认为是 1997 规约。制造标准为 GB/T 17215.321—2008《电测量设备（交流）特殊要求　第 21 部分：静止式有功电能表（A 级、B 级、C 级、D 级和 E 级）》，是 2007 年之后，认为是 2007 规约。

Jb0002233026－1　RS－485 接口芯片在使用时应注意哪些事项？（5 分）

考核知识点： RS－485 接口芯片的使用注意事项

难易度： 难

标准答案：

（1）RS－485 接口芯片在使用、焊接或设备运输途中有可能受到静电冲击而损坏，或遭雷电袭击，选用抗静电或抗雷击芯片可有效避免此类损失。

（2）为防止信号在传输过程中，有效信号和无效信号相互叠加而影响通信，应选用驱动器为限斜率方式设计的芯片。

（3）选用带故障保护的芯片，它会在总线开路、短路和空闲情况下，使接收器输出为高电平，保障通信。

（4）可在软件上做一些处理，使所有节点的接收器产生高电平输出，从而避免通信异常。

（5）将系统电源和 RS－485 收发器的电源隔离。

Jb0002233027－1　在带电的电压互感器二次回路上工作时，应采取哪些安全措施？（5 分）

考核知识点： 电压互感器二次回路上工作的安全措施

难易度： 难

标准答案：

（1）严格防止电压互感器二次侧短路或接地，应使用绝缘工具、戴手套。必要时，工作前申请停用有关保护装置、平安自动装置或自动化监控系统。

（2）接临时负载，应装有专用的刀闸和熔断器。

（3）工作时应有专人监护，工作时严禁将回路的平安接地点断开。

Jb0002232028－1　电能计量箱的安装有哪些规定？（5 分）

考核知识点： 计量箱安装规定

难易度： 中

标准答案：

（1）计费电能表及其附件应装在专用的表箱内。

（2）表板的厚度不小于 20mm，牢固地安装在可靠及干燥的墙上。

（3）一般安装在楼下，沿线长度一般不超过 8m，其环境应干净、明亮，便于装拆、维修和抄表。

（4）表箱下沿离地高度为 1.7～2m，暗式表箱下沿离地应 1.5m 左右，并列安装的电能表中心距离不应小于 20cm。

（5）表箱的门上应装有 8cm 宽的玻璃，便于抄表，并应加锁加封。

（6）在任何情况下中性线不允许装熔断器。

（7）电流互感器二次线必须用绝缘良好的铜芯线，中间不得有接头，不得用铝芯线和软线，最小截面积为 $2.5mm^2$。

Jb0002232029－1 工作负责人（监护人）在完成工作许可手续后，应怎样履行其职责？（5 分）

考核知识点：工作负责人（监护人）的职责及其履行

难易度：中

标准答案：

（1）应向工作班人员交待现场安全措施，带电部位和其他注意事项。

（2）应始终在工作现场对工作班人员的安全认真监护，及时纠正违反安全的动作。

（3）工作负责人（监护人）在全部停电时，可以参加工作班工作；在部分停电时，只有在安全措施可靠，人员集中在一个工作点，不致误碰导电部分的情况下，方能参加工作。

（4）应根据现场的安全条件、施工范围，工作需要等具体情况，增设专人监护和批准被监护的人数。专责监护人不得兼做其他工作。

Jb0002231030－1 对电气设备的验电有何要求？（5 分）

考核知识点：安规中的验电

难易度：易

标准答案：

（1）验电前，应先在有电设备上进行试验，确证验电器良好。

（2）必须用电压等级合适而且合格的验电器在检修设备进出线两侧各相分别验电。

（3）若在木杆、木梯或木架上验电，不接地线不能指示时，可在验电器上接地线，但必须经值班负责人许可。

（4）高压验电时，必须戴绝缘手套。

（5）330kV 及以上的电气设备，可用绝缘棒代替验电器验电。

Jb0002231031－1 在高压设备上的检修工作需要停电时，应采取什么措施？（5 分）

考核知识点：设备检修停电的措施

难易度：易

标准答案：

（1）将检修设备停电，必须把各方面的电源完全断开，禁止在只给断路器断开电源的设备上工作，工作地点各方必须有明显断开点。

（2）任何运行中的星形接线的中性点，必须视为带电设备。

（3）必须从高、低压两侧断开各方面有关的变压器和电压互感器隔离开关，防止向停电设备反送电。

（4）断开断路器和隔离开关的操作电源，并将隔离开关操作把手锁住。

Jb0002231032－1 电能计量装置现场检验自我防护的一般的安全防护措施有哪些？（5 分）

考核知识点：电能计量装置现场检验防护措施

难易度：易

标准答案：

（1）作业人员进入生产现场应戴安全帽。

（2）户外带电作业应在良好天气下进行。

（3）至少有两人开展工作，其中一名工作经验丰富的人员担任监护工作。

（4）工作监护人员要做好作业全过程的监护，随时纠正工作人员违反安全规程的行为。

Jb0002231033－1　窃电的初步判断主要从哪几个方面进行？（5分）

考核知识点：窃电判断的方法

难易度：易

标准答案：

（1）封印检查。

（2）计量装置外观检查。

（3）检查电能表运行情况。

（4）电能表事件检查。

（5）检查接线。

（6）检查互感器。

Jb0002231034－1　三相四线电能表在电流回路分别断开或短接的情况下将如何计量？（5分）

考核知识点：电能表计量的原则

难易度：易

标准答案：

（1）一相断开或短接时，一个元件的测量值为零，电能表仅计量两相电量。

（2）二相断开或短接时，两个元件的测量值为零，电能表仅计量一相电量。

（3）三相断开或短接时，三个元件的测量值均为零，电能表停转。

Jb0002232035－1　低压单三相电能表安装后，停电状态下检查的内容有哪些？（5分）

考核知识点：电能表的竣工验收检查内容

难易度：中

标准答案：

（1）复核所装电能表、互感器及互感器所装相别是否和工作单上所列相符，有否搞错，核对电能表字码正确性。

（2）检查电能表和互感器的接线螺栓是否拧紧，互感器一次端子垫圈和弹簧圈有无缺失。

（3）检查电能表、互感器安装是否牢固，电能表倾斜度是否超过1°～2°。

（4）检查电能表的接线是否正确，特别要注意极性标志和电压、电流线头所接相位是否对应。

（5）核对电能表倍率是否正确。

（6）检查二次导线截面积电压回路是否为2.5mm^2以上，电流回路是否为4mm^2及以上，中间不能有接头和施工伤痕，接地是否良好。

Jb0002231036－1　电能计量装置二次回路电压降的要求是什么？（5分）

考核知识点：二次回路电压降的要求

难易度：易

标准答案：

（1）Ⅰ级、Ⅱ类用于贸易结算的电能计量装置中，电压互感器二次回路电压降应不大于其额定二次电压的 0.2%。

（2）其他电能计量装置中，电压互感器二次回路电压降应不大于其额定二次电压的 0.5%。

Jb0002232037－1 电能计量装置配置的基本原则是什么？（5 分）

考核知识点：电能计量装置配置的原则

难易度：中

标准答案：

（1）具有足够的准确度。

（2）具有足够的可靠性。

（3）功能能够适应营业抄表管理的需要。

（4）有可靠的封闭性能和防窃电性能。

（5）装置要便于工作人员现场检查和带电工作。

Jb0002232038－1 高压电能计量装置新装完工后，送电前检查的内容有哪些？（5 分）

考核知识点：高压电能计量装置送电检查的内容

难易度：中

标准答案：

（1）核查电流、电压互感器安装是否牢固，一、二次侧连接的各处螺栓是否牢固，接触面是否紧密，二次回路接线是否正确。

（2）对电能表安装质量和接线进行检查，确保接线正确，工艺符合规范要求。

（3）检查联合接线盒内连接片位置，确保正确。

（4）如现场暂时不具备送电检查条件，可先实施封印。

Jb0002231039－1 现场检验电能表的安全要求有哪些？（5 分）

考核知识点：电能表现场检验的安全要求

难易度：易

标准答案：

（1）办理第二种工作票。

（2）至少有两人一起工作，其中一人进行监护。

（3）应在工作区范围设立标示牌或护栏。

（4）工作时应戴绝缘手套，并站在绝缘垫上，操作工具绝缘良好。

（5）再接通和断开电流端子时，必须用仪表进行监视。

（6）电压互感器二次严禁短路，电流互感器二次严禁开路。

Jb0002232040－1 电能计量装置竣工验收时安全要求有哪些？（5 分）

考核知识点：竣工验收的安全要求

难易度：中

标准答案：

（1）严格履行客户设备送电程序，严禁新设备未验收擅自投运或带电。

（2）验收中，极性试验时认真检查电流互感器二次回路接线端子，严禁开路。

（3）竣工验收作业至少两人同时进行。履行保障安全的技术措施，工作前验电、装设接地线，与带电设备保持足够的安全距离，将检修设备与运行设备前后以明显的标志隔开，附近有带电盘和带电部位，必须设专人监护。触摸金属计量箱前必须进行箱体验电。

Jb0002231041－1　停电作业时如何防止反送电？（5分）

考核知识点： 防止反送电

难易度： 易

标准答案：

需要停电的工作，工作前应检查各方面电源有无明显断开点，并可靠接地，在隔离开关操作把手上悬挂“禁止合闸、有人工作”标示牌。

Jb0002233042－1　电能计量装置二次回路检测中预防误碰带电设备的控制措施有哪些？（5分）

考核知识点： 预防误碰电的控制措施

难易度： 难

标准答案：

（1）在电气设备上作业时，应将未经验电的设备视为带电设备。

（2）在高、低压设备上工作，应至少由两人进行，并完成保证安全的组织措施和技术措施。

（3）工作人员应正确使用合格的安全绝缘工器具和个人劳动防护用品。

（4）高、低压设备应根据工作票所列安全要求，落实安全措施。涉及停电作业的应实施停电、验电、挂接地线、悬挂标示牌后方可工作。工作负责人应会同工作票许可人确认停电范围、断开点、接地、标示牌正确无误。工作负责人在作业前应要求工作票许可人当面验电；必要时工作负责人还可使用自带验电器（笔）重复验电。

（5）工作票许可人应指明作业现场周围的带电部位，工作负责人确认无倒送电的可能。

（6）应在作业现场装设临时遮拦，将作业点与邻近带电间隔或带电部位隔离。作业中应保持与带电设备的安全距离。

（7）严禁工作人员未履行工作许可手续擅自开启电气设备柜门或操作电气设备。

（8）严禁在未采取任何监护措施和保护措施情况下现场作业。

Jb0002233043－1　二次压降测试接线有哪些注意事项？（5分）

考核知识点： 二次压降测试接线的注意事项

难易度： 难

标准答案：

（1）压降测试仪推荐放置于TV端子箱侧。

（2）从计量屏施放测试电缆至测试仪。施放电缆时设专人监护。

（3）按测试仪说明书要求进行接线，先接仪器端，再接TV二次端子和电表端。

（4）接线时注意通过对讲机进行呼唱。

（5）对于电压互感器侧有熔丝或断路器的二次回路，应取其上桩头电压测试，接取时应有专人监护。

Jb0002232044－1　电能计量装置的安装有哪些要求？（5分）

考核知识点： 电能计量装置的安装要求

难易度： 中

标准答案：

（1）在可能的情况下，电压互感器应尽量接在电流互感器的负载侧。

（2）电压、电流互感器二次回路应可靠接地，且接地点只有一个。

（3）6～35kV 电压互感器一次侧装设熔断器，二次侧不装熔断器，二次回路中不得串接隔离开关辅助接点。

Jb0002233045－1 电能计量装置安装后验收的项目有哪些？（5 分）

考核知识点：电能计量装置安装后验收的项目

难易度：难

标准答案：

（1）核对用户的电能计量方式是否合理。

（2）根据电能计量装置的接线图纸，核对装置的一次和二次回路接线。

（3）核查电能计量装置中的各设备技术参数是否符合设计原则。

（4）检查二次回路中间触点、熔断器、试验接线盒的接触情况。

（5）检查电能计量装置的接地系统。

（6）测量一次、二次回路的绝缘电阻，应不低于 5MΩ。

（7）高压电气设备的绝缘试验报告应符合规定要求。

（8）检查电能计量装置是否符合安装要求。

（9）电能表、互感器应具有经法定计量检定机构检定并在有效期内的检定证书。

Jb0002233046－1 主站侧实时召测功率为 0，实际负荷不为 0，分析原因。（5 分）

考核知识点：错误分析

难易度：难

标准答案：

（1）参数丢失，召测用户脉冲参数是否与主台一致，若参数丢失，则重发参数，否则，需到现场察看。

（2）检查终端接线板有无＋12V 直流电压输出。

（3）观察接线板的脉冲输入指示灯：如脉冲输入指示灯无闪烁，说明无脉冲输入，那么直接采用接线板上＋12V 直流电压，输入至脉冲输入端，若脉冲灯点亮，说明脉冲输入接口正常，而是电能表脉冲输出有问题；若脉冲灯不亮，说明终端接线板有故障，更换接线板。

Jb0002233047－1 现场勘查安全是如何要求的？（5 分）

考核知识点：现场勘查安全的要求

难易度：难

标准答案：

（1）查勘时必须核实设备运行状态，严禁工作人员未履行工作许可手续擅自开启电气设备柜门或操作电气设备。

（2）在带电设备上勘查时，不得开启电气设备柜门或操作电气设备，勘查过程中应始终与设备保持足够的安全距离。

（3）因勘查工作需要开启电气设备柜门或操作电气设备时，应执行工作票制度，将需要勘查设备范围停电、验电、挂地线、设置安全围栏并悬挂标示牌后，经履行工作许可手续，方可进行开启电气设备柜门或操作电气设备等工作。

（4）进入带电现场工作，至少由两人进行，应严格执行工作监护制度。

（5）工作人员应正确使用合格的个人劳动防护用品。
（6）严禁在未采取任何监护措施和保护措施情况下现场作业。
（7）当打开计量箱（柜）门进行检查或操作时，应采取有效措施对箱（柜）门进行固定，防范由于刮风或触碰造成柜门异常关闭而导致事故。

Jb0002232048－1　如何选配高压用户的电能表和互感器？（5分）
考核知识点：电能表和互感器的选配原则
难易度：中
标准答案：
对高压用户在确定了计量方式后，应根据报装容量的大小选择互感器和电能表的等级，并按下列分式计算负载电流：

$$I=\frac{\text{报装容量（kVA）}\times 1000}{\sqrt{3}\times\text{额定电压（V）}}\text{（A）}$$

电流互感器一次侧的额定电流应大于负载电流，但也不宜过大，应使负载电流经常在电流互感器一次侧额定电流的$\frac{1}{3}\sim\frac{2}{3}$，电能表则选用3×100V，3×1.5（6）A的。

Jb0002231049－1　对各类计量装置电压互感器二次回路压降指标是如何规定的？（5分）
考核知识点：电压互感器二次回路压降指标的规定
难易度：易
标准答案：
Ⅰ、Ⅱ类用于贸易结算的电能计量装置电压互感器二次回路压降应不大于其额定二次电压的0.2%；其他电能计量装置中电压互感器二次回路压降应不大于其额定电压的0.5%。

Jb0002232050－1　电力系统为何需要投入电容？（5分）
考核知识点：投入电容的意义
难易度：中
标准答案：
电力系统中的负载大部分是感性的，依靠磁场传送能量，因此这些设备在运行过程中不仅消耗有功功率，而且需要一定量的无功功率。这些无功功率如由发电机供给，将影响发电机的有功出力，对电力系统亦造成电能损失和电压损失，设备利用率也相应降低。因此要采取措施提高电力系统功率因数，补偿无功损耗，这就需要投入电容。

Jb0002232051－1　如何防止电能计量装置错接线？（5分）
考核知识点：电能计量装置错接线的识别
难易度：中
标准答案：
（1）电能计量装接工作必须两人以上进行，并相互检查。
（2）把验收项目作为现场装接作业指导书的重要内容。
（3）条件允许的情况下，装接完毕应立即通电检查。
（4）完善现场计量器具装接的管理制度。
（5）加强对现场装接人员的培训力度，把此类风险发生的概率降低到最小程度。

Jb0002232052－1 装接电能计量装置过程中，如何防止倒送电？（5分）

考核知识点：防止倒送电的方法

难易度：中

标准答案：

（1）认真做好安全隔离措施，确保断开各方面电源。

（2）作业地点必须装设接地线。

（3）自备发电机只能作为试验电源或工作照明用，严禁接入其他任何电气回路。

Jb0002232053－1 简述高压电能计量装置装拆及验收标准化作业安装检查的内容。（5分）

考核知识点：高压电能计量装置装拆及验收内容

难易度：中

标准答案：

（1）检查互感器安装牢固，一、二次侧连接的各处螺栓是否牢固，接触面应紧密，二次回路接线正确。

（2）对电能表安装质量和接线进行检查，确保接线正确，工艺符合规范要求。

（3）检查联合接线盒内连接片位置，确保正确。

（4）如现场暂时不具备通电检查条件，可先实施封印。

Jb0002233054－1 如何开展运行智能电能表质量管控？（5分）

考核知识点：运行智能电能表质量管控

难易度：难

标准答案：

（1）结合现场抄表、用电检查、轮换抽检等工作巡视检查智能电能表运行状态，充分利用用电信息采集系统的监控手段，及时发现处理异常问题。

（2）按公司技术标准要求，分别在智能电能表运行后第1年、第3年、第5年、第8年开展定期抽样检测，对可能存在批量质量隐患的到货批次，应缩短抽检间隔，加大抽样比例。

（3）对巡检、抽检中发现的故障智能电能表，必须在24h内更换，立即排查故障原因，故障原因未查清前，暂停安装同厂家、同型号、同批次电能表。

Jb0002231055－1 现场带负荷换表时，联合接线盒的接片应如何处理？（5分）

考核知识点：计量标准化作业

难易度：易

标准答案：

应将联合接线盒的电流连接片短接，电压连接片断开。

Jb0002231056－1 对窃电行为造成电能计量装置故障或电量差错的应如何处理？（5分）

考核知识点：电能计量装置运行维护及故障处理

难易度：易

标准答案：

应注意对窃电现场的保护和对窃电事实的依法取证。宜当场对窃电事实做出书面认定材料，由窃电方责任人签字认可。

Jb0002231057－1　电流互感器检验过程中，经什么人下令后，方可进行升流操作？（5分）

考核知识点： 电能计量检验检测

难易度： 易

标准答案：

经工作负责人下令后，方可进行升流操作。

Jb0002231058－1　为减少电压互感器的二次导线压降应采取的措施有哪些？（5分）

考核知识点： 电能计量装置技术管理规程

难易度： 易

标准答案：

（1）敷设电能表专用的二次回路。

（2）增大导线截面积。

（3）减少二次回路阻抗。

Jb0002231059－1　电能表检定装置校验数据异常，应确认哪些参数是否与铭牌标识一致？（5分）

考核知识点： 电能计量

难易度： 易

标准答案：

表类型（接线方式）、电能表常数、参比电压、基本（额定最大）电流。

Jb0002231060－1　GPRS终端上电后，显示信号场强低，此时应如何处理？（5分）

考核知识点： 载波集抄安装调试

难易度： 易

标准答案：

调整天线位置。

Jb0002231061－1　终端巡视时应核对什么？（5分）

考核知识点： 电能（用电）信息采集与监控

难易度： 易

标准答案：

终端参数与主站参数是否一致、外观是否完整、接线是否牢固。

Jb0002231062－1　三相四线制连接，其电流互感器与电能表之间的连接有什么要求？（5分）

考核知识点： 电能计量装置技术管理

难易度： 易

标准答案：

要求其三台电流互感器二次绕组与电能表之间采用六线连接。

Jb0002232063－1　电能表现场检验项目主要有哪些？（5分）

考核知识点： 电能计量检验检测

难易度： 中

标准答案：

（1）在实际运行中测定电能表的误差。
（2）检查电能表和互感器二次回路接线是否正确。
（3）检查计量差错和不合理的计量方式。

Jb0002232064－1 减少电能计量综合误差的措施有哪些？（5分）
考核知识点：电能计量
难易度：中
标准答案：
（1）根据互感器的误差合理组合配对。
（2）加大二次导线的截面积，缩短二次导线的长度。
（3）选择电能表考虑互感器的合成误差。

Jb0002232065－2 高压试验结束时，试验人员应做好哪些工作？（5分）
考核知识点：电能计量检验检测
难易度：中
标准答案：
（1）拆除自装的接地短路线。
（2）向运维负责人报告试验结束。
（3）对被试设备进行检查。
（4）恢复试验前的状态。

Jb0002232066－1 在带电的电压互感器二次回路上工作，应采用的安全措施有哪些？（5分）
考核知识点：计量标准化作业
难易度：中
标准答案：
（1）严格防止短路和接地。
（2）临时负载，必须装有专用的隔离开关和可熔断熔断器。
（3）使用绝缘工具，戴手套。

Jb0002232067－1 电能计量装置新装完工后，在送电前检查的内容主要有哪些？（5分）
考核知识点：《国家电网公司计量标准化作业指导书》计量装置装拆及验收
难易度：中
标准答案：
（1）检查工具、物件等不应遗留在设备上。
（2）检查电能表的接线盒内螺栓是否全部旋紧，线头有无外露。
（3）检查电流、电压互感器二次侧及外壳和电能表的外壳是否接地。
（4）核查电流、电压互感器倍率是否正确。

Jb0002211068－1 某企业在生产过程中，全日用电量为4800kWh，最大负荷 P_{max} 为240kW，求一天的负荷率 K_P。（5分）
考核知识点：负荷率
难易度：易

标准答案：

解：

$$平均功率P_{av}=\frac{全日用电量}{全日小时数}=\frac{4800}{24}=200（kW）$$

$$K_P=\frac{P_{av}}{P_{max}}=\frac{200}{240}=83.8\%$$

答：这一天的负荷率为83.8%。

Jb0002211069－1　某三相低压平衡负荷用户，安装的三相四线电能表A相失压，C相低压电流互感器开路，电流互感器变比均为500/5。若抄回表读数为200kWh（电能表起数为0），试求应追补的电量Δ*W*。（5分）

考核知识点：追补电量

难易度：易

标准答案：

解：

A相电压失压，C相电流互感器开路，表示A组、C组元件力矩为0，只有B相力矩工作。故三相计量表上有一相工作，两相未工作，因此应追补的电量是已抄收电量的2倍，即应追补的电量

$$\Delta W=200\times(500/5)\times2=40\ 000（kWh）$$

答：应追补的电量Δ*W*为40 000kWh。

Jb0002211070－1　有一只单相电能表，常数*C*=2500r/kWh，运行中测得每转的时间是4s，求该表所接的负载功率*P*是多少？（5分）

考核知识点：负载功率

难易度：易

标准答案：

解：

按题意有

$$P=(3600\times1000\times1)/(2500\times4)=360（W）$$

答：该表所接的负载功率为360W。

Jb0002211071－1　一居民用户电能表常数为3000r/kWh，测试负荷为100W，电能表1转时应该是多少时间？如果测得转一圈的时间为11s，误差应是多少？（5分）

考核知识点：电能表

难易度：易

标准答案：

解：

$$100t=1/3000$$

$$t=(1\times3600)/(0.1\times3000)=12（s）$$

$$r=(12-11)/11\times100\%=9.1\%$$

答：电能表1转时需12s，如测得1转的时间为11s，实际误差9.1%。

Jb0002211072－1　已知二次回路所接的测量仪表的总容量为10VA，二次导线的总长度为

100m，截面积为 2.5mm^2，二次回路的接触电阻按 0.05Ω 计算，应选择多大容量的二次额定电流为 5A 的电流互感器（铜线的电阻率ρ=0.018Ωmm^2/m）？（5 分）

考核知识点：导线截面积

难易度：易

标准答案：

解：

按题意需求二次回路实际负载的大小

$$S_2 = 10 + (0.05 + 100 \times 0.018/2.5) \times 5^2 = 28\text{（VA）}$$

答：应选择额定二次容量为 30VA 的电流互感器。

Jb0002211073－1　若三相三线电能处于满载，即电压互感器输出电压为 U= 100V，电流互感器输出电流 I= 5A，且每转脉冲数 n= 1，电能表常数 C= 1500r/kWh，计算出每分钟输入终端的电量脉冲数。（5 分）

考核知识点：电量脉冲数

难易度：易

标准答案：

解：

已知有功功率为

$$\begin{aligned} P_{max} &= \sqrt{3}UI \times \cos\varphi \\ &= 1.732 \times 100 \times 5 \times \cos\varphi \\ &= 866\cos\varphi\text{（W）} \end{aligned}$$

设 $\cos\varphi = 1$，则 $P = 0.866\text{kW}$

每小时转数

$$N = P \times T \times C = 0.866 \times 1 \times 1500 = 1299\text{（r/min）}$$

每分钟转数

$$M = \frac{N}{60} = 21.65\text{（r/min）}$$

每分钟脉冲数 $= M/n = 21.65/1 = 21.65$（个）

在功率因数小于 1 的情况下，电能表输出脉冲数少于 21.65 个/min。

答：每分钟输入终端的电量脉冲约为 21.65 个。

Jb0002212074－1　某用户某年 8 月 10 日更改电流互感器变比，由原来的 100/5 改为 20/5，负控中心 8 月 15 日接到任务工作书，10—15 日终端显示用户用电为 1000kWh，问：应退还给用户多少电量？（5 分）

考核知识点：电量追补

难易度：中

标准答案：

解：

$$1000 - [(1000 \times 20/5)/(100/5)] = 1000 - 200 = 800\text{（kWh）}$$

答：应退还给用户 800kWh 电量。

Jb0002212075－1　有一只 0.2 级 10kV/100 的电压互感器，额定二次负载容量为 50VA，试求该互感器的二次负载总阻抗是多少？（5 分）

考核知识点：互感器二次负载

难易度：中

标准答案：

解：

根据电压互感器二次负载容量计算公式

$$S = U^2 \cdot Y$$

得

$$Y = \frac{S}{U^2}$$

即

$$Y = \frac{S}{U^2} = \frac{50}{100^2} = 0.005 \text{（s）}$$

由于导纳 $Y = 1/Z$，得

$$Z = 1/Y = 200\text{（Ω）}$$

答：该互感器的二次负载总阻抗是 200Ω。

Jb0002212076－1　有一电阻与电感相串联的负载，电阻为 4Ω，频率为 50Hz 时的功率因数为 0.8，求频率为 60Hz 时负载的功率因数。（5 分）

考核知识点：功率因数

难易度：中

标准答案：

解：

设频率为 50Hz 的电抗为 X_{L1}，功率因数为 $\cos\varphi_1$。

设频率为 60Hz 的电抗为 X_{L2}，功率因数为 $\cos\varphi_2$。

因电抗（$X = 2\pi fL$）与频率成正比，所以

$$\cos\varphi_1 = \frac{4}{\sqrt{4^2 + X_{L1}^2}} = 0.8$$

$$X_{L1} = 3\Omega$$

则

$$X_{L2} = 3 \times \frac{60}{50} = 3.6\text{（Ω）}$$

$$\cos\varphi_2 = \frac{4}{\sqrt{4^2 + 3.6^2}} = 0.74$$

答：60Hz 时负载功率因数为 0.74。

Jb0002212077－1　某对称三相电路的负载做星形连接时，线电压 $U_{线} = 380$V，每相负载阻抗为 $R = 10\Omega$、$X_L = 15\Omega$，求负载的相电流。（5 分）

考核知识点：相电流

难易度：中

标准答案：

解：

$$U_{相}=\frac{U_{线}}{\sqrt{3}}=\frac{380}{\sqrt{3}}=220\text{（V）}$$

$$|Z|=\sqrt{R^2+X_L^2}=\sqrt{10^2+15^2}=18\text{（Ω）}$$

$$I_{相}=\frac{U_{相}}{|Z|}=\frac{220}{18}=12.2\text{（A）}$$

答：负载的相电流为 12.2A。

Jb0002212078－1　有一个三相负载，每相的等效电阻 R=30Ω，等效感抗 X_L=25Ω。接线为星形。当把它接到线电压 U=380V 的三相电源时，试求负载消耗的电流 I、有功功率 P 和功率因数 cosφ。（5 分）

考核知识点：相电流

难易度：中

标准答案：

解：

因为是对称三相电路，所以各相电流相等，设为 I，则

$$I=\frac{U_{相}}{|Z|}=\frac{U/\sqrt{3}}{\sqrt{R^2+X_L^2}}=\frac{380/\sqrt{3}}{\sqrt{30^2+25^2}}\approx 5.6\text{（A）}$$

由相电流等于线电流，且相角差依次为 120°，则功率因数为

$$\cos\varphi=\frac{R}{|Z|}=\frac{30}{\sqrt{30^2+25^2}}\approx 0.77$$

三相有功功率为

$$P=\sqrt{3}UI\cos\varphi=\sqrt{3}\times 380\times 5.6\times 0.77=2840\text{（W）}$$

答：负载消耗的电流为 5.6A，功率因数为 0.77，三相有功功率为 2840W。

Jb0002212079－1　有一家机械厂，在高压侧装一块三相电能表计量，表上铭牌注明与 6600/110 的电压互感器及 30/5 的电流互感器配套使用，但因电网供电电压升压，由 6600V 改升为 10 000V，因此，计量装置相应地改为 10 000/100 的电压互感器，电流互感器容量未变。若电能表抄得用电量为 12 000kWh，试求该厂的实际用电量为多少？若电价为 0.519 元/kWh，那么该厂应缴纳电费多少元？（5 分）

考核知识点：电费

难易度：中

标准答案：

解：

实际用电量为

$$\text{抄见用电量}\times\frac{\text{换装互感器变化}}{\text{表标注互感器变化}}=12\,000\times\frac{10\,000/100\times 30/5}{6600/110\times 30/5}=20\,000\text{（kWh）}$$

应缴纳的电费为

$$0.519\times 20\,000=10\,380\text{（元）}$$

答：该厂实际用电量为 20 000kWh，应缴纳电费 10 380 元。

Jb0002212080－1　某用户为三相四线计量方式，所配置电流互感器变比为 100/5。其 B 相电流互感器反接运行达一年之久，一年内电能表累计电量为 250kWh，计算应退补的电量是多少？（5 分）

考核知识点：追补电量

难易度：中

标准答案：

解：

B 相电流互感器反接后，功率为

$$P' = U_A I_A \cos\varphi_A - U_B I_B \cos\varphi_B + U_C I_C \cos\varphi_C$$
$$= UI\cos\varphi$$

正确接线时功率为

$$P = 3UI\cos\varphi$$

$$K = \frac{P}{P'} = \frac{3UI\cos\varphi}{UI\cos\varphi} = 3$$

实际电量　$A = KA' = 3 \times 250 \times 100 / 5 = 15\,000$ （kWh）

$$\Delta A = A - A' = 15\,000 - 250 \times 100 / 5 = 10\,000 \text{ （kWh）}$$

答：少计了 10 000kWh 的电量，用户应补缴电费。

Jb0002213081－1　某专用变压器客户只有一块高压总表，终端总加功率来自脉冲，脉冲配置如下：TA 变比为 100/5，TV 变比为 10 000/100，脉冲常数为 K=5000，主站人员发现终端计算的日电量与表计计算的电量不符，如：某日负控终端记录的日电量为 15 100kWh，而同日通过电表表码计算的日电量为 11 800kWh，通过现场核查变比，与配置的一致，请找出错误的原因，并更正。（5 分）

考核知识点：脉冲常数计算

难易度：难

标准答案：

错误的原因是因为脉冲常数不正确。

设实际脉冲常数为 X，负控终端计算的电量与脉冲常数成线性反比例关系，因此，可得如下等式

$$15\,100 \times 5000 = 11\,800X$$

解得

$$X = 6400$$

因此，实际脉冲常数为 6400，重新下发脉冲配置参数到终端即可。

Jb0002231082－1　在发供电系统正常情况下，供电企业遇到何种情形可对用电客户停止用电？（5 分）

考核知识点：用电安全

难易度：易

标准答案：

在发供电系统正常情况下，供电企业应连续向客户供应电力。但是，有下列情形之一的，须经批准方可中止供电：对危害供用电安全，扰乱用电秩序，拒绝检查者；拖欠电费经通知催缴仍不缴者；受电装置经检验不合格，在批定期间未改善者；客户注入电网的谐波电流超过标准，以及冲击负荷、非对称负荷等对电能质量产生干扰与妨碍，在规定限期内不采取措施者；拒不在限期内拆除私增用电容量者；拒不在限期交付违约用电引起的费用者；违反安全用电、计划用电有关规定，拒不改正者；

私自向外转供电力者。遇不可抗力、紧急避险和确有窃电行为的情况，不经批准即可中止供电，但事后应报告本单位负责人。

Jb0002231083－1 谐波有何危害？（5 分）

考核知识点：电工基础

难易度：易

标准答案：

（1）电气设备损耗增加、发热、烧毁。
（2）电机机械振动增大、产生噪声、污染环境。
（3）干扰电子元件运行、引起失常。
（4）干扰自动装置产生误动。
（5）干扰测量仪器、产生误差。
（6）干扰补偿电容器运行、降低用电功率因数。
（7）干扰电视广播和通信设备的运行等。

Jb0002231084－1 电力系统低电压运行的危害有哪些？（5 分）

考核知识点：电工基础

难易度：易

标准答案：

（1）烧坏电动机。
（2）增大线损。
（3）降低电力系统稳定性。
（4）降低输变电设备能力。

Jb0002231085－1 低压线路三相电压不平衡，一般是由哪些原因引起的？（5 分）

考核知识点：电工基础

难易度：易

标准答案：

一般是由于低压熔丝熔断，三相负荷不平衡，低压线路单相接地等原因引起的。

Jb0002231086－1 客户反映电压不稳或灯闪是什么原因？如何处理？（5 分）

考核知识点：电工基础

难易度：易

标准答案：

（1）造成上述现象的原因有如下几方面：附近有大功率用电器具，线路接头接触虚，大风时树压线造成接头打火或系统有谐振等原因。

（2）发生上述问题后应首先判断故障原因，用范围分析法可初步判断接头虚打火等故障，一户多为户内线问题，一院多为接户线问题，一片多为主线路问题。判明故障点后如是供电企业原因，应立即联系事故处理中心前往查明，并进行处理。

Jb0002231087－1 配电变压器缺相会有哪些现象？（5 分）

考核知识点：电工基础

难易度： 易

标准答案：

配电变压器高压、低压每相都装设了熔断器（保险）。若高压侧 A 相熔断器熔断时，380V 系统故障现象为对应相缺相；若低压侧 A 相保险丝熔断时，220V 系统 A 相停电。

Jb0002231088－1　变压器在运行中发生什么情况应立即记录报修？（5 分）

考核知识点： 电工基础

难易度： 易

标准答案：

（1）变压器声响明显增大，很不正常，内部有爆裂声。

（2）严重漏油或喷油，使油面降低于油位计的指示限度。

（3）套管有严重的破损和放电现象。

（4）变压器冒烟着火。

Jb0002231089－1　客户的用电设备发生哪些事故称为误操作事故？（5 分）

考核知识点： 用电安全

难易度： 易

标准答案：

客户的用电设备由于操作人违反操作规程而错误操作所造成的事故，如带负荷拉隔离开关、带地线合闸、错合电源开关，使不应启动的设备启动等，称为误操作事故。

Jb0002231090－1　电气作业使用的标示牌样式主要有哪些？应悬挂在何处？（5 分）

考核知识点： 作业安全

难易度： 易

标准答案：

（1）“禁止合闸，有人工作！”应悬挂在一经合闸即可送电到施工设备的断路器（开关）和隔离开关（刀闸）操作把手上。

（2）“禁止合闸，线路有人工作！”应悬挂在线路断路器（开关）和隔离开关（刀闸）把手上。

（3）“在此工作！”应悬挂在室外或室内工作地点和施工设备上。

（4）“止步，高压危险！”应悬挂在施工地点，临近带电设备的遮栏上，室外工作地点的围栏上，禁止通行的过道上，高压实验地点、室外架构上，工作地点临近带电设备的横梁上。

Jb0002231091－1　无功功率补偿的基本原理是什么？（5 分）

考核知识点： 电工基础

难易度： 易

标准答案：

把具有容量功率负荷的装置与感性功率负荷并联接在同一电路，当容性负荷释放能量时，感性负荷吸收能量，而感性负荷释放能量时，容性负荷却在吸收能量，能量在两种性质的负荷之间相互交换。这样，感性负荷所吸收的无功功率可由容性负荷输出的无功功率得到补偿。

Jb0002231092－1　照明负荷有哪些用电特点？（5 分）

考核知识点： 电工基础

难易度：易

标准答案：

（1）一昼夜的负荷极不平衡，冬、夏两季的负荷曲线差别很大。

（2）冬季照明负荷有早晚两个高峰，而夏季只有一个晚高峰，并且比冬季小得多，发生的时间也晚一些。

（3）一般生活照明用电量所占比重较小，但其负荷占尖峰时间内负荷的比重较大。

Jb0002231093－1 线路上电压损失过大的主要原因有哪些？（5分）

考核知识点：电工基础

难易度：易

标准答案：

（1）供电线路太长，超出了合理的供电半径。

（2）供电线路功率因数值太低，电压损失大。

（3）供电线路导线直径太小，电压损失过大。

（4）供电端电压偏低。

（5）其他原因，如冲击性负荷、三相不平衡负荷等的影响。

Jb0002231094－1 无功补偿的措施有哪些？如何确定无功补偿的容量？（5分）

考核知识点：电工基础

难易度：易

标准答案：

（1）无功补偿的措施较多，常见的有调相机补偿、过励磁同步电动机补偿、异步电动机同步化补偿、静止补偿装置补偿、电力电容器补偿等。其中利用电力电容器进行无功补偿是最有效且经济的补偿方式。

（2）确定补偿容量的计算公式为

$$Q_C = P(\tan\varphi_1 - \tan\varphi_2)$$

或

$$Q_C = Pq$$

式中 Q_C——欲补偿电容器容量，kvar；

φ_1，φ_2——分别为补偿前后的功率因数角；

P——用户最大负荷月的平均有功功率，kW；

q——每千瓦有功功率所需补偿的容量，kvar/kW。

Jb0002231095－1 为什么要求用户安全用电？用户安全用电有哪些措施？（5分）

考核知识点：用电安全

难易度：易

标准答案：

（1）要求用户安全用电，主要是指用户必须严格按规章制度安全地使用电力，以保证各行各业正常用电。因为用户用电电器设备直接连接在电网上，是电力系统的组成部分。用户发生任何用电事故，除影响自身用电外，会直接或间接影响电力系统安全，所以要求必须做到安全用电。

（2）用户安全用电有以下措施。

1）各用电单位要坚持“安全第一，预防为主”的方针，牢固树立安全第一的用电意识，搞好安全用电工作。

2）采用合格用电电器设备，严格进行新装安全检查，认真试验和验收，合格后送电，保证新装用电设备健康投入运行。

3）按规定对运行中的用电电器设备定期进行试验、分析、检修，消除缺陷，保证设备健康运行。

4）建立安全用电责任制，实行用电安全目标管理，建立安全规章制度，执行安全规程，坚持“两票”“三制”，杜绝人身和重大设备事故，保证继电保护装置正确动作，防止事故扩大和越级，把事故控制在最小范围。

5）实行进网作业电工定期培训考核制度，坚持进网作业电工持证上岗，保证进网作业电工安全操作。

6）制定相应的反事故措施和控制事故的技术措施，并定期演练，一旦用电事故发生，能及时控制和排除，尽快恢复送电。

Jb0002231096－1　试述影响用户功率因数变化的主要因素。（5分）

考核知识点：电工基础

难易度：易

标准答案：

《功率因数调整电费办法》规定，用平均值来考核用户的功率因数，其计算公式为

$$平均功率因数=\frac{1}{\sqrt{1+\left(\frac{无功电量}{有功电量}\right)^2}}$$

由公式可以看出，用户无功电量越大，功率因数就越低；反之，就越高。因此，功率因数高低的变化与无功电量的大小有关。其变化的主要因素有以下几点。

（1）异步电动机和变压器是造成功率因数低的主要原因。异步电动机耗用的无功功率的总和，一般占工业企业全部无功功率的60%以上。当电动机长期空载或轻载时，其耗用量更大。变压器耗用的无功功率的总和，约占工业企业全部无功功率的20%左右。特别是变压器空载运行时，消耗的无功功率占变压器总无功功率的80%。因此，对异步电动机和变压器应采取有效措施减少空载或轻载运行。

（2）电容器补偿装置投切方式不当。绝大多数工业企业在提高自然功率因数的基础上，采取人工补偿的措施提高功率因数，安装了并联电容器。但有些用户为了投切简单，将电容器投切容量装置为固定式的，因而发生在用电高峰时欠补偿或在低谷负荷时过补偿向电力系统倒送无功功率的现象；而供电企业按规定，将用户倒送无功功率与实用无功功率的绝对值之和计算月平均功率因数，因此影响了功率因数高低变化。

（3）电容器补偿装置运行维护不当。有些用户对电容器补偿装置未按规程规定进行巡视检查和定期维护，经常发生故障退出运行，没有发挥无功功率补偿作用，造成功率因数高低变化。

上述这些情况，抄表人员了解后，应及时建议用电检查部门协助用户予以改进。

Jb0002231097－1　试述室内低压线路短路的原因及简单处理。（5分）

考核知识点：电工基础

难易度：易

标准答案：

（1）室内低压线路造成短路的原因大致有以下几种。

1）接线错误引起相线与零线直接相碰。

2）因接线不良导致接头之间直接短接，或接头处接线松动而引起碰线。

3）在该用插头处不用插头，直接将线头插入插座孔内造成混线短路。

4）电器用具内部绝缘损坏，导致导线碰触金属外壳或用具内部短路而引起电源线短缺。

5）房屋失修漏水，造成灯头或开关过潮甚至进水，而导致内部相间短路。

6）导线绝缘受外力损伤，在破损处发生电源线碰接或者同时接地。

（2）短路故障发生后，应迅速拉开总开关，逐段检查，找出故障点并及时处理。同时检查开关熔丝是否合适，熔丝切不可选得太粗，更不能用铜线、铝线、铁丝等代替。

Jb0002231098－1　低压线路故障一般有哪几种？对室内配线发生的故障如何处理？（5 分）

考核知识点：电工基础

难易度：易

标准答案：

（1）低压线路可分为架空线、电缆线和室内外配线。它们所发生的故障，一般有以下几种。

1）机械性破坏故障：架空线倒杆、断线；电缆线、室内外配线因外力破坏断线。

2）电气性故障：单相接地、两相短路、三相短路、相间短路接地等短路故障、断路故障和因线路严重过负荷发热、室内线绝缘受损导致的漏电故障等。

（2）对室内配线故障的处理方法。

1）短路故障的原因大致有接线错误，插头接线不牢固，电器用具绝缘损坏，潮湿严重造成开关、灯头进水，导线绝缘损伤等。

线路发生短路故障后，应迅速拉开总开关，采取逐段检查的方法，找出故障点并及时处理。

2）断路故障的原因主要是导线折断、线头松脱、开关损坏，熔丝熔断，铝导线接头受严重腐蚀等。

线路发生断路故障后，如分路低压断路器未断开或熔断器熔丝未断，而电源侧相线没有电，则应采取逐级逐段检查的方法，缩小故障点范围，找到故障点后，进行可靠的处理。

3）漏电故障的原因主要有电器用具或线路绝缘损伤、老化、受潮或被污染造成绝缘不良而引起。此外，家用电器的保护接地不正确也会发生漏电现象。

对漏电的故障，可用绝缘电阻表和电流表测量和判定漏电情况，并按以下步骤进行。

① 判断是否确实发生了漏电。

② 判断漏电的性质。

③ 确定漏电范围。

④ 找出漏电点，及时妥善处理。

Jb0002231099－1　与触电伤害程度有关的因素有哪些？（5 分）

考核知识点：电工基础

难易度：易

标准答案：

（1）电流的大小。电流越大，伤害越严重。一般来说通过人体的交流电超过 10mA，直流电超过 50mA，触电者就会感到麻痹或剧痛。

（2）触电时间的长短。通电时间越长，能量积累增加，就越容易引起心室颤动。可用触电电流与触电时间的乘积（称为电击能量）来反映触电的危害程度。30mAs 是一个临界数字，超过 50mAs 人就有生命危险。

（3）电流通过人体的途径。以胸到左手的通路为最危险，从脚到脚的通路是危险性较小的电流途径。因此，触摸带电设备，低压带电作业等一定不要用左手。

（4）人体的电阻的大小。人体的电阻因人而异，一般为 800～1000Ω，流经人体的电流大小与人体电阻成反比。

（5）电流频率。在同样电压下，40～60Hz 的交流电对人体是最危险的，随着频率的增高，电击伤害程度显著减小。

（6）人体状况。电流对人体的作用，女性较男性更为敏感。由于心室颤动电流与体重约成反比，因此小孩遭受电击较成人危险。另外，患有心脏病、神经系统疾病、结核病等病症的人因电击引起的伤害程度比正常人更严重。

Jb0002231100－1 在低压电气设备上进行带电工作时应采取什么安全措施？（5 分）

考核知识点：作业安全

难易度：易

标准答案：

人身触及 220V 电压是有生命危险的。因此，在低压带电设备上工作，除至少应有两人外，还应遵守以下安全规定。

（1）应有专人监护，使用有完好绝缘柄的工具。工作时应站在干燥的绝缘物上进行，并戴手套和安全帽，必须穿长袖紧口衣工作服。严禁使用锉刀、金属尺和带金属物的毛刷、毛掸等工具。

（2）在高低压同杆架设的低压带电线路上工作时，应先检查与高压线的距离，采取防止误碰带电高压设备的措施。

（3）在低压带电导线未采取绝缘措施时，工作人员不得穿越。在带电的低压配电装置上工作时，应采取防止相间短路和单相接地的隔离措施。

（4）上杆前应分清相线、中性线，选好工作位置。断开导线时，应先断开相线，后断开中性线。搭接导线时，顺序应相反。

（5）人体不得同时接触两根线头。

第八章 装表接电工技师技能操作

Jc0002242001－1 采集终端抄读与调试。（100 分）

考核知识点：设备调试

难易度：中

技能等级评价专业技能考核操作工作任务书

一、任务名称

采集终端抄读与调试。

二、适用工种

装表接电工技师。

三、具体任务

现场判断处理专用变压器终端下行采集异常情况，并通过终端抄读电能表数据，填写表 Jc0002242001－1－1。

表 Jc0002242001－1－1

电能表采集数据			
正向有功总		正向有功谷	
正向有功峰		正向无功总	
正向有功平		有功需量总	

四、工作规范及要求

（1）着装符合要求，穿全棉长袖工作服、绝缘鞋，戴安全帽、线手套。

（2）携带自备工具（钢笔或中性笔）进入现场，待考评员宣布许可工作命令后开始工作并计时。

（3）打开计量柜（箱）门之前必须对柜（箱）体验电，现场操作严格执行《国家电网公司电力安全工作规程（配电部分）》。

（4）工作结束清理现场，并向监考员报告。

五、现场提供材料及工器具

验电笔、万用表、螺钉旋具。

六、考核时间及要求

本考核操作时间为 30 分钟，时间到停止考评。

技能等级评价专业技能考核操作评分标准

<table>
<tr><td>工种</td><td colspan="8">装表接电工</td><td>评价等级</td><td>技师</td></tr>
<tr><td>项目模块</td><td colspan="7">电能计量装置接线检查—三相三线电能计量装置接线检查</td><td>编号</td><td colspan="2">Jc0002242001－1</td></tr>
<tr><td>单位</td><td colspan="3"></td><td colspan="2">准考证号</td><td colspan="3"></td><td>姓名</td><td></td></tr>
<tr><td>考试时限</td><td colspan="2">30 分钟</td><td colspan="2">题型</td><td colspan="4">单项操作</td><td>题分</td><td>100 分</td></tr>
<tr><td>成绩</td><td></td><td>考评员</td><td colspan="2"></td><td>考评组长</td><td colspan="3"></td><td>日期</td><td></td></tr>
<tr><td>试题正文</td><td colspan="10">采集终端抄读与调试</td></tr>
</table>

续表

需要说明的问题和要求	（1）要求单人操作。 （2）操作时应注意安全，按照标准化作业指导书的技术安全说明做好安全措施					
序号	项目名称	质量要求	满分	扣分标准	扣分原因	得分
1	安全文明生产	佩戴安全帽；穿全棉工作服；穿绝缘鞋；操作时戴线手套；打开柜门前需先验电	20	未按要求进行，每项扣 5 分，扣完为止		
2	异常判断	正确判断采集异常原因	25	异常原因未找到扣 25 分		
3	异常处理	正确处理异常	20	异常未处理扣 20 分		
4	填写记录	正确、规范填写记录表	25	数据填写错误，每处扣 5 分； 单位使用错误，每处扣 5 分； 扣完为止		
5	现场恢复	操作结束后清理现场杂物，并将工器具归位摆放整齐	10	现场留有杂物或工器具未归位扣 10 分		
合计			100			

计量（采集）装置设置：

（1）考试使用电能表为仿真表，通过模拟装置进行参数设置。

（2）屏蔽电能表显示屏。

（3）通信速率设置错误，专用变压器终端电能表参数设置中通信速率错误设置为 1200，正确应改为 2400。

标准答案：

（1）调试终端，将通信速率改为 2400。

（2）通过终端抄取电表当前示数，采集相关数据，见表 Jc0002242001－1－2（表内空白处以考核现场电能计量装置参数示数值为准）。

表 Jc0002242001－1－2

电能表采集数据			
正向有功总	kWh	正向有功谷	kWh
正向有功峰	kWh	正向无功总	kvarh
正向有功平	kWh	有功需量总	kW

Jc0002242002－2　采集终端抄读与调试。（100 分）

考核知识点： 设备调试

难易度： 中

技能等级评价专业技能考核操作工作任务书

一、任务名称

采集终端抄读与调试。

二、适用工种

装表接电工技师。

三、具体任务

现场判断处理专用变压器终端下行采集异常情况，并通过终端抄读电能表数据，填写表 Jc0002242002－2－1。

表 Jc0002242002－2－1

电能表采集数据			
正向有功总		正向有功谷	
正向有功峰		正向无功总	
正向有功平		有功需量总	

四、工作规范及要求

（1）着装符合要求，穿全棉长袖工作服、绝缘鞋，戴安全帽、线手套。

（2）携带自备工具（钢笔或中性笔）进入现场，待考评员宣布许可工作命令后开始工作并计时。

（3）打开计量柜（箱）门之前必须对柜（箱）体验电，现场操作严格执行《国家电网公司电力安全工作规程（配电部分）》。

（4）工作结束清理现场，并向监考员报告。

五、现场提供材料及工器具

验电笔、万用表、螺钉旋具。

六、考核时间及要求

本考核操作时间为30分钟，时间到停止考评。

技能等级评价专业技能考核操作评分标准

工种	装表接电工					评价等级	技师
项目模块	电能计量装置接线检查—三相三线电能计量装置接线检查				编号	Jc0002242002－2	
单位			准考证号			姓名	
考试时限	30分钟	题型		单项操作		题分	100分
成绩		考评员		考评组长		日期	
试题正文	采集终端抄读与调试						
需要说明的问题和要求	（1）要求单人操作。 （2）操作时应注意安全，按照标准化作业指导书的技术安全说明做好安全措施						

序号	项目名称	质量要求	满分	扣分标准	扣分原因	得分
1	安全文明生产	佩戴安全帽；穿全棉工作服；穿绝缘鞋；操作时戴线手套；打开柜门前需先验电	20	未按要求进行，每处扣5分，扣完为止		
2	异常判断	正确判断采集异常原因	25	异常原因未找到扣25分		
3	异常处理	正确处理异常	20	异常未处理扣20分		
4	填写记录	正确、规范填写记录表	25	数据填写错误，每处扣5分； 单位使用错误，每处扣5分； 扣完为止		
5	现场恢复	操作结束后清理现场杂物，并将工器具归位摆放整齐	10	现场留有杂物或工器具未归位扣10分		
合计			100			

计量（采集）装置设置：

（1）考试使用电能表为仿真表，通过模拟装置进行参数设置。

（2）屏蔽电能表显示屏。

（3）通信规约设置错误，专用变压器终端电能表参数设置中通信规约错误设置为T645－97，正确应改为T645－07。

标准答案：

（1）调试终端，将通信规约改为 T645－07。

（2）通过终端抄取电表当前示数，采集相关数据，见表 Jc0002242002－2－2（表内空白处以考核现场电能计量装置参数示数值为准）。

表 Jc0002242002－2－2

电能表采集数据			
正向有功总	kWh	正向有功谷	kWh
正向有功峰	kWh	正向无功总	kvarh
正向有功平	kWh	有功需量总	kW

Jc0002242003－3　采集终端抄读与调试。（100 分）

考核知识点：设备调试

难易度：中

技能等级评价专业技能考核操作工作任务书

一、任务名称

采集终端抄读与调试。

二、适用工种

装表接电工技师。

三、具体任务

现场判断处理专用变压器终端下行采集异常情况，并通过终端抄读电能表数据，填写表 Jc0002242003－3－1。

表 Jc0002242003－3－1

电能表采集数据			
正向有功总		正向有功谷	
正向有功峰		正向无功总	
正向有功平		有功需量总	

四、工作规范及要求

（1）着装符合要求，穿全棉长袖工作服、绝缘鞋，戴安全帽、线手套。

（2）携带自备工具（钢笔或中性笔）进入现场，待考评员宣布许可工作命令后开始工作并计时。

（3）打开计量柜（箱）门之前必须对柜（箱）体验电，现场操作严格执行《国家电网公司电力安全工作规程（配电部分）》。

（4）工作结束清理现场，并向监考员报告。

五、现场提供材料及工器具

验电笔、万用表、螺钉旋具。

六、考核时间及要求

本考核操作时间为 30 分钟，时间到停止考评。

技能等级评价专业技能考核操作评分标准

<table>
<tr><td>工种</td><td colspan="5">装表接电工</td><td>评价等级</td><td>技师</td></tr>
<tr><td>项目模块</td><td colspan="4">电能计量装置接线检查—三相三线电能计量装置接线检查</td><td>编号</td><td colspan="2">Jc0002242003－3</td></tr>
<tr><td>单位</td><td colspan="2"></td><td>准考证号</td><td colspan="2"></td><td>姓名</td><td></td></tr>
<tr><td>考试时限</td><td colspan="2">30 分钟</td><td>题型</td><td colspan="2">单项操作</td><td>题分</td><td>100 分</td></tr>
<tr><td>成绩</td><td></td><td>考评员</td><td></td><td>考评组长</td><td></td><td>日期</td><td></td></tr>
<tr><td>试题正文</td><td colspan="7">采集终端抄读与调试</td></tr>
<tr><td>需要说明的问题和要求</td><td colspan="7">（1）要求单人操作。
（2）操作时应注意安全，按照标准化作业指导书的技术安全说明做好安全措施</td></tr>
</table>

序号	项目名称	质量要求	满分	扣分标准	扣分原因	得分
1	安全文明生产	佩戴安全帽；穿全棉工作服；穿绝缘鞋；操作时戴线手套；打开柜门前需先验电	20	未按要求进行，每项扣 5 分，扣完为止		
2	异常判断	正确判断采集异常原因	25	异常原因未找到扣 25 分		
3	异常处理	正确处理异常	20	异常未处理扣 20 分		
4	填写记录	正确、规范填写记录表	25	数据填写错误，每处扣 5 分； 单位使用错误，每处扣 5 分； 扣完为止		
5	现场恢复	操作结束后清理现场杂物，并将工器具归位摆放整齐	10	现场留有杂物或工器具未归位扣 10 分		
合计			100			

计量（采集）装置设置：

（1）考试使用电能表为仿真表，通过模拟装置进行参数设置。

（2）屏蔽电能表显示屏。

（3）电能表通信地址设置错误，专用变压器终端电能表参数设置中表地址错误设置为000000000000，正确应改为电能表表号（后 12 位）。

标准答案：

（1）调试终端，将电能表地址改为电能表表号（后 12 位）。

（2）通过终端抄取电表当前示数，采集相关数据，见表 Jc0002242003－3－2（表内空白处以考核现场电能计量装置参数示数值为准）。

表 Jc0002242003－3－2

<table>
<tr><td colspan="4">电能表采集数据</td></tr>
<tr><td>正向有功总</td><td>kWh</td><td>正向有功谷</td><td>kWh</td></tr>
<tr><td>正向有功峰</td><td>kWh</td><td>正向无功总</td><td>kvarh</td></tr>
<tr><td>正向有功平</td><td>kWh</td><td>有功需量总</td><td>kW</td></tr>
</table>

Jc0002242004－4 采集终端抄读与调试。（100 分）

考核知识点： 设备调试

难易度： 中

技能等级评价专业技能考核操作工作任务书

一、任务名称

采集终端抄读与调试。

二、适用工种

装表接电工技师。

三、具体任务

现场判断处理专用变压器终端下行采集异常情况，并通过终端抄读电能表数据，填写表Jc0002242004－4－1。

表 Jc0002242004－4－1

电能表采集数据			
正向有功总		正向有功谷	
正向有功峰		正向无功总	
正向有功平		有功需量总	

四、工作规范及要求

（1）着装符合要求，穿全棉长袖工作服、绝缘鞋，戴安全帽、线手套。

（2）携带自备工具（钢笔或中性笔）进入现场，待考评员宣布许可工作命令后开始工作并计时。

（3）打开计量柜（箱）门之前必须对柜（箱）体验电，现场操作严格执行《国家电网公司电力安全工作规程（配电部分）》。

（4）工作结束清理现场，并向监考员报告。

五、现场提供材料及工器具

验电笔、万用表、螺钉旋具。

六、考核时间及要求

本考核操作时间为 30 分钟，时间到停止考评。

技能等级评价专业技能考核操作评分标准

<table>
<tr><td>工种</td><td colspan="5">装表接电工</td><td>评价等级</td><td>技师</td></tr>
<tr><td>项目模块</td><td colspan="4">电能计量装置接线检查—三相三线电能计量装置接线检查</td><td>编号</td><td colspan="2">Jc0002242004－4</td></tr>
<tr><td>单位</td><td colspan="2"></td><td>准考证号</td><td colspan="2"></td><td>姓名</td><td></td></tr>
<tr><td>考试时限</td><td colspan="2">30 分钟</td><td>题型</td><td colspan="2">单项操作</td><td>题分</td><td>100 分</td></tr>
<tr><td>成绩</td><td></td><td>考评员</td><td></td><td>考评组长</td><td></td><td>日期</td><td></td></tr>
<tr><td>试题正文</td><td colspan="7">采集终端抄读与调试</td></tr>
<tr><td>需要说明的问题和要求</td><td colspan="7">（1）要求单人操作。
（2）操作时应注意安全，按照标准化作业指导书的技术安全说明做好安全措施</td></tr>
</table>

序号	项目名称	质量要求	满分	扣分标准	扣分原因	得分
1	安全文明生产	佩戴安全帽；穿全棉工作服；穿绝缘鞋；操作时戴线手套；打开柜门前需先验电	20	未按要求进行，每项扣 5 分，扣完为止		
2	异常判断	正确判断采集异常原因	25	异常原因未找到扣 25 分		
3	异常处理	正确处理异常	20	异常未处理扣 20 分		

续表

序号	项目名称	质量要求	满分	扣分标准	扣分原因	得分
4	填写记录	正确、规范填写记录表	25	数据填写错误，每处扣5分； 单位使用错误，每处扣5分； 扣完为止		
5	现场恢复	操作结束后清理现场杂物，并将工器具归位摆放整齐	10	现场留有杂物或工器具未归位扣10分		
合计			100			

计量（采集）装置设置：

（1）考试使用电能表为仿真表，通过模拟装置进行参数设置。

（2）屏蔽电能表显示屏。

（3）电能表辅助端子RS－485接线错误，错接至25、26端口，正确应改为24、25。

标准答案：

（1）调试终端，将RS－485接线接至24、25端口。

（2）通过终端抄取电表当前示数，采集相关数据，见表Jc0002242004－4－2（表内空白处以考核现场电能计量装置参数示数值为准）。

表 Jc0002242004－4－2

电能表采集数据			
正向有功总	kWh	正向有功谷	kWh
正向有功峰	kWh	正向无功总	kvarh
正向有功平	kWh	有功需量总	kW

Jc0002242005－5 采集终端抄读与调试。（100分）

考核知识点： 设备调试

难易度： 中

技能等级评价专业技能考核操作工作任务书

一、任务名称

采集终端抄读与调试。

二、适用工种

装表接电工技师。

三、具体任务

现场判断处理集中器下行采集异常情况，并通过终端抄读电能表数据，填写表Jc0002242005－5－1。

表 Jc0002242005－5－1

电能表采集数据	
正向有功（总）	
正向有功（峰）	
正向有功（平）	
正向有功（谷）	

四、工作规范及要求

（1）着装符合要求，穿全棉长袖工作服、绝缘鞋，戴安全帽、线手套。

（2）携带自备工具（钢笔或中性笔）进入现场，待考评员宣布许可工作命令后开始工作并计时。

（3）打开计量柜（箱）门之前必须对柜（箱）体验电，现场操作严格执行《国家电网公司电力安全工作规程（配电部分）》。

（4）工作结束清理现场，并向监考员报告。

五、现场提供材料及工器具

验电笔、万用表、螺钉旋具、通信模块（鼎信单相模块、鼎信三相模块、东软单相模块、东软三相模块、友迅达单相模块、友迅达三相模块）。

六、考核时间及要求

本考核操作时间为30分钟，时间到停止考评。

技能等级评价专业技能考核操作评分标准

<table>
<tr><td>工种</td><td colspan="5">装表接电工</td><td>评价等级</td><td>技师</td></tr>
<tr><td>项目模块</td><td colspan="4">电能计量装置接线检查—三相三线电能计量装置接线检查</td><td>编号</td><td colspan="2">Jc0002242005－5</td></tr>
<tr><td>单位</td><td colspan="2"></td><td>准考证号</td><td colspan="2"></td><td>姓名</td><td></td></tr>
<tr><td>考试时限</td><td>30分钟</td><td>题型</td><td colspan="3">单项操作</td><td>题分</td><td>100分</td></tr>
<tr><td>成绩</td><td>考评员</td><td></td><td>考评组长</td><td colspan="2"></td><td>日期</td><td></td></tr>
<tr><td>试题正文</td><td colspan="7">采集终端抄读与调试</td></tr>
<tr><td>需要说明的问题和要求</td><td colspan="7">（1）要求单人操作。
（2）操作时应注意安全，按照标准化作业指导书的技术安全说明做好安全措施</td></tr>
</table>

序号	项目名称	质量要求	满分	扣分标准	扣分原因	得分
1	安全文明生产	佩戴安全帽；穿全棉工作服；穿绝缘鞋；操作时戴线手套；打开柜门前需先验电	20	未按要求进行，每项扣5分，扣完为止		
2	异常判断	正确判断采集异常原因	25	异常原因未找到扣25分		
3	异常处理	正确处理异常	20	异常未处理扣20分		
4	填写记录	正确、规范填写记录表	25	数据填写错误，每处扣5分； 单位使用错误，每处扣5分； 扣完为止		
5	现场恢复	操作结束后清理现场杂物，并将工器具归位摆放整齐	10	现场留有杂物或工器具未归位扣10分		
合计			100			

计量（采集）装置设置：

（1）考试使用电能表为仿真表，通过模拟装置进行参数设置。

（2）屏蔽电能表显示屏。

（3）电能表安装采集模块不匹配，集中器和电能表采集模块必须为同一厂家，集中器模块安装为东软、电能表安装为友迅达，应将电能表采集模块更换为东软。

标准答案：

（1）将电能表采集模块更换为东软。

（2）通过终端抄取电表当前示数，采集相关数据，见表Jc0002242005－5－2（表内空白处以考核现场电能计量装置参数示数值为准）。

表 Jc0002242005－5－2

电能表采集数据	
正向有功（总）	kWh
正向有功（峰）	kWh
正向有功（平）	kWh
正向有功（谷）	kWh

Jc0002242006－6 集中器和电能表相关数据抄读。（100 分）

考核知识点：设备调试

难易度：中

技能等级评价专业技能考核操作工作任务书

一、任务名称

集中器和电能表相关数据抄读。

二、适用工种

装表接电工技师。

三、具体任务

在指定工位完成集中器及指定电能表的相关数据抄读工作，见表 Jc0002242006－6－1。

表 Jc0002242006－6－1

1. 终端参数抄读	
终端地址	
APN	
主用 IP	
心跳周期	
2. 测量点参数抄读	
电能表表号	
通信速率	
端口号	
通信规约	
3. 电能表示数抄读	
正向有功（总、峰、平、谷）	
正向无功（总）	
电压（A、B、C）	
电流（A、B、C）	

四、工作规范及要求

（1）着装符合要求，穿全棉长袖工作服、绝缘鞋，戴安全帽、线手套。

（2）携带自备工具（钢笔或中性笔）进入现场，待考评员宣布许可工作命令后开始工作并计时。

（3）打开计量柜（箱）门之前必须对柜（箱）体验电，现场操作严格执行《国家电网公司电力安全工作规程（配电部分）》。

（4）工作结束清理现场，并向监考员报告。

五、现场提供材料及工器具

验电笔、万用表、螺钉旋具。

六、考核时间及要求

本考核操作时间为30分钟，时间到停止考评。

技能等级评价专业技能考核操作评分标准

工种	装表接电工					评价等级	技师
项目模块	电能计量装置接线检查—三相四线电能计量装置接线检查				编号	Jc0002242006－6	
单位			准考证号			姓名	
考试时限	30分钟		题型	单项操作		题分	100分
成绩		考评员		考评组长		日期	
试题正文	集中器和电能表相关数据抄读						
需要说明的问题和要求	（1）要求单人操作。 （2）操作时应注意安全，按照标准化作业指导书的技术安全说明做好安全措施						

序号	项目名称	质量要求	满分	扣分标准	扣分原因	得分
1	安全文明生产	佩戴安全帽；穿全棉工作服；穿绝缘鞋；操作时戴线手套；打开柜门前需先验电	20	未按要求进行，每项扣5分，扣完为止		
2	正确抄读	终端参数抄读正确	20	错误一处扣5分，扣完为止		
		测量点参数抄读正确	20	错误一处扣5分，扣完为止		
		电能表示数抄读正确	30	数据填写错误，每处扣5分； 单位使用错误，每处扣5分； 扣完为止		
3	现场恢复	操作结束后清理现场杂物，并将工器具归位摆放整齐	10	现场留有杂物或工器具未归位扣10分		
合计			100			

计量（采集）装置设置：

（1）考试使用电能表为仿真表，通过模拟装置进行参数设置。

（2）屏蔽电能表显示屏。

标准答案：

通过终端读取各项参数、电能表当前示数，正确记录见表Jc0002242006－6－2（表内空白处以考核现场电能计量装置参数示数值为准）。

表Jc0002242006－6－2

1. 终端参数抄读	
终端地址	60001
APN	CMNET
主用IP	010.216.237.058
心跳周期	3min

续表

2. 测量点参数抄读	
电能表表号	
通信速率	2400bit/s
端口号	2
通信规约	2007 规约
3. 电能表示数抄读	
正向有功（总、峰、平、谷）	kWh、 kWh、 kWh、 kWh
正向无功（总）	kvarh
电压（A、B、C）	V、 V、 V
电流（A、B、C）	A、 A、 A

Jc0002242007－7 采集终端抄读与调试。（100 分）

考核知识点：设备调试

难易度：中

技能等级评价专业技能考核操作工作任务书

一、任务名称

采集终端抄读与调试。

二、适用工种

装表接电工技师。

三、具体任务

在指定工位（集中器）完成指定电能表的参数设置、采集数据抄读，记录并填写表 Jc0002242007－7－1。

表 Jc0002242007－7－1

电能表号		有功总	
波特率		有功峰	
通信端口		有功平	
通信规约		有功谷	

四、工作规范及要求

（1）着装符合要求，穿全棉长袖工作服、绝缘鞋，戴安全帽、线手套。

（2）携带自备工具（钢笔或中性笔）进入现场，待考评员宣布许可工作命令后开始工作并计时。

（3）打开计量柜（箱）门之前必须对柜（箱）体验电，现场操作严格执行《国家电网公司电力安全工作规程（配电部分）》。

（4）工作结束清理现场，并向监考员报告。

五、现场提供材料及工器具

验电笔、万用表、螺钉旋具。

六、考核时间及要求

本考核操作时间为 30 分钟，时间到停止考评。

技能等级评价专业技能考核操作评分标准

<table>
<tr><td>工种</td><td colspan="6">装表接电工</td><td>评价等级</td><td colspan="2">技师</td></tr>
<tr><td>项目模块</td><td colspan="5">电能计量装置接线检查—三相四线电能计量装置接线检查</td><td>编号</td><td colspan="3">Jc0002242007－7</td></tr>
<tr><td>单位</td><td colspan="3"></td><td>准考证号</td><td colspan="2"></td><td>姓名</td><td colspan="2"></td></tr>
<tr><td>考试时限</td><td colspan="2">30 分钟</td><td>题型</td><td colspan="3">单项操作</td><td>题分</td><td colspan="2">100 分</td></tr>
<tr><td>成绩</td><td></td><td>考评员</td><td></td><td>考评组长</td><td colspan="2"></td><td>日期</td><td colspan="2"></td></tr>
<tr><td>试题正文</td><td colspan="9">采集终端抄读与调试</td></tr>
<tr><td>需要说明的问题和要求</td><td colspan="9">（1）要求单人操作。
（2）操作时应注意安全，按照标准化作业指导书的技术安全说明做好安全措施</td></tr>
</table>

序号	项目名称	质量要求	满分	扣分标准	扣分原因	得分
1	安全文明生产	佩戴安全帽；穿全棉工作服；穿绝缘鞋；操作时戴线手套；打开柜门前需先验电	20	未按要求进行，每项扣 5 分，扣完为止		
2	参数设置	正确设置终端各项参数	40	错误一项扣 10 分，扣完为止		
3	填写记录	正确、规范填写记录表	30	数据填写错误，每处扣 5 分； 单位使用错误，每处扣 5 分； 扣完为止		
4	现场恢复	操作结束后清理现场杂物，并将工器具归位摆放整齐	10	现场留有杂物或工器具未归位扣 10 分		
合计			100			

计量（采集）装置设置：

（1）考试使用电能表为仿真表，通过模拟装置进行参数设置。

（2）屏蔽电能表显示屏。

参考答案：

（1）在集中器电能表参数设置项中将表号设置为实际电能表号，波特率设置为 2400bit/s，通信端口设置为 31，通信规约设置为 645－07。

（2）正确记录见表 Jc0002242007－7－2（表内空白处以考核现场电能计量装置参数示数值为准）。

表 Jc0002242007－7－2

电能表号		有功总	kWh
波特率	2400bit/s	有功峰	kWh
通信端口	31	有功平	kWh
通信规约	645－07	有功谷	kWh

Jc0002242008－8　采集终端抄读与调试。（100 分）

考核知识点：设备调试

难易度：中

技能等级评价专业技能考核操作工作任务书

一、任务名称

采集终端抄读与调试。

二、适用工种

装表接电工技师。

三、具体任务

在指定工位（专用变压器终端）完成指定电能表的参数设置、采集数据抄读，记录并填写表 Jc0002242008－8－1。

表 Jc0002242008－8－1

表地址	波特率	通信端口	通信规约	有功（总）	无功（总）

四、工作规范及要求

（1）着装符合要求，穿全棉长袖工作服、绝缘鞋，戴安全帽、线手套。

（2）携带自备工具（钢笔或中性笔）进入现场，待考评员宣布许可工作命令后开始工作并计时。

（3）打开计量柜（箱）门之前必须对柜（箱）体验电，现场操作严格执行《国家电网公司电力安全工作规程（配电部分）》。

（4）工作结束清理现场，并向监考员报告。

五、现场提供材料及工器具

验电笔、万用表、螺钉旋具。

六、考核时间及要求

本考核操作时间为 30 分钟，时间到停止考评。

技能等级评价专业技能考核操作评分标准

<table>
<tr><td>工种</td><td colspan="6">装表接电工</td><td>评价等级</td><td>技师</td></tr>
<tr><td>项目模块</td><td colspan="5">电能计量装置接线检查—三相四线电能计量装置接线检查</td><td>编号</td><td colspan="2">Jc0002242008－8</td></tr>
<tr><td>单位</td><td colspan="2"></td><td>准考证号</td><td colspan="3"></td><td>姓名</td><td></td></tr>
<tr><td>考试时限</td><td colspan="2">30 分钟</td><td>题型</td><td colspan="3">单项操作</td><td>题分</td><td>100 分</td></tr>
<tr><td>成绩</td><td></td><td>考评员</td><td></td><td>考评组长</td><td colspan="2"></td><td>日期</td><td></td></tr>
<tr><td>试题正文</td><td colspan="8">采集终端抄读与调试</td></tr>
<tr><td>需要说明的问题和要求</td><td colspan="8">（1）要求单人操作。
（2）操作时应注意安全，按照标准化作业指导书的技术安全说明做好安全措施</td></tr>
</table>

序号	项目名称	质量要求	满分	扣分标准	扣分原因	得分
1	安全文明生产	佩戴安全帽；穿全棉工作服；穿绝缘鞋；操作时戴线手套；打开柜门前需先验电	20	未按要求进行，每项扣 5 分，扣完为止		
2	参数设置	正确设置终端各项参数	40	错误一项扣 10 分，扣完为止		
3	填写记录	正确、规范填写记录表	30	数据填写错误，每处扣 5 分； 单位使用错误，每处扣 5 分； 扣完为止		
4	现场恢复	操作结束后清理现场杂物，并将工器具归位摆放整齐	10	现场留有杂物或工器具未归位扣 10 分		
合计			100			

计量（采集）装置设置：

（1）考试使用电能表为仿真表，通过模拟装置进行参数设置。

（2）屏蔽电能表显示屏。

标准答案：

（1）在终端电能表参数设置项中将表地址设置为实际表号（12 位），波特率设置为 2400bit/s，通信端口设置为02，通信规约设置为645－07。

（2）正确记录见表Jc0002242008－8－2（表内空白处以考核现场电能计量装置参数示数值为准）。

表 Jc0002242008－8－2

表地址	波特率	通信端口	通信规约	有功（总）	无功（总）
	2400bit/s	2	645－07	kWh	kvarh

Jc0002242009－9　采集终端抄读与调试。（100分）

考核知识点：设备调试

难易度：中

技能等级评价专业技能考核操作工作任务书

一、任务名称

采集终端抄读与调试。

二、适用工种

装表接电工技师。

三、具体任务

在指定工位完成专用变压器终端及指定电能表的相关数据抄读工作，填表Jc0002242009－9－1。

表 Jc0002242009－9－1

表地址	波特率	通信端口	通信规约	有功（总）	无功（总）

四、工作规范及要求

（1）着装符合要求，穿全棉长袖工作服、绝缘鞋，戴安全帽、线手套。

（2）携带自备工具（钢笔或中性笔）进入现场，待考评员宣布许可工作命令后开始工作并计时。

（3）打开计量柜（箱）门之前必须对柜（箱）体验电，现场操作严格执行《国家电网公司电力安全工作规程（配电部分）》。

（4）工作结束清理现场，并向监考员报告。

五、现场提供材料及工器具

验电笔、万用表、螺钉旋具。

六、考核时间及要求

本考核操作时间为30分钟，时间到停止考评。

技能等级评价专业技能考核操作评分标准

<table>
<tr><td>工种</td><td colspan="5">装表接电工</td><td>评价等级</td><td>技师</td></tr>
<tr><td>项目模块</td><td colspan="4">电能计量装置接线检查—三相四线电能计量装置接线检查</td><td>编号</td><td colspan="2">Jc0002242009－9</td></tr>
<tr><td>单位</td><td colspan="2"></td><td>准考证号</td><td colspan="2"></td><td>姓名</td><td></td></tr>
<tr><td>考试时限</td><td colspan="2">30分钟</td><td>题型</td><td colspan="2">单项操作</td><td>题分</td><td>100分</td></tr>
<tr><td>成绩</td><td></td><td>考评员</td><td></td><td>考评组长</td><td></td><td>日期</td><td></td></tr>
<tr><td>试题正文</td><td colspan="7">采集终端抄读与调试</td></tr>
</table>

续表

需要说明的问题和要求	（1）要求单人操作。 （2）操作时应注意安全，按照标准化作业指导书的技术安全说明做好安全措施					
序号	项目名称	质量要求	满分	扣分标准	扣分原因	得分
1	安全文明生产	佩戴安全帽；穿全棉工作服；穿绝缘鞋；操作时戴线手套；打开柜门前需先验电	20	未按要求进行，每项扣 5 分，扣完为止		
2	参数抄读	正确抄读终端各项参数	40	错误一项扣 10 分，扣完为止		
3	填写记录	正确、规范填写记录表	30	数据填写错误，每处扣 5 分； 单位使用错误，每处扣 5 分； 扣完为止		
4	现场恢复	操作结束后清理现场杂物，并将工器具归位摆放整齐	10	现场留有杂物或工器具未归位扣 10 分		
合计			100			

计量（采集）装置设置：

（1）考试使用电能表为仿真表，通过模拟装置进行参数设置。

（2）屏蔽电能表显示屏。

标准答案：

通过终端读取各项参数，并正确记录见表 Jc0002242009－9－2（表内空白处以考核现场电能计量装置参数示数值为准）。

表 Jc0002242009－9－2

表地址	波特率	通信端口	通信规约	有功（总）	无功（总）
	2400bit/s	2	645－07	kWh	kvarh

Jc0002242010－10　采集终端抄读与调试。（100 分）

考核知识点： 设备调试

难易度： 中

技能等级评价专业技能考核操作工作任务书

一、任务名称

采集终端抄读与调试。

二、适用工种

装表接电工技师。

三、具体任务

在指定工位判断处理集中器下行采集异常情况，并通过终端抄读指定电能表数据，填写表 Jc0002242010－10－1。

表 Jc0002242010－10－1

电能表采集数据	
正向有功（总）	
正向有功（峰）	
正向有功（平）	
正向有功（谷）	

四、工作规范及要求

（1）着装符合要求，穿全棉长袖工作服、绝缘鞋，戴安全帽、线手套。

（2）携带自备工具（钢笔或中性笔）进入现场，待考评员宣布许可工作命令后开始工作并计时。

（3）打开计量柜（箱）门之前必须对柜（箱）体验电，现场操作严格执行《国家电网公司电力安全工作规程（配电部分）》。

（4）工作结束清理现场，并向监考员报告。

五、现场提供材料及工器具

验电笔、万用表、螺钉旋具。

六、考核时间及要求

本考核操作时间为30分钟，时间到停止考评。

技能等级评价专业技能考核操作评分标准

<table>
<tr><td>工种</td><td colspan="5">装表接电工</td><td>评价等级</td><td>技师</td></tr>
<tr><td>项目模块</td><td colspan="4">电能计量装置接线检查—三相四线电能计量装置接线检查</td><td>编号</td><td colspan="2">Jc0002242010－10</td></tr>
<tr><td>单位</td><td colspan="3"></td><td>准考证号</td><td></td><td>姓名</td><td></td></tr>
<tr><td>考试时限</td><td colspan="2">30分钟</td><td>题型</td><td colspan="2">单项操作</td><td>题分</td><td>100分</td></tr>
<tr><td>成绩</td><td></td><td>考评员</td><td></td><td>考评组长</td><td></td><td>日期</td><td></td></tr>
<tr><td>试题正文</td><td colspan="7">采集终端抄读与调试</td></tr>
<tr><td>需要说明的问题和要求</td><td colspan="7">（1）要求单人操作。
（2）操作时应注意安全，按照标准化作业指导书的技术安全说明做好安全措施</td></tr>
</table>

序号	项目名称	质量要求	满分	扣分标准	扣分原因	得分
1	安全文明生产	佩戴安全帽；穿全棉工作服；穿绝缘鞋；操作时戴线手套；打开柜门前需先验电	20	未按要求进行，每项扣5分，扣完为止		
2	异常判断	正确判断采集异常原因	25	异常原因未找到扣25分		
3	异常处理	正确处理异常	20	异常未处理扣20分		
4	填写记录	正确、规范填写记录表	25	数据填写错误，每处扣5分； 单位使用错误，每处扣5分； 扣完为止		
5	现场恢复	操作结束后清理现场杂物，并将工器具归位摆放整齐	10	现场留有杂物或工器具未归位扣10分		
合计			100			

计量（采集）装置设置：

（1）考试使用电能表为仿真表，通过模拟装置进行参数设置。

（2）屏蔽电能表显示屏。

（3）集中器电能表参数设置项中端口号错误设置为2，正确应改为31。

标准答案：

（1）将集中器电能表参数设置项中端口号改为31。

（2）通过集中器读取电能表数据，正确记录见表Jc0002242010－10－2（表内空白处以考核现场电能计量装置参数示数值为准）。

表 Jc0002242010－10－2

电能表采集数据	
正向有功（总）	kWh
正向有功（峰）	kWh
正向有功（平）	kWh
正向有功（谷）	kWh

Jc0002241011－1 三相四线计量装置错误接线纠正。（100 分）

考核知识点： 设备运维

难易度： 易

技能等级评价专业技能考核操作工作任务书

一、任务名称

三相四线计量装置错误接线纠正。

二、适用工种

装表接电工技师。

三、具体任务

使用相位伏安表、相序表等仪器检测电能表接线，画相量图，计算有功功率更正系数。

四、工作规范及要求

（1）着装符合要求，穿全棉长袖工作服、绝缘鞋，戴安全帽、线手套。

（2）携带自备工具（钢笔或中性笔、计算器、三角尺）进入现场，待考评员宣布许可工作命令后开始工作并计时。

（3）打开计量柜（箱）门之前必须对柜（箱）体验电，现场操作严格执行《国家电网公司电力安全工作规程（配电部分）》。

（4）工作结束清理现场，并向监考员报告。

五、现场提供材料及工器具

验电笔、万用表、相序表、钳形电流表、相位伏安表、螺钉旋具。

六、考核时间及要求

本考核操作时间为 30 分钟，时间到停止考评。

技能等级评价专业技能考核操作评分标准

<table>
<tr><td>工种</td><td colspan="5">装表接电工</td><td>评价等级</td><td>技师</td></tr>
<tr><td>项目模块</td><td colspan="4">电能计量装置接线检查—三相四线电能计量装置接线检查</td><td>编号</td><td colspan="2">Jc0002241011－1</td></tr>
<tr><td>单位</td><td colspan="2"></td><td>准考证号</td><td colspan="2"></td><td>姓名</td><td></td></tr>
<tr><td>考试时限</td><td>30 分钟</td><td>题型</td><td colspan="3">单项操作</td><td>题分</td><td>100 分</td></tr>
<tr><td>成绩</td><td></td><td>考评员</td><td></td><td>考评组长</td><td></td><td>日期</td><td></td></tr>
<tr><td>试题正文</td><td colspan="7">三相四线计量装置错误接线纠正</td></tr>
<tr><td>需要说明的问题和要求</td><td colspan="7">（1）要求单人操作。
（2）操作时应注意安全，按照标准化作业指导书的技术安全说明做好安全措施</td></tr>
<tr><td>序号</td><td>项目名称</td><td colspan="2">质量要求</td><td>满分</td><td>扣分标准</td><td>扣分原因</td><td>得分</td></tr>
<tr><td>1</td><td>安全文明生产</td><td colspan="2">佩戴安全帽；穿全棉工作服；穿绝缘鞋；操作时戴线手套；打开柜门前需先验电</td><td>20</td><td>未按要求进行，每项扣 5 分，扣完为止</td><td></td><td></td></tr>
</table>

续表

序号	项目名称	质量要求	满分	扣分标准	扣分原因	得分
2	正确使用仪器仪表、检测接线	（1）正确使用相位伏安表。 （2）数据测量正确	40	相位伏安表使用不当，每次扣10分； 数据测量错误，每次扣10分； 扣完为止		
3	相量图	正确画出相量图	20	相量图错误，每处扣2分，扣完为止		
4	计算结果	正确计算更正系数	10	更正系数计算错误扣10分		
5	现场恢复	操作结束后清理现场杂物，并将工器具归位摆放整齐	10	现场留有杂物或工器具未归位扣10分		
合计			100			

计量装置设置：

（1）考试使用电能表为仿真表，通过模拟装置进行参数设置。

（2）设置为专用变压器计量柜指定三相四线电能表 3×220/380V、3×1.5（6）A，假定负荷三相平衡，相电压分别为220、220、220V，相电流分别为2、2、2A，电压相序为BAC，电流相序为ABC，三相负载平衡，感性，功率因数角为14°。

（3）指定电能表第一元件为B相电压。

标准答案：

（1）测量相序、电压、电流、相角值，见表Jc0002241011－1。

表 Jc0002241011－1

参数	一元件	二元件	三元件
电压	220V	220V	220V
电流	2A	2A	2A
电压与电流相角	106°	134°	14°
相序	BAC		

（2）根据实测数据画出相量图，如图Jc0002241011－1所示。

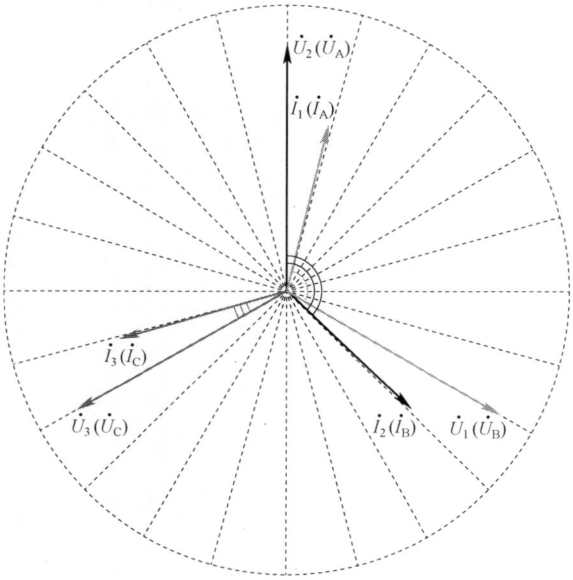

图 Jc0002241011－1

（3）列出错误接线有功功率表达式

$$P_1 = U_B I_A \cos(120° - \varphi)$$

$$P_2 = U_A I_B \cos(120° + \varphi)$$

$$P_3 = U_C I_C \cos\varphi$$

$$P = P_1 + P_2 + P_3 = 0$$

（4）计算更正系数

$$K_P = \frac{P_0}{P} = \frac{3UI\cos\varphi}{0} = \infty$$

Jc0002241012－2　三相四线计量装置错误接线纠正。（100 分）

考核知识点：设备运维

难易度：易

技能等级评价专业技能考核操作工作任务书

一、任务名称

三相四线计量装置错误接线纠正。

二、适用工种

装表接电工技师。

三、具体任务

使用相位伏安表、相序表等仪器检测电能表接线，画相量图，计算有功功率更正系数。

四、工作规范及要求

（1）着装符合要求，穿全棉长袖工作服、绝缘鞋，戴安全帽、线手套。

（2）携带自备工具（钢笔或中性笔、计算器、三角尺）进入现场，待考评员宣布许可工作命令后开始工作并计时。

（3）打开计量柜（箱）门之前必须对柜（箱）体验电，现场操作严格执行《国家电网公司电力安全工作规程（配电部分）》。

（4）工作结束清理现场，并向监考员报告。

五、现场提供材料及工器具

验电笔、万用表、相序表、钳形电流表、相位伏安表、螺钉旋具。

六、考核时间及要求

本考核操作时间为 30 分钟，时间到停止考评。

技能等级评价专业技能考核操作评分标准

<table>
<tr><td>工种</td><td colspan="8">装表接电工</td><td>评价等级</td><td>技师</td></tr>
<tr><td>项目模块</td><td colspan="7">电能计量装置接线检查—三相四线电能计量装置接线检查</td><td>编号</td><td colspan="2">Jc0002241012－2</td></tr>
<tr><td>单位</td><td colspan="3"></td><td colspan="2">准考证号</td><td colspan="3"></td><td>姓名</td><td></td></tr>
<tr><td>考试时限</td><td colspan="2">30 分钟</td><td colspan="2">题型</td><td colspan="4">单项操作</td><td>题分</td><td>100 分</td></tr>
<tr><td>成绩</td><td></td><td>考评员</td><td colspan="2"></td><td colspan="2">考评组长</td><td colspan="2"></td><td>日期</td><td></td></tr>
<tr><td>试题正文</td><td colspan="10">三相四线计量装置错误接线纠正</td></tr>
<tr><td>需要说明的问题和要求</td><td colspan="10">（1）要求单人操作。
（2）操作时应注意安全，按照标准化作业指导书的技术安全说明做好安全措施</td></tr>
</table>

续表

序号	项目名称	质量要求	满分	扣分标准	扣分原因	得分
1	安全文明生产	佩戴安全帽；穿全棉工作服；穿绝缘鞋；操作时戴线手套；打开柜门前需先验电	20	未按要求进行，每项扣 5 分，扣完为止		
2	正确使用仪器仪表、检测接线	（1）正确使用相位伏安表。 （2）数据测量正确	40	相位伏安表使用不当，每次扣 10 分；数据测量错误，每次扣 10 分；扣完为止		
3	相量图	正确画出相量图	20	相量图错误，每处扣 2 分，扣完为止		
4	计算结果	正确计算更正系数	10	更正系数计算错误扣 10 分		
5	现场恢复	操作结束后清理现场杂物，并将工器具归位摆放整齐	10	现场留有杂物或工器具未归位扣 10 分		
合计			100			

计量装置设置：

（1）考试使用电能表为仿真表，通过模拟装置进行参数设置。

（2）默认设置为专用变压器计量柜指定三相四线电能表 3×220/380V、3×1.5（6）A，假定负荷三相平衡，相电压分别为 220、220、220V，电流分别为 2、2、2A，电压相序为 ACB，电流相序为 ABC，三相负载平衡，感性，功率因数角为 14°。

（3）指定电能表第一元件为 A 相电压。

标准答案：

（1）测量相序、电压、电流、相角值，见表 Jc0002241012－2。

表 Jc0002241012－2

参数	一元件	二元件	三元件
电压	220V	220V	220V
电流	2A	2A	2A
电压与电流相角	14°	106°	134°
相序	ACB		

（2）根据实测数据画出相量图，如图 Jc0002241012－2 所示。

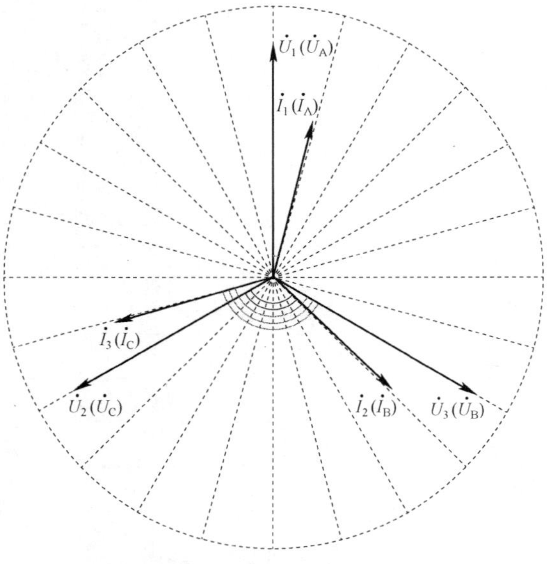

图 Jc0002241012－2

（3）列出错误接线有功功率表达式

$$P_1 = U_A I_A \cos(\varphi)$$
$$P_2 = U_C I_B \cos(120° - \varphi)$$
$$P_3 = U_B I_C \cos(120° + \varphi)$$
$$P = P_1 + P_2 + P_3 = 0$$

（4）计算更正系数

$$K_P = \frac{P_0}{P} = \frac{3UI\cos\varphi}{0} = \infty$$

Jc0002241013－3　三相四线计量装置错误接线纠正。（100 分）

考核知识点：设备运维

难易度：易

技能等级评价专业技能考核操作工作任务书

一、任务名称

三相四线计量装置错误接线纠正。

二、适用工种

装表接电工技师。

三、具体任务

使用相位伏安表、相序表等仪器检测电能表接线、画相量图、计算有功功率更正系数。

四、工作规范及要求

（1）着装符合要求，穿全棉长袖工作服、绝缘鞋，戴安全帽、线手套。

（2）携带自备工具（钢笔或中性笔、计算器、三角尺）进入现场，待考评员宣布许可工作命令后开始工作并计时。

（3）打开计量柜（箱）门之前必须对柜（箱）体验电，现场操作严格执行《国家电网公司电力安全工作规程（配电部分）》。

（4）工作结束清理现场，并向监考员报告。

五、现场提供材料及工器具

验电笔、万用表、相序表、钳形电流表、相位伏安表、螺钉旋具。

六、考核时间及要求

本考核操作时间为 30 分钟，时间到停止考评。

技能等级评价专业技能考核操作评分标准

工种	装表接电工					评价等级	技师
项目模块	电能计量装置接线检查—三相三线电能计量装置接线检查				编号	Jc0002241013－3	
单位		准考证号				姓名	
考试时限	30 分钟	题型	单项操作			题分	100 分
成绩		考评员		考评组长		日期	
试题正文	三相四线计量装置错误接线纠正						
需要说明的问题和要求	（1）要求单人操作。 （2）操作时应注意安全，按照标准化作业指导书的技术安全说明做好安全措施						

续表

序号	项目名称	质量要求	满分	扣分标准	扣分原因	得分
1	安全文明生产	佩戴安全帽；穿全棉工作服；穿绝缘鞋；操作时戴线手套；打开柜门前需先验电	20	未按要求进行，每项扣 5 分，扣完为止		
2	正确使用仪器仪表、检测接线	（1）正确使用相位伏安表。 （2）数据测量正确	40	相位伏安表使用不当，每次扣 10 分； 数据测量错误，每次扣 10 分； 扣完为止		
3	相量图	正确画出相量图	20	相量图错误，每处扣 2 分，扣完为止		
4	计算结果	正确计算更正系数	10	更正系数计算错误扣 10 分		
5	现场恢复	操作结束后清理现场杂物，并将工器具归位摆放整齐	10	现场留有杂物或工器具未归位扣 10 分		
合计			100			

计量装置设置：

（1）考试使用电能表为仿真表，通过模拟装置进行参数设置。

（2）默认设置为专用变压器计量柜指定三相四线电能表 3×220/380V、3×1.5（6）A，假定负荷三相平衡，相电压分别为 220、220、220V、相电流分别为 2、2、2A，电压相序为 CBA、电流相序为 ABC，三相负载平衡，感性，功率因数角为 14°。

（3）指定电能表第一元件为 C 相电压。

标准答案：

（1）测量相序、电压、电流、相角值，见表 Jc0002241013－3。

表 Jc0002241013－3

参数	一元件	二元件	三元件
电压	220V	220V	220V
电流	2A	2A	2A
电压与电流相角	134°	14°	106°
相序	CBA		

（2）根据实测数据画出相量图，如图 Jc0002241013－3 所示。

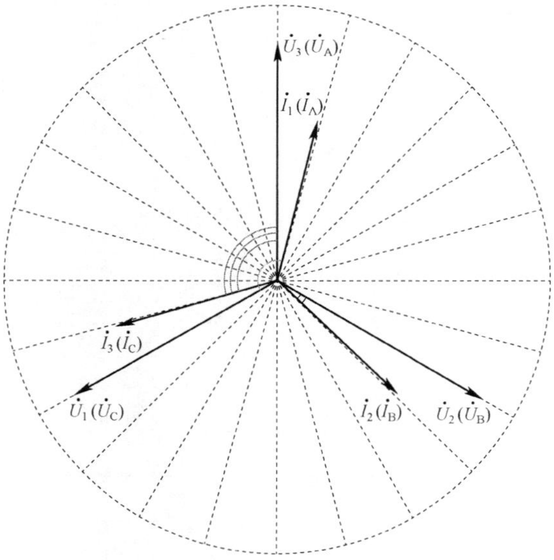

图 Jc0002241013－3

（3）列出错误接线有功功率表达式

$$P_1 = U_C I_A \cos(120° + \varphi)$$

$$P_2 = U_B I_B \cos\varphi$$

$$P_3 = U_A I_C \cos(120° - \varphi)$$

$$P = P_1 + P_2 + P_3 = 0$$

（4）计算更正系数

$$K_P = \frac{P_0}{P} = \frac{3UI\cos\varphi}{0} = \infty$$

Jc0002241014－4　三相四线计量装置错误接线纠正。（100分）

考核知识点：设备运维

难易度：易

技能等级评价专业技能考核操作工作任务书

一、任务名称

三相四线计量装置错误接线纠正。

二、适用工种

装表接电工技师。

三、具体任务

使用相位伏安表、相序表等仪器检测电能表接线，画相量图，计算有功功率更正系数。

四、工作规范及要求

（1）着装符合要求，穿全棉长袖工作服、绝缘鞋，戴安全帽、线手套。

（2）携带自备工具（钢笔或中性笔、计算器、三角尺）进入现场，待考评员宣布许可工作命令后开始工作并计时。

（3）打开计量柜（箱）门之前必须对柜（箱）体验电，现场操作严格执行《国家电网公司电力安全工作规程（配电部分）》。

（4）工作结束清理现场，并向监考员报告。

五、现场提供材料及工器具

验电笔、万用表、相序表、钳形电流表、相位伏安表、螺钉旋具。

六、考核时间及要求

本考核操作时间为30分钟，时间到停止考评。

技能等级评价专业技能考核操作评分标准

工种	装表接电工				评价等级	技师
项目模块	电能计量装置接线检查—三相四线电能计量装置接线检查			编号	Jc0002241014－4	
单位		准考证号			姓名	
考试时限	30分钟	题型	单项操作		题分	100分
成绩		考评员		考评组长	日期	
试题正文	三相四线计量装置错误接线纠正					
需要说明的问题和要求	（1）要求单人操作。 （2）操作时应注意安全，按照标准化作业指导书的技术安全说明做好安全措施					

续表

序号	项目名称	质量要求	满分	扣分标准	扣分原因	得分
1	安全文明生产	佩戴安全帽；穿全棉工作服；穿绝缘鞋；操作时戴线手套；打开柜门前需先验电	20	未按要求进行，每项扣 5 分，扣完为止		
2	正确使用仪器仪表、检测接线	（1）正确使用相位伏安表。 （2）数据测量正确	40	相位伏安表使用不当，每次扣 10 分；数据测量错误，每次扣 10 分；扣完为止		
3	相量图	正确画出相量图	20	相量图错误，每处扣 2 分，扣完为止		
4	计算结果	正确计算更正系数	10	更正系数计算错误扣 10 分		
5	现场恢复	操作结束后清理现场杂物，并将工器具归位摆放整齐	10	现场留有杂物或工器具未归位扣 10 分		
合计			100			

计量装置设置：

（1）考试使用电能表为仿真表，通过模拟装置进行参数设置。

（2）默认设置为专用变压器计量柜指定三相四线电能表 3×220/380V、3×1.5（6）A，假定负荷三相平衡，相电压分别为 220、220、220V，相电流分别为 2、2、2A，电压相序为 ABC、电流相序为 BAC，三相负载平衡，感性，功率因数角为 14°。

（3）指定电能表第一元件为 A 相电压。

标准答案：

（1）测量相序、电压、电流、相角值，见表 Jc0002241014－4。

表 Jc0002241014－4

参数	一元件	二元件	三元件
电压	220V	220V	220V
电流	2A	2A	2A
电压与电流相角	134°	106°	14°
相序	ABC		

（2）根据实测数据画出相量图，如图 Jc0002241014－4 所示。

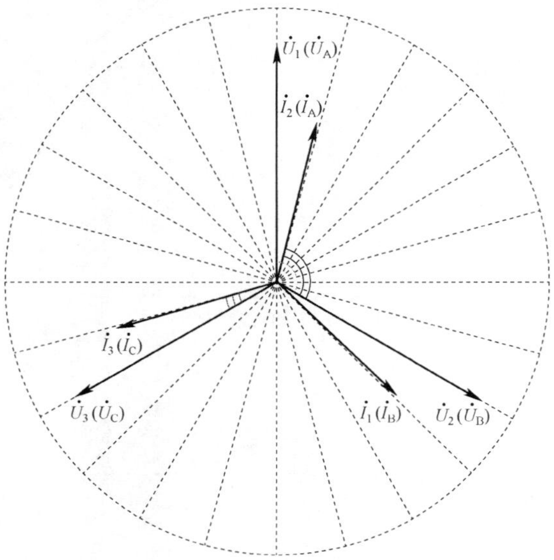

图 Jc0002241014－4

（3）列出错误接线有功功率表达式

$$P_1 = U_A I_B \cos(120° + \varphi)$$

$$P_2 = U_B I_A \cos(120° - \varphi)$$

$$P_3 = U_C I_C \cos\varphi$$

$$P = P_1 + P_2 + P_3 = 0$$

（4）计算更正系数

$$K_P = \frac{P_0}{P} = \frac{3UI\cos\varphi}{0} = \infty$$

Jc0002241015－5　三相四线计量装置错误接线纠正。（100 分）

考核知识点：设备运维

难易度：易

技能等级评价专业技能考核操作工作任务书

一、任务名称

三相四线计量装置错误接线纠正。

二、适用工种

装表接电工技师。

三、具体任务

使用相位伏安表、相序表等仪器检测电能表接线，画相量图，计算有功功率更正系数。

四、工作规范及要求

（1）着装符合要求，穿全棉长袖工作服、绝缘鞋，戴安全帽、线手套。

（2）携带自备工具（钢笔或中性笔、计算器、三角尺）进入现场，待考评员宣布许可工作命令后开始工作并计时。

（3）打开计量柜（箱）门之前必须对柜（箱）体验电，现场操作严格执行《国家电网公司电力安全工作规程（配电部分）》。

（4）工作结束清理现场，并向监考员报告。

五、现场提供材料及工器具

验电笔、万用表、相序表、钳形电流表、相位伏安表、螺钉旋具。

六、考核时间及要求

本考核操作时间为 30 分钟，时间到停止考评。

技能等级评价专业技能考核操作评分标准

<table>
<tr><td>工种</td><td colspan="5">装表接电工</td><td>评价等级</td><td>技师</td></tr>
<tr><td>项目模块</td><td colspan="4">电能计量装置接线检查—三相四线电能计量装置接线检查</td><td>编号</td><td colspan="2">Jc0002241015－5</td></tr>
<tr><td>单位</td><td colspan="3"></td><td>准考证号</td><td></td><td>姓名</td><td></td></tr>
<tr><td>考试时限</td><td colspan="2">30 分钟</td><td>题型</td><td colspan="2">单项操作</td><td>题分</td><td>100 分</td></tr>
<tr><td>成绩</td><td></td><td>考评员</td><td></td><td>考评组长</td><td></td><td>日期</td><td></td></tr>
<tr><td>试题正文</td><td colspan="7">三相四线计量装置错误接线纠正</td></tr>
<tr><td>需要说明的问题和要求</td><td colspan="7">（1）要求单人操作。
（2）操作时应注意安全，按照标准化作业指导书的技术安全说明做好安全措施</td></tr>
</table>

续表

序号	项目名称	质量要求	满分	扣分标准	扣分原因	得分
1	安全文明生产	佩戴安全帽；穿全棉工作服；穿绝缘鞋；操作时戴线手套；打开柜门前需先验电	20	未按要求进行，每项扣5分，扣完为止		
2	正确使用仪器仪表、检测接线	（1）正确使用相位伏安表。 （2）数据测量正确	40	相位伏安表使用不当，每次扣10分； 数据测量错误，每次扣10分； 扣完为止		
3	相量图	正确画出相量图	20	相量图错误，每处扣2分，扣完为止		
4	计算结果	正确计算更正系数	10	更正系数计算错误扣10分		
5	现场恢复	操作结束后清理现场杂物，并将工器具归位摆放整齐	10	现场留有杂物或工器具未归位扣10分		
合计			100			

计量装置设置：

（1）考试使用电能表为仿真表，通过模拟装置进行参数设置。

（2）默认设置为专用变压器计量柜指定三相四线电能表 3×220/380V、3×1.5（6）A，假定负荷三相平衡，相电压分别为220、220、220V，相电流分别为2、2、2A，电压相序为ABC、电流相序为ACB，三相负载平衡，感性，功率因数角为14°。

（3）指定电能表第一元件为A相电压。

标准答案：

（1）测量相序、电压、电流、相角值，见表Jc0002241015－5。

表 Jc0002241015－5

参数	一元件	二元件	三元件
电压	220V	220V	220V
电流	2A	2A	2A
电压与电流相角	14°	134°	106°
相序	ABC		

（2）根据实测数据画出相量图，如图Jc0002241015－5所示。

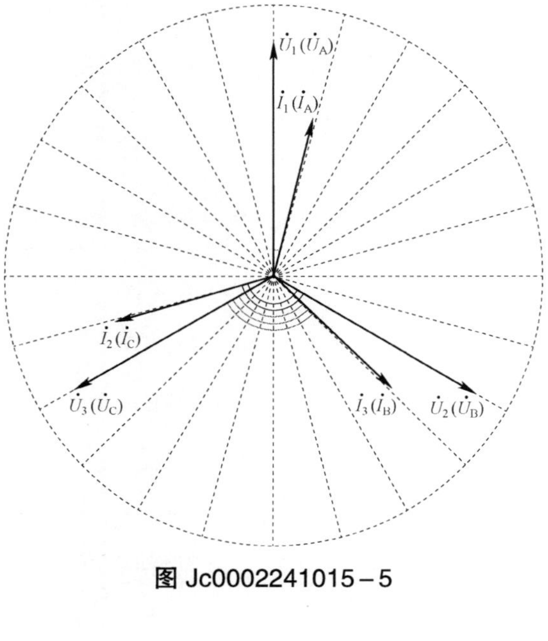

图 Jc0002241015－5

（3）列出错误接线有功功率表达式

$$P_1 = U_A I_A \cos\varphi$$

$$P_2 = U_B I_C \cos(120° + \varphi)$$

$$P_3 = U_C I_B \cos(120° - \varphi)$$

$$P = P_1 + P_2 + P_3 = 0$$

（4）计算更正系数

$$K_P = \frac{P_0}{P} = \frac{3UI\cos\varphi}{0} = \infty$$

Jc0002241016－6　三相四线计量装置错误接线纠正。（100 分）

考核知识点： 设备运维

难易度： 易

技能等级评价专业技能考核操作工作任务书

一、任务名称

三相四线计量装置错误接线纠正。

二、适用工种

装表接电工技师。

三、具体任务

使用相位伏安表、相序表等仪器检测电能表接线，画相量图，计算有功功率更正系数。

四、工作规范及要求

（1）着装符合要求，穿全棉长袖工作服、绝缘鞋，戴安全帽、线手套。

（2）携带自备工具（钢笔或中性笔、计算器、三角尺）进入现场，待考评员宣布许可工作命令后开始工作并计时。

（3）打开计量柜（箱）门之前必须对柜（箱）体验电，现场操作严格执行《国家电网公司电力安全工作规程（配电部分）》。

（4）工作结束清理现场，并向监考员报告。

五、现场提供材料及工器具

验电笔、万用表、相序表、钳形电流表、相位伏安表、螺钉旋具。

六、考核时间及要求

本考核操作时间为 30 分钟，时间到停止考评。

技能等级评价专业技能考核操作评分标准

<table>
<tr><td>工种</td><td colspan="6">装表接电工</td><td>评价等级</td><td>技师</td></tr>
<tr><td>项目模块</td><td colspan="5">电能计量装置接线检查—三相四线电能计量装置接线检查</td><td>编号</td><td colspan="2">Jc0002241016－6</td></tr>
<tr><td>单位</td><td colspan="3"></td><td>准考证号</td><td colspan="2"></td><td>姓名</td><td></td></tr>
<tr><td>考试时限</td><td colspan="2">30 分钟</td><td>题型</td><td colspan="3">单项操作</td><td>题分</td><td>100 分</td></tr>
<tr><td>成绩</td><td></td><td>考评员</td><td></td><td>考评组长</td><td colspan="2"></td><td>日期</td><td></td></tr>
<tr><td>试题正文</td><td colspan="8">三相四线计量装置错误接线纠正</td></tr>
<tr><td>需要说明的问题和要求</td><td colspan="8">（1）要求单人操作。
（2）操作时应注意安全，按照标准化作业指导书的技术安全说明做好安全措施</td></tr>
</table>

续表

序号	项目名称	质量要求	满分	扣分标准	扣分原因	得分
1	安全文明生产	佩戴安全帽；穿全棉工作服；穿绝缘鞋；操作时戴线手套；打开柜门前需先验电	20	未按要求进行，每项扣5分，扣完为止		
2	正确使用仪器仪表、检测接线	（1）正确使用相位伏安表。 （2）数据测量正确	40	相位伏安表使用不当，每次扣10分；数据测量错误，每次扣10分；扣完为止		
3	相量图	正确画出相量图	20	相量图错误，每处扣2分，扣完为止		
4	计算结果	正确计算更正系数	10	更正系数计算错误扣10分		
5	现场恢复	操作结束后清理现场杂物，并将工器具归位摆放整齐	10	现场留有杂物或工器具未归位扣10分		
合计			100			

计量装置设置：

（1）考试使用电能表为仿真表，通过模拟装置进行参数设置。

（2）默认设置为专用变压器计量柜指定三相四线电能表 3×220/380V、3×1.5（6）A，假定负荷三相平衡，相电压分别为220、220、220V，相电流分别为2、2、2A，电压相序为BCA、电流相序为ABC，三相负载平衡，感性，功率因数角为14°。

（3）指定电能表第一元件为B相电压。

标准答案：

（1）测量相序、电压、电流、相角值，见表Jc0002241016－6。

表 Jc0002241016－6

参数	一元件	二元件	三元件
电压	220V	220V	220V
电流	2A	2A	2A
电压与电流相角	106°	106°	106°
相序	BCA		

（2）根据实测数据画出相量图，如图Jc0002241016－6所示。

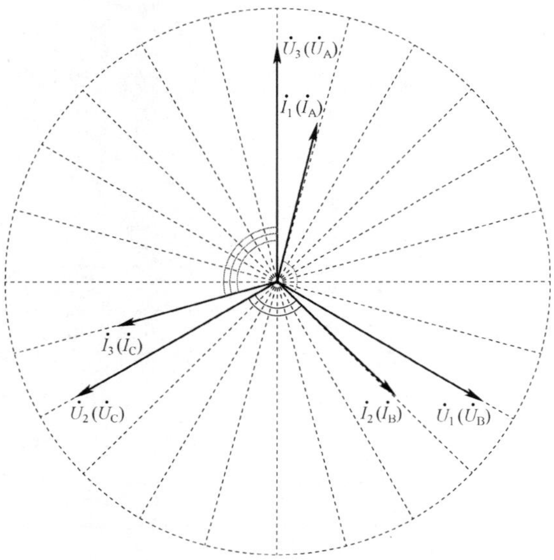

图 Jc0002241016－6

（3）列出错误接线有功功率表达式

$$P_1 = U_B I_A \cos(120° - \varphi)$$
$$P_2 = U_C I_B \cos(120° - \varphi)$$
$$P_3 = U_A I_C \cos(120° - \varphi)$$
$$P = P_1 + P_2 + P_3 = -\frac{3}{2}UI(\cos\varphi - \sqrt{3}\sin\varphi)$$

（4）计算更正系数

$$K_P = \frac{P_0}{P} = \frac{3UI\cos\varphi}{-\frac{3}{2}UI(\cos\varphi - \sqrt{3}\sin\varphi)} = -\frac{2}{1-\sqrt{3}\tan\varphi}$$

Jc0002241017－7　三相四线计量装置错误接线纠正。（100分）

考核知识点：设备运维

难易度：易

技能等级评价专业技能考核操作工作任务书

一、任务名称

三相四线计量装置错误接线纠正。

二、适用工种

装表接电工技师。

三、具体任务

使用相位伏安表、相序表等仪器检测电能表接线，画相量图，计算有功功率更正系数。

四、工作规范及要求

（1）着装符合要求，穿全棉长袖工作服、绝缘鞋，戴安全帽、线手套。

（2）携带自备工具（钢笔或中性笔、计算器、三角尺）进入现场，待考评员宣布许可工作命令后开始工作并计时。

（3）打开计量柜（箱）门之前必须对柜（箱）体验电，现场操作严格执行《国家电网公司电力安全工作规程（配电部分）》。

（4）工作结束清理现场，并向监考员报告。

五、现场提供材料及工器具

验电笔、万用表、相序表、钳形电流表、相位伏安表、螺钉旋具。

六、考核时间及要求

本考核操作时间为30分钟，时间到停止考评。

技能等级评价专业技能考核操作评分标准

<table>
<tr><td>工种</td><td colspan="8">装表接电工</td><td>评价等级</td><td>技师</td></tr>
<tr><td>项目模块</td><td colspan="7">电能计量装置接线检查—三相四线电能计量装置接线检查</td><td>编号</td><td colspan="2">Jc0002241017－7</td></tr>
<tr><td>单位</td><td colspan="3"></td><td colspan="2">准考证号</td><td colspan="3"></td><td>姓名</td><td></td></tr>
<tr><td>考试时限</td><td colspan="2">30分钟</td><td colspan="2">题型</td><td colspan="4">单项操作</td><td>题分</td><td>100分</td></tr>
<tr><td>成绩</td><td></td><td>考评员</td><td colspan="2"></td><td colspan="2">考评组长</td><td colspan="2"></td><td>日期</td><td></td></tr>
<tr><td>试题正文</td><td colspan="10">三相四线计量装置错误接线纠正</td></tr>
<tr><td>需要说明的问题和要求</td><td colspan="10">（1）要求单人操作。
（2）操作时应注意安全，按照标准化作业指导书的技术安全说明做好安全措施</td></tr>
</table>

续表

序号	项目名称	质量要求	满分	扣分标准	扣分原因	得分
1	安全文明生产	佩戴安全帽；穿全棉工作服；穿绝缘鞋；操作时戴线手套；打开柜门前需先验电	20	未按要求进行，每项扣 5 分，扣完为止		
2	正确使用仪器仪表、检测接线	正确使用相位伏安表； 数据测量正确	40	相位伏安表使用不当，每次扣 10 分； 数据测量错误，每次扣 10 分； 扣完为止		
3	相量图	正确画出相量图	20	相量图错误，每处扣 2 分，扣完为止		
4	计算结果	正确计算更正系数	10	更正系数计算错误扣 10 分		
5	现场恢复	操作结束后清理现场杂物，并将工器具归位摆放整齐	10	现场留有杂物或工器具未归位扣 10 分		
合计			100			

计量装置设置：

（1）考试使用电能表为仿真表，通过模拟装置进行参数设置。

（2）默认设置为专用变压器计量柜指定三相四线电能表 3×220/380V、3×1.5（6）A，假定负荷三相平衡，相电压分别为 220、220、220V，相电流分别为 2、2、2A，电压相序为 ABC、A 相电流反极性，三相负载平衡，感性，功率因数角为 14°。

（3）指定电能表第一元件为 A 相电压。

标准答案：

（1）测量相序、电压、电流、相角值，见表 Jc0002241017－7。

表 Jc0002241017－7

参数	一元件	二元件	三元件
电压	220V	220V	220V
电流	2A	2A	2A
电压与电流相角	194°	14°	14°
相序	ABC		

（2）根据实测数据画出相量图，如图 Jc0002241017－7 所示。

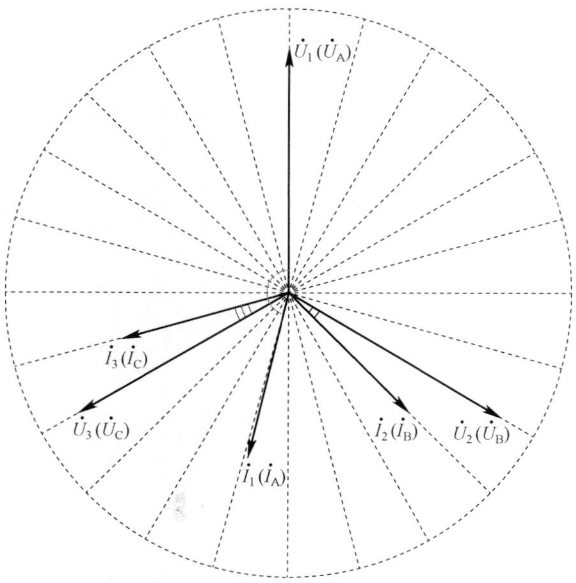

图 Jc0002241017－7

（3）列出错误接线有功功率表达式

$$P_1 = U_A I_A \cos(180^\circ + \varphi)$$

$$P_2 = U_B I_B \cos\varphi$$

$$P_3 = U_C I_C \cos\varphi$$

$$P = P_1 + P_2 + P_3 = UI\cos\varphi$$

（4）计算更正系数

$$K_P = \frac{P_0}{P} = \frac{3UI\cos\varphi}{UI\cos\varphi} = 3$$

Jc0002241018－1　三相四线计量装置错误接线纠正。（100 分）

考核知识点：设备运维

难易度：易

技能等级评价专业技能考核操作工作任务书

一、任务名称

三相四线计量装置错误接线纠正。

二、适用工种

装表接电工技师。

三、具体任务

使用相位伏安表、相序表等仪器检测电能表接线，画相量图，计算有功功率更正系数。

四、工作规范及要求

（1）着装符合要求，穿全棉长袖工作服、绝缘鞋，戴安全帽、线手套。

（2）携带自备工具（钢笔或中性笔、计算器、三角尺）进入现场，待考评员宣布许可工作命令后开始工作并计时。

（3）打开计量柜（箱）门之前必须对柜（箱）体验电，现场操作严格执行《国家电网公司电力安全工作规程（配电部分）》。

（4）工作结束清理现场，并向监考员报告。

五、现场提供材料及工器具

验电笔、万用表、相序表、钳形电流表、相位伏安表、螺钉旋具。

六、考核时间及要求

本考核操作时间为 30 分钟，时间到停止考评。

技能等级评价专业技能考核操作评分标准

工种	装表接电工				评价等级	技师
项目模块	电能计量装置接线检查—三相四线电能计量装置接线检查			编号	Jc0002241018－1	
单位		准考证号			姓名	
考试时限	30 分钟	题型	单项操作		题分	100 分
成绩	考评员		考评组长		日期	
试题正文	三相四线计量装置错误接线纠正					
需要说明的问题和要求	（1）要求单人操作。 （2）操作时应注意安全，按照标准化作业指导书的技术安全说明做好安全措施					

续表

序号	项目名称	质量要求	满分	扣分标准	扣分原因	得分
1	安全文明生产	佩戴安全帽；穿全棉工作服；穿绝缘鞋；操作时戴线手套；打开柜门前需先验电	20	未按要求进行，每项扣 5 分，扣完为止		
2	正确使用仪器仪表、检测接线	（1）正确使用相位伏安表。 （2）数据测量正确	40	相位伏安表使用不当，每次扣 10 分； 数据测量错误，每次扣 10 分； 扣完为止		
3	相量图	正确画出相量图	20	相量图错误，每处扣 2 分，扣完为止		
4	计算结果	正确计算更正系数	10	更正系数计算错误扣 10 分		
5	现场恢复	操作结束后清理现场杂物，并将工器具归位摆放整齐	10	现场留有杂物或工器具未归位扣 10 分		
合计			100			

计量装置设置：

（1）考试使用电能表为仿真表，通过模拟装置进行参数设置。

（2）默认设置为专业变压器计量柜指定三相四线电能表 3×220/380V、3×1.5（6）A，假定负荷三相平衡，相电压分别为 220、220、220V、相电流分别为 2、2、2A、电压相序为 CAB、电流相序为 ABC，三相负载平衡，感性，功率因数角为 14°。

（3）指定电能表第一元件为 C 相电压。

标准答案：

（1）测量相序、电压、电流、相角值，见表 Jc0002241018－1。

表 Jc0002241018－1

参数	一元件	二元件	三元件
电压	220V	220V	220V
电流	2A	2A	2A
电压与电流相角	134°	134°	134°
相序	CAB		

（2）根据实测数据画出相量图，如图 Jc0002241018－1 所示。

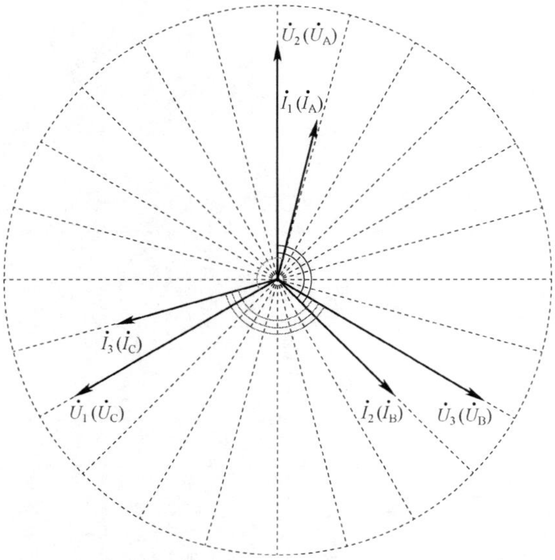

图 Jc0002241018－1

（3）列出错误接线有功功率表达式

$$P_1 = U_C I_A \cos(120° + \varphi)$$
$$P_2 = U_A I_B \cos(120° + \varphi)$$
$$P_3 = U_B I_C \cos(120° + \varphi)$$
$$P = P_1 + P_2 + P_3 = -\frac{3}{2}UI(\cos\varphi + \sqrt{3}\sin\varphi)$$

（4）计算更正系数

$$K_P = \frac{P_0}{P} = \frac{3UI\cos\varphi}{-\frac{3}{2}UI(\cos\varphi + \sqrt{3}\sin\varphi)} = -\frac{2}{1+\sqrt{3}\tan\varphi}$$

Jc0002242019－1　三相四线电能表故障分析并处理。（100 分）

考核知识点：设备运维

难易度：中

技能等级评价专业技能考核操作工作任务书

一、任务名称

三相四线电能表故障分析并处理。

二、适用工种

装表接电工技师。

三、具体任务

在指定工位完成 3×220V/380V、3×5（60）A 直通三相四线电能表故障分析与处理，假定三相负荷平衡，写出有功功率表达式并计算更正系数。

四、工作规范及要求

（1）着装符合要求，穿全棉长袖工作服、绝缘鞋，戴安全帽、线手套。

（2）携带自备工具（钢笔或中性笔、计算器）进入现场，待考评员宣布许可工作命令后开始工作并计时。

（3）打开计量柜（箱）门之前必须对柜（箱）体验电，现场操作严格执行《国家电网公司电力安全工作规程（配电部分）》。

（4）工作结束清理现场，并向监考员报告。

五、现场提供材料及工器具

验电笔、万用表、钳形电流表、螺钉旋具。

六、考核时间及要求

本考核操作时间为 30 分钟，时间到停止考评。

技能等级评价专业技能考核操作评分标准

工种	装表接电工					评价等级	技师
项目模块	电能计量装置接线检查—三相四线电能计量装置接线检查				编号	Jc0002242019－1	
单位			准考证号			姓名	
考试时限	30 分钟	题型		单项操作		题分	100 分
成绩		考评员		考评组长		日期	
试题正文	三相四线电能表故障分析并处理						
需要说明的问题和要求	（1）要求单人操作。 （2）操作时应注意安全，按照标准化作业指导书的技术安全说明做好安全措施						

续表

序号	项目名称	质量要求	满分	扣分标准	扣分原因	得分
1	安全文明生产	佩戴安全帽；穿全棉工作服；穿绝缘鞋；操作时戴线手套；打开柜门前需先验电	20	未按要求进行，每项扣 5 分，扣完为止		
2	仪器使用	正确使用万用表、钳形电流表	20	万用表、钳形电流表使用错误，每次扣 5 分，扣完为止		
3	异常判断	正确判断异常原因	20	异常原因未找到扣 20 分		
4	异常处理	正确处理计量异常	20	异常未处理扣 20 分		
5	计算结果	正确计算更正系数	10	更正系数计算错误扣 10 分		
6	现场恢复	操作结束后清理现场杂物，并将工器具归位摆放整齐	10	现场留有杂物或工器具未归位扣 10 分		
合计			100			

计量装置设置：

（1）考试使用电能表为仿真表，通过模拟装置进行参数设置。

（2）考场在指定工位安装 3×380V/220V、3×5（60）A 直通三相电能表，设置表尾 A 相电压连接片断开错误接线，电流设置为 5A。

（3）屏蔽电能表显示屏。

标准答案：

（1）故障分析：通过万用表测量表尾 A 相电压为 0，判断由于表尾 A 相电压连接片断开导致电能表 A 相电压失压。

（2）处理：恢复表尾 A 相电压连接片。

（3）列出有功功率表达式

$$P_1 = 0$$
$$P_2 = U_B I_B \cos\varphi$$
$$P_3 = U_C I_C \cos\varphi$$
$$P = P_1 + P_2 + P_3 = 2UI\cos\varphi$$

（4）计算更正系数

$$K_P = \frac{P_0}{P} = \frac{3UI\cos\varphi}{2UI\cos\varphi} = \frac{3}{2}$$

因此，更正系数为 $\frac{3}{2}$。

Jc0002243020－1　直接接入式三相电能表抄读、异常处理、电费计算。（100 分）

考核知识点：设备运维

难易度：难

技能等级评价专业技能考核操作工作任务书

一、任务名称

直接接入式三相电能表抄读、异常处理、电费计算。

二、适用工种

装表接电工技师。

三、具体任务

（1）抄读指定三相四线电能表，完成铭牌信息及表内示数信息填写，见表 Jc0002243020－1－1。

表 Jc0002243020－1－1

电能表铭牌参数		表内信息	
电能表出厂编号		正向有功总电量	
参比电压		反向有功总	
标定电流及最大电流		组合无功Ⅰ	
接线方式		组合无功Ⅱ	
准确度等级		功率因数	

（2）使用掌机读取当前表内阶梯电价执行套数及阶梯电价值、费率电价执行套数及费率电价值。

（3）已知该户执行一般工商业平段电价，请将表内电价修改正确（一般工商业平段电价执行 0.6800 元/kWh）。

（4）表 Jc0002243020－1－2 为该用户的购电记录，计算因电价错误产生的退补电费。

表 Jc0002243020－1－2

购电时间	购电类型	电卡购电次数	本次写卡金额（元）	累计购电金额（元）
2016 年 11 月 12 日	日常购电	2	170	270
2016 年 10 月 12 日	首次购电	1	100	100

四、工作规范及要求

（1）着装符合要求，穿全棉长袖工作服、绝缘鞋，戴安全帽、线手套。

（2）携带自备工具（钢笔或中性笔、计算器、线手套）进入现场，待考评员宣布许可工作命令后开始工作并计时。

（3）打开计量柜（箱）门之前必须对柜（箱）体验电，现场操作严格执行《国家电网公司电力安全工作规程（配电部分）》。

（4）工作结束清理现场，并向监考员报告。

五、现场提供工器具及材料

验电笔、抄表掌机、电价设置卡（一般工商业平段电价设置卡）。

六、考核及时间要求

本考核操作时间限定为 30 分钟，计时结束停止考评。

技能等级评价专业技能考核操作评分标准

<table>
<tr><td>工种</td><td colspan="5">装表接电工</td><td>评价等级</td><td>技师</td></tr>
<tr><td>项目模块</td><td colspan="4">电能计量装置现场检验—三相电能表现场检验</td><td>编号</td><td colspan="2">Jc0002243020－1</td></tr>
<tr><td>单位</td><td colspan="2"></td><td>准考证号</td><td colspan="2"></td><td>姓名</td><td></td></tr>
<tr><td>考试时限</td><td colspan="2">30 分钟</td><td>题型</td><td colspan="2">单项操作</td><td>题分</td><td>100 分</td></tr>
<tr><td>成绩</td><td></td><td>考评员</td><td></td><td>考评组长</td><td></td><td>日期</td><td></td></tr>
<tr><td>试题正文</td><td colspan="7">直接接入式三相电能表抄读、异常处理、电费计算</td></tr>
<tr><td>需要说明的问题和要求</td><td colspan="7">（1）要求单人操作。
（2）操作应注意安全，按照标准化作业书的技术安全说明做好安全措施</td></tr>
</table>

续表

序号	项目名称	质量要续表求	满分	扣分标准	扣分原因	得分
1	安全文明生产	佩戴安全帽；穿全棉工作服；穿绝缘鞋；操作时戴线手套；打开柜门前需先验电	10	未按要求进行，每项扣 2 分，扣完为止		
2	电能表抄读	（1）电能表铭牌信息填写正确规范。 （2）表内示数信息填写正确规范	20	铭牌信息填写错误扣 5 分； 示数信息填写错误扣 15 分		
3	电价抄读	（1）正确回答当前表内执行第几套阶梯电价。 （2）正确回答当前表内阶梯电价值。 （3）正确回答当前表内执行第几套费率电价。 （4）正确回答当前表内执行费率电价值	20	错误一项扣 5 分，扣完为止		
4	电价修改	电价修改正确	10	未正确修改电价扣 10 分		
5	电费计算	电费计算正确	30	电费计算方法不正确扣 30 分； 结果计算错误扣 10 分		
6	现场恢复	操作结束后清理现场杂物，并将工器具归位摆放整齐	10	现场留有杂物或工器具未归位扣 10 分		
合计			100			

标准答案：

（1）抄读 1 号台体 3 号表位表号为 0002820719 的电能表，电能表相关信息见表 Jc0002243020－1－3。

表 Jc0002243020－1－3

电能表铭牌参数		表内信息	
电能表出厂编号	0002820719	正向有功总电量	234.32kWh
参比电压	3×220/380V	反向有功总	0
标定电流及最大电流	3×1.5（6）A	组合无功Ⅰ	0
接线方式	三相四线	组合无功Ⅱ	0
准确度等级	有功 1.0，无功 2.0	功率因数	0.8

（2）当前表内执行第二套阶梯电价，阶梯电价标准为 0.4486、0.4986、0.7486 元/kWh；当前表内执行第一套费率电价，电价标准为 0.6800 元/kWh。

（3）表内应执行电价为 0.6800 元/kWh，实际电价为费率电价与阶梯电价叠加，应将阶梯电价关闭。

（4）通过读取表内信息可知，当前总电量为 234.32kWh，剩余金额为 5.35 元。

在电价执行正确时

$$用户表内应发生电费 = 234.32 \times 0.68 = 159.34（元）$$

但因电价错误，用户表内实际剩余金额为 5.35 元，则

$$应退用户电费 = 170 \times 0.4486 + 64.32 \times 0.4986 = 108.33（元）$$

因此，应退用户电费 105.31 元。

Jc0002243021－2　经互感器接入的三相四线电能表抄读、异常处理、电费计算。（100 分）

考核知识点：设备运维

难易度：难

技能等级评价专业技能考核操作工作任务书

一、任务名称

经互感器接入的三相四线电能表抄读、异常处理、电费计算。

二、适用工种

装表接电工技师。

三、具体任务

（1）抄读指定三相四线电能表，完成铭牌信息及表内示数信息填写，见表 Jc0002243021－2－1。

表 Jc0002243021－2－1

电能表铭牌参数		表内信息	
电能表出厂编号		正向有功总电量	
参比电压		组合无功 I	
标定电流及最大电流		反向有功总	
接线方式		上一月正向有功总电量	
准确度等级		上一月组合无功 I	

（2）已知该用户用电容量为 250kVA，用电性质为行政事业单位，执行一般工商业平段电价，用户三相负荷平衡，变压器型号为 S9 系列，采用高供低计计量方式，TA 变比为 400A/5A。

1）根据电能表屏显信息，写出电能表存在的接线异常。

2）已知最近一次失压时刻时有功总电量表码为 382.64kWh，根据电能表屏显显示的接线异常，写出错误接线功率表达式，并计算出用户当月应交电费（计算过程中不考虑功率因数调整电费）。

四、工作规范及要求

（1）着装符合要求，穿全棉长袖工作服、绝缘鞋，戴安全帽、线手套。

（2）携带自备工具（钢笔或中性笔、计算器、线手套）进入现场，待考评员宣布许可工作命令后开始工作并计时。

（3）打开计量柜（箱）门之前必须对柜（箱）体验电，现场操作严格执行《国家电网公司电力安全工作规程（配电部分）》。

（4）工作结束清理现场，并向监考员报告。

五、现场提供工器具及材料

验电笔、电价表、S9 系列 250kVA 变压器变损速查表。

六、考核及时间要求

本考核操作时间限定为 30 分钟，计时结束停止考评。

技能等级评价专业技能考核操作评分标准

<table>
<tr><td>工种</td><td colspan="5">装表接电工</td><td>评价等级</td><td>技师</td></tr>
<tr><td>项目模块</td><td colspan="4">电能计量装置现场检验—三相电能表现场检验</td><td>编号</td><td colspan="2">Jc0002243021－2</td></tr>
<tr><td>单位</td><td colspan="2"></td><td>准考证号</td><td colspan="2"></td><td>姓名</td><td></td></tr>
<tr><td>考试时限</td><td colspan="2">30 分钟</td><td>题型</td><td colspan="2">单项操作</td><td>题分</td><td>100 分</td></tr>
<tr><td>成绩</td><td>考评员</td><td></td><td>考评组长</td><td colspan="2"></td><td>日期</td><td></td></tr>
<tr><td>试题正文</td><td colspan="7">经互感器接入的三相四线电能表抄读、异常处理、电费计算</td></tr>
</table>

续表

需要说明的问题和要求	（1）要求单人操作。 （2）操作应注意安全，按照标准化作业书的技术安全说明做好安全措施					
序号	项目名称	质量要求	满分	扣分标准	扣分原因	得分
1	安全文明生产	佩戴安全帽；穿全棉工作服；穿绝缘鞋；操作时戴线手套；打开柜门前需先验电	10	未按要求进行，每项扣 2 分，扣完为止		
2	电能表抄读	（1）电能表铭牌信息填写正确规范。 （2）表内示数信息填写正确规范	20	铭牌信息填写错误扣 5 分； 示数信息填写错误扣 10 分		
3	异常识别	表计异常判断正确	20	判断错误扣 20 分		
4	电费计算	（1）抄见电量计算正确。 （2）追补电量计算正确。 （3）变损电量查表正确。 （4）表内应结算电量计算正确。 （5）当月应交电费计算正确	40	每错误一项扣 8 分，扣完为止		
5	现场恢复	操作结束后清理现场杂物，并将工器具归位摆放整齐	10	现场留有杂物或工器具未归位扣 10 分		
合计			100			

标准答案：

（1）抄读电能表相关信息如表 Jc0002243021－2－2 所示（表内空白处以考核现场电能计量装置参数示数值为准）。

表 Jc0002243021－2－2

电能表铭牌参数		表内信息	
电能表出厂编号		正向有功总电量	415.92kWh
参比电压	3×220/380V	组合无功 I	312.64kvarh
标定电流及最大电流	3×1.5（6）A	反向有功总	0
接线方式	三相四线	上一月正向有功总电量	361.32kWh
准确度等级	有功 1.0，无功 2.0	上一月组合无功 I	260.64kvarh

（2）经检查，表内 A 相失压

$$变化=400/5=80$$

当月表内抄见电量

$$W_P'=(415.92-361.32)\times 80=4368\text{（kWh）}$$

根据题意已知，最近一次失压时刻时有功总表码为 382.64kWh

失压期间抄见电量

$$W_{失压}=(415.92-382.64)\times 80=2662\text{（kWh）}$$

A 相失压情况下，有功功率表达式

$$P'=2UI\cos\varphi$$

三相四线接线正确时有功功率表达式

$$P=3UI\cos\varphi$$

更正系数

$$K=P/P'=1.5$$

追补电量

$$W_{补}=K\times W_{失压}=1.5\times 2662=3993\ (\text{kWh})$$

表内应结算电量

$$W_P=W_P'+W_{补}=4368+3993=8379\ (\text{kWh})$$

经查表该用户本月有功变损电量为427kWh，无功变损电量为2238kvarh。

该用户执行10kV一般工商业电价，含代征费电价为0.66元/kWh。

$$当月应缴电费=(8379+427)\times 0.6600=5811.96\ (元)$$

因此，用户该当月应缴电费4043.16元。

Jc0002243022－3　经互感器接入的三相四线电能表抄读、异常处理、电量计算。(100分)

考核知识点：设备运维

难易度：难

技能等级评价专业技能考核操作工作任务书

一、任务名称

经互感器接入的三相四线电能表抄读、异常处理、电量计算。

二、适用工种

装表接电工技师。

三、具体任务

（1）抄读指定三相四线电能表，完成铭牌信息及表内示数信息填写表Jc0002243022－3－1。

表 Jc0002243022－3－1

电能表铭牌参数		表内信息	
电能表出厂编号		正向有功总电量	
参比电压		组合无功Ⅰ	
标定电流及最大电流		反向有功总	
接线方式		上一月正向有功总电量	
准确度等级		上一月组合无功Ⅰ	

（2）已知该用户用电容量为250kVA，用电性质为临时施工用电，用户三相负荷平衡，采用高供低计计量方式，TA变比为400A/5A。

1）根据电能表屏显信息，写出电能表存在的接线异常。

2）已知最近一次失压时刻时，有功总电量为582.64kWh，根据电能表屏显显示的接线异常，写出异常情况下功率表达式、更正系数，计算出当月应向用户追补电量及表内应结算电量。

四、工作规范及要求

（1）着装符合要求，穿全棉长袖工作服、绝缘鞋，戴安全帽、线手套。

（2）携带自备工具（钢笔或中性笔、计算器、线手套）进入现场，待考评员宣布许可工作命令后开始工作并计时。

（3）打开计量柜（箱）门之前必须对柜（箱）体验电，现场操作严格执行《国家电网公司电力安全工作规程（配电部分）》。

（4）工作结束清理现场，并向监考员报告。

五、现场提供工器具及材料

验电笔。

六、考核及时间要求

本考核操作时间限定为 30 分钟，计时结束停止考评。

技能等级评价专业技能考核操作评分标准

工种	装表接电工					评价等级	技师
项目模块	电能计量装置现场检验—三相电能表现场检验				编号	Jc0002243022－3	
单位			准考证号			姓名	
考试时限	30 分钟		题型	单项操作		题分	100 分
成绩		考评员		考评组长		日期	
试题正文	经互感器接入的三相四线电能表抄读、异常处理、电费计算						
需要说明的问题和要求	（1）要求单人操作。 （2）操作应注意安全，按照标准化作业书的技术安全说明做好安全措施						

序号	项目名称	质量要求	满分	扣分标准	扣分原因	得分
1	安全文明生产	佩戴安全帽；穿全棉工作服；穿绝缘鞋；操作时戴线手套；打开柜门前需先验电	10	未按要求进行，每项扣 2 分，扣完为止		
2	电能表抄读	（1）电能表铭牌信息填写正确规范。 （2）表内示数信息填写正确规范	20	铭牌信息填写错误扣 5 分； 示数信息填写错误扣 15 分		
3	异常识别	表计异常判断正确	20	判断错误扣 20 分		
4	电费计算	（1）当月表内抄见有功电量计算正确。 （2）异常情况下有功功率表达式书写正确。 （3）更正系数计算正确。 （4）追补电量计算正确。 （5）当月用户表内应结算电量计算正确	40	每错误一项扣 8 分，扣完为止		
5	现场恢复	操作结束后清理现场杂物，并将工器具归位摆放整齐	10	现场留有杂物或工器具未归位扣 10 分		
合计			100			

标准答案：

（1）抄读电能表信息如表 Jc0002243022－3－2 所示（表内空白处以考核现场电能计量装置参数示数值为准）。

表 Jc0002243022－3－2

电能表铭牌参数		表内信息	
电能表出厂编号		正向有功总电量	651.26kWh
参比电压	3×220V/380V	组合无功 I	425.78kvarh
标定电流及最大电流	3×1.5（6）A	反向有功总	0
接线方式	三相四线	上一月正向有功总电量	474.15kWh
准确度等级	有功 1.0，无功 2.0	上一月组合无功 I	320.54kvarh

（2）经检查，表内 B 相失压

$$变比 = 400/5 = 80$$

当月表内抄见电量

$$W'_P = (651.26 - 474.15) \times 80 = 14\,169\text{（kWh）}$$

根据题意已知，最近一次失压时刻时有功总表码为 582.64kWh。

失压期间抄见电量

$$W_{失压} = (651.26 - 582.64) \times 80 = 5490\text{（kWh）}$$

B 相失压情况下，有功功率表达式

$$P' = 2UI\cos\varphi$$

三相四线接线正确时有功功率表达式

$$P = 3UI\cos\varphi$$

更正系数

$$K = P/P' = 1.5$$

追补电量

$$W_{补} = K \times W_{失压} = 1.5 \times 5490 = 8235\text{（kWh）}$$

表内应结算电量

$$W_P = W'_P + W_{补} = 14\,169 + 8235 = 22\,404\text{（kWh）}$$

因此，表内应结算电量为 22 404kWh。

Jc0002242023－4　经互感器接入的三相四线电能表抄读、异常处理。（100 分）

考核知识点：设备运维

难易度：中

技能等级评价专业技能考核操作工作任务书

一、任务名称

经互感器接入的三相四线电能表抄读、异常处理。

二、适用工种

装表接电工技师。

三、具体任务

（1）使用指定的集中器抄读指定电能表表内示数信息，见表 Jc0002242023－4－1。

表 Jc0002242023－4－1

集中器抄取电能表信息	
正向有功总电量	
组合无功 I	
反向有功总	
上一月正向有功总电量	
上一月组合无功 I	

（2）抄读指定三相四线电能表，完成铭牌信息及表内示数信息填写。

（3）现场检查电能表异常情况，并填写异常单。

四、工作规范及要求

（1）着装符合要求，穿全棉长袖工作服、绝缘鞋，戴安全帽、线手套。

（2）携带自备工具（钢笔或中性笔、计算器、线手套）进入现场，待考评员宣布许可工作命令后开始工作并计时。

（3）打开计量柜（箱）门之前必须对柜（箱）体验电，现场操作严格执行《国家电网公司电力安全工作规程（配电部分）》。

（4）工作结束清理现场，并向监考员报告。

五、现场提供工器具及材料

验电笔、表计异常单。

六、考核及时间要求

本考核操作时间限定为20分钟，计时结束停止考评。

技能等级评价专业技能考核操作评分标准

<table>
<tr><td>工种</td><td colspan="6">装表接电工</td><td>评价等级</td><td colspan="2">技师</td></tr>
<tr><td>项目模块</td><td colspan="5">电能计量装置现场检验—三相电能表现场检验</td><td>编号</td><td colspan="3">Jc0002242023－4</td></tr>
<tr><td>单位</td><td colspan="3"></td><td>准考证号</td><td colspan="2"></td><td>姓名</td><td colspan="2"></td></tr>
<tr><td>考试时限</td><td colspan="2">20分钟</td><td>题型</td><td colspan="3">单项操作</td><td>题分</td><td colspan="2">100分</td></tr>
<tr><td>成绩</td><td></td><td>考评员</td><td></td><td colspan="2">考评组长</td><td></td><td>日期</td><td colspan="2"></td></tr>
<tr><td>试题正文</td><td colspan="9">经互感器接入的三相四线电能表抄读、异常处理</td></tr>
<tr><td>需要说明的问题和要求</td><td colspan="9">（1）要求单人操作。
（2）操作应注意安全，按照标准化作业书的技术安全说明做好安全措施</td></tr>
<tr><td>序号</td><td>项目名称</td><td colspan="2">质量要求</td><td>满分</td><td colspan="3">扣分标准</td><td>扣分原因</td><td>得分</td></tr>
<tr><td>1</td><td>安全文明生产</td><td colspan="2">佩戴安全帽；穿全棉工作服；穿绝缘鞋；操作时戴线手套；打开柜门前需先验电</td><td>10</td><td colspan="3">未按要求进行，每项扣2分，扣完为止</td><td></td><td></td></tr>
<tr><td>2</td><td>集中器抄读电能表</td><td colspan="2">表内示数信息填写正确规范</td><td>20</td><td colspan="3">表内数据未填写或填写错误，每项扣4分，扣完为止</td><td></td><td></td></tr>
<tr><td>3</td><td>电能表抄读</td><td colspan="2">（1）电能表铭牌信息填写正确规范。
（2）表内示数信息填写正确规范</td><td>20</td><td colspan="3">铭牌信息填写错误扣5分；
示数信息填写错误扣15分</td><td></td><td></td></tr>
<tr><td>4</td><td>异常判断</td><td colspan="2">异常判断正确</td><td>20</td><td colspan="3">每少填写一项扣10分，扣完为止</td><td></td><td></td></tr>
<tr><td>5</td><td>异常单填写</td><td colspan="2">异常单填写正确完整</td><td>20</td><td colspan="3">漏填、错填，每项扣2分，扣完为止</td><td></td><td></td></tr>
<tr><td>6</td><td>现场恢复</td><td colspan="2">操作结束后清理现场杂物，并将工器具归位摆放整齐</td><td>10</td><td colspan="3">现场留有杂物或工器具未归位扣10分</td><td></td><td></td></tr>
<tr><td colspan="2">合计</td><td colspan="2"></td><td>100</td><td colspan="3"></td><td></td><td></td></tr>
</table>

标准答案：

（1）使用集中器抄取电表信息如表Jc0002242023－4－2所示（表内空白处以考核现场电能计量装置参数示数值为准）。

表Jc0002242023－4－2

集中器抄取电能表信息	
正向有功总电量	681.26kWh
组合无功Ⅰ	425.78kvarh
反向有功总	0
上一月正向有功总电量	474.15kWh
上一月组合无功Ⅰ	320.54kvarh

（2）抄读电能表信息如表 Jc0002242023－4－3 所示。

表 Jc0002242023－4－3

电能表铭牌参数		表内信息	
电能表出厂编号		正向有功总电量	681.26kWh
电压	3×220/380V	组合无功 I	425.78kvarh
电流	3×1.5（6）A	反向有功总	0
接线方式	三相四线	上一月正向有功总电量	474.15kWh
准确度等级	有功 1.0，无功 2.0	上一月组合无功 I	320.54kvarh

（3）经检查现场电能表异常有 C 相失压、电能表无铅封。

×××供电公司表计异常单

填写日期：　　年　　月　　日　　　　　　　　　　　　No：

户号	户名	抄表段号	电能表出厂编号	电能表型号	电压/电流	倍率

抄见示数						用电地址：
总	峰	平	谷	子表 1	子表 2	
异常情况						

发现人：　　　　　　　处理人：　　　　　　　处理日期：

Jc0002242024－5　经互感器接入的三相四线电能表抄读、异常处理、电量计算。(100 分)
考核知识点：设备运维
难易度：中

技能等级评价专业技能考核操作工作任务书

一、任务名称

经互感器接入的三相四线电能表抄读、异常处理、电量计算。

二、适用工种

装表接电工技师。

三、具体任务

（1）抄读指定三相四线电能表，完成铭牌信息及表内示数信息填写，见表 Jc0002242024－5－1。

表 Jc0002242024－5－1

电能表铭牌参数		表内信息		
电能表出厂编号		示数类型	上一月	当前
参比电压		有功总		
标定电流及最大电流		有功峰		
接线方式		有功平		
准确度等级		有功谷		
电能表厂家		组合无功 I		

（2）已知该用户用电容量为 315kVA，执行一般工商业峰谷分时电价，用户三相负荷平衡，变压器型号为 S9 系列，采用高供低计计量方式，TA 变比为 500A/5A。

1）根据电能表屏显信息，写出电能表存在的接线异常。

2）根据电能表屏显显示的接线异常，写出错误接线有功功率表达式，并计算出用户当月实际使用电量电费（本题不计算用户历史月度退补的电量电费，无功电量更正系数参照有功电量更正系数执行，计收代征费）。

四、工作规范及要求

（1）着装符合要求，穿全棉长袖工作服、绝缘鞋，戴安全帽、线手套。

（2）携带自备工具（钢笔或中性笔、计算器、线手套）进入现场，待考评员宣布许可工作命令后开始工作并计时。

（3）打开计量柜（箱）门之前必须对柜（箱）体验电，现场操作严格执行《国家电网公司电力安全工作规程（配电部分）》。

（4）工作结束清理现场，并向监考员报告。

五、现场提供工器具及材料

验电笔、电价表、功率因数调整表、S9 系列 315kVA 变压器变损速查表。

六、考核及时间要求

本考核操作时间限定为 30 分钟，计时结束停止考评。

技能等级评价专业技能考核操作评分标准

工种	装表接电工					评价等级	技师
项目模块	电能计量装置现场检验—三相电能表现场检验				编号	Jc0002242024－5	
单位			准考证号			姓名	
考试时限	30 分钟		题型	单项操作		题分	100 分
成绩		考评员		考评组长		日期	
试题正文	经互感器接入的三相四线电能表抄读、异常处理、电量计算						
需要说明的问题和要求	（1）要求单人操作。 （2）操作应注意安全，按照标准化作业书的技术安全说明做好安全措施						

序号	项目名称	质量要求	满分	扣分标准	扣分原因	得分
1	安全文明生产	佩戴安全帽；穿全棉工作服；穿绝缘鞋；操作时戴线手套；打开柜门前需先验电	10	未按要求进行，每项扣 2 分，扣完为止		
2	电能表抄读	（1）电能表铭牌信息填写正确规范。 （2）表内示数信息填写正确规范	20	铭牌信息填写错误扣 5 分； 示数信息填写错误扣 15 分		
3	异常判断	表计异常判断正确	20	判断错误扣 20 分		
4	电费计算	（1）异常情况下有功功率表达式书写正确。 （2）更正系数计算正确。 （3）表内实际结算电量计算正确。 （4）变损电量查表正确。 （5）目录电度电费计算正确。 （6）功率因数调整电费计算正确。 （7）代征费计算正确。 （8）当月实际发生的电费计算正确	40	每错误一项扣 5 分，扣完为止		
5	现场恢复	操作结束后清理现场杂物，并将工器具归位摆放整齐	10	现场留有杂物或工器具未归位扣 10 分		
	合计		100			

标准答案：

（1）根据电能表填写相关信息如表 Jc0002242024－5－2 所示（表内空白处以考核现场电能计量装置参数示数值为准）。

表 Jc0002242024－5－2

电能表铭牌参数		表内信息		
电能表出厂编号		示数类型	上一月	当前
参比电压	3×220/380V	有功总电量	631.15kWh	901.18kWh
标定电流及最大电流	3×1.5（6）A	有功峰电量	230.41kWh	340.78kWh
接线方式	三相四线	有功平电量	220.48kWh	320.15kWh
准确度等级	有功 1.0，无功 2.0	有功谷电量	180.26kWh	240.25kWh
电能表厂家		组合无功 I	300.39kvar	401.39kvar

（2）经检查现场电能表 A 相负电流。

$$变比=500/5=100$$

A 相极性接反时，有功功率表达式

$$P'=UI\cos\varphi$$

三相四线接线正确的有功功率表达式

$$P=3UI\cos\varphi$$

有功电量更正系数

$$K=P/P'=3$$

有功总电量＝3×（901.18－631.15）×100＝81 009（kWh）

峰段电量＝3×（340.78－230.41）×100＝33 111（kWh）

谷段电量＝3×（240.25－80.26）×100＝17 997（kWh）

平段电量＝有功总电量－峰段电量－谷段电量＝81 009－33 111－7997＝29 901（kWh）

无功电量＝3×（401.39－300.39）×100＝30 300（kWh）

经查表该用户本月有功变损电量为 1192kWh，无功变损电量为 4944kvarh。

目录电度电费＝33 111×0.847 6＋（29 901＋1192）×0.605 4＋17 997×0.363 2＝53 425.10（元）

$\tan\varphi$＝（30 300＋4944）/（81 009＋1192）＝0.428 8

功率因数 $\cos\varphi=0.92$

该用户功率因数考核标准为 0.85，查功率因数表可知调整率为－0.80%。

功率因数调整电费＝53 425.1×（－0.80%）＝－427.40（元）

代征费＝（81 009＋1192）×0.054 6＝4488.17（元）

当月用户实际发生电费＝目录电度电费＋功率因数调整电费＋代征费

＝53 425.10－427.40＋4488.17＝57 485.87（元）

因此，该用户当月实际发生电费 57 485.87 元。

Jc0002242025－6 经互感器接入的三相四线电能表抄读、异常处理、电量计算。（100 分）

考核知识点：设备运维

难易度：中

技能等级评价专业技能考核操作工作任务书

一、任务名称

经互感器接入的三相四线电能表抄读、异常处理、电量计算。

二、适用工种

装表接电工技师。

三、具体任务

（1）抄读指定三相四线电能表，完成铭牌信息及表内示数信息填写，见表 Jc0002242025－6－1。

表 Jc0002242025－6－1

电能表铭牌参数		表内信息		
电能表出厂编号		示数类型	上一月	当前
参比电压		有功总电量		
标定电流及最大电流		有功峰电量		
接线方式		有功平电量		
准确度等级		有功谷电量		
电能表厂家		组合无功 I		

（2）已知该用户用电容量为 315kVA，用户三相负荷平衡，变压器型号为 S9 系列，采用高供低计计量方式，TA 变比为 500A/5A。

1）根据电能表屏显信息，写出电能表存在的接线异常。

2）根据电能表屏显显示的接线异常，写出错误接线有功功率表达式，并计算当月应结算电量（本题不计变损电量）。

四、工作规范及要求

（1）着装符合要求，穿全棉长袖工作服、绝缘鞋，戴安全帽、线手套。

（2）携带自备工具（钢笔或中性笔、计算器、线手套）进入现场，待考评员宣布许可工作命令后开始工作并计时。

（3）打开计量柜（箱）门之前必须对柜（箱）体验电，现场操作严格执行《国家电网公司电力安全工作规程（配电部分）》。

（4）工作结束清理现场，并向监考员报告。

五、现场提供工器具及材料

验电笔。

六、考核及时间要求

（1）本考核操作时间限定为 30 分钟，计时结束停止考评。

（2）故障查找过程中，如确实不能查找出故障，可向考评员申请排除故障，该项故障项目不得分，但不影响其他项目。

技能等级评价专业技能考核操作评分标准

<table>
<tr><td>工种</td><td colspan="5">装表接电工</td><td>评价等级</td><td>技师</td></tr>
<tr><td>项目模块</td><td colspan="4">电能计量装置现场检验—三相电能表现场检验</td><td>编号</td><td colspan="2">Jc0002242025－6</td></tr>
<tr><td>单位</td><td colspan="2"></td><td>准考证号</td><td colspan="2"></td><td>姓名</td><td></td></tr>
<tr><td>考试时限</td><td colspan="2">30 分钟</td><td>题型</td><td colspan="2">单项操作</td><td>题分</td><td>100 分</td></tr>
<tr><td>成绩</td><td></td><td>考评员</td><td></td><td>考评组长</td><td></td><td>日期</td><td></td></tr>
<tr><td>试题正文</td><td colspan="7">经互感器接入的三相四线电能表抄读、异常处理、电量计算</td></tr>
<tr><td>需要说明的问题和要求</td><td colspan="7">（1）要求单人操作。
（2）操作应注意安全，按照标准化作业书的技术安全说明做好安全措施</td></tr>
</table>

续表

序号	项目名称	质量要求	满分	扣分标准	扣分原因	得分
1	安全文明生产	佩戴安全帽；穿全棉工作服；穿绝缘鞋；操作时戴线手套；打开柜门前需先验电	10	未按要求进行，每项扣 2 分，扣完为止		
2	电能表抄读	（1）电能表铭牌信息填写正确规范。 （2）表内示数信息填写正确规范	20	铭牌信息填写错误扣 5 分； 示数信息填写错误扣 15 分		
3	异常判断	异常判断正确	20	异常判断错误扣 20 分		
4	电量计算	（1）表内抄见电量计算正确。 （2）异常情况下有功功率表达式书写正确。 （3）更正系数计算正确。 （4）退补电量计算正确	40	每错一项扣 10 分，扣完为止		
5	现场恢复	操作结束后清理现场杂物，并将工器具归位摆放整齐	10	现场留有杂物或工器具未归位扣 10 分		
合计			100			

标准答案：

（1）抄读电能表相关信息如表 Jc0002242025－6－2 所示（表内空白处以考核现场电能计量装置参数示数值为准）。

表 Jc0002242025－6－2

电能表铭牌参数		表内信息		
电能表出厂编号		示数类型	上一月	当前
参比电压	3×220V/380V	有功总电量	631.15kWh	901.18kWh
标定电流及最大电流	3×1.5（6）A	有功峰电量	230.41kWh	340.78kWh
接线方式	三相四线	有功平电量	220.48kWh	320.15kWh
准确度等级	有功 1.0，无功 2.0	有功谷电量	180.26kWh	240.25kWh
电能表厂家		组合无功 I	300.39kvar	401.39kvar

（2）经检查现场电能表 B 相负电流

$$变比=500/5=100$$

$$当月表内抄见有功电量=（901.18-631.15）\times 100=27\ 003（kWh）$$

B 相极性接反时，有功功率表达式

$$P'=UI\cos\varphi$$

三相四线接线正确的有功功率表达式

$$P=3UI\cos\varphi$$

$$更正系数\ K=P/P'=3$$

根据《供用电营业规则》第八十一条，对于计费计量装置接线错误的，以其实际记录的电量为基数，按正确与错误接线的差额率退补电量，其退补电量计算从上次校验或换装投入之日起至接线错更正之日止。

$$追补电量=K\times 用户累计总用电量=3\times 901.18\times 100=270\ 354（kWh）$$

当月应结算总电量＝当月表内抄见有功电量＋追补电量＝27 003＋270 354＝297 357（kWh）

因此，该户当月月应结算总电量 297 357kWh。

Jc0002242026－1　电能表故障分析与判断。（100 分）

考核知识点：设备运维

难易度：中

技能等级评价专业技能考核操作工作任务书

一、任务名称

电能表故障分析与判断。

二、适用工种

装表接电工技师。

三、具体任务

在指定工位使用工器具完成 3×220V/380V、3×1.5（6）A 三相电能表异常故障分析并处理，假定三项负荷平衡，写出有功功率表达式并计算更正系数。

四、工作规范及要求

（1）着装符合要求，穿全棉长袖工作服、绝缘鞋，戴安全帽、线手套。

（2）携带自备工具（钢笔或中性笔、计算器）进入现场，待考评员宣布许可工作命令后开始工作并计时。

（3）打开计量柜（箱）门之前必须对柜（箱）体验电，现场操作严格执行《国家电网公司电力安全工作规程（配电部分）》。

（4）工作结束清理现场，并向监考员报告。

五、现场提供材料及工器具

验电笔、万用表、钳形电流表、螺钉旋具。

六、考核时间及要求

本考核操作时间为 30 分钟，时间到停止考评。

技能等级评价专业技能考核操作评分标准

工种	装表接电工				评价等级	技师
项目模块	电能计量装置现场检验—三相电能表现场检验			编号	Jc0002242026－1	
单位		准考证号			姓名	
考试时限	30 分钟	题型	单项操作		题分	100 分
成绩	考评员		考评组长		日期	
试题正文	电表故障分析与判断					
需要说明的问题和要求	（1）要求单人操作。 （2）操作时应注意安全，按照标准化作业指导书的技术安全说明做好安全措施					

序号	项目名称	质量要求	满分	扣分标准	扣分原因	得分
1	安全文明生产	佩戴安全帽；穿全棉工作服；穿绝缘鞋；操作时戴线手套；打开柜门前需先验电	20	未按要求进行，每项扣 5 分，扣完为止		
2	仪器使用	正确使用万用表、钳形电流表	20	万用表、钳形电流表使用错误，每次扣 5 分，扣完为止		
3	异常判断	正确判断异常原因	20	异常原因未找到扣 20 分		
4	异常处理	正确处理计量异常	20	异常未处理扣 20 分		
5	计算结果	正确计算更正系数	10	更正系数计算错误扣 10 分		
6	现场恢复	操作结束后清理现场杂物，并将工器具归位摆放整齐	10	现场留有杂物或工器具未归位扣 10 分		
合计			100			

计量装置设置：

（1）考试使用电能表为仿真表，通过模拟装置进行参数设置。

（2）考场在指定工位安装 3×380V/220V、3×1.5（6）A 三相电能表，设置接线盒 C 相电流连接片短接错误接线，电流设置为 5A。

（3）屏蔽电能表显示屏。

标准答案：

（1）故障分析：通过电流表测量表尾 C 相电流为 0，判断由于接线盒电流连接片短接导致电能表 C 相断流。

（2）处理：恢复接线盒 C 相电流连接片。

（3）列出有功功率表达式

$$P_1 = U_A I_A \cos\varphi$$
$$P_2 = U_B I_B \cos\varphi$$
$$P_3 = 0$$
$$P = P_1 + P_2 + P_3 = 2UI\cos\varphi$$

（4）计算更正系数

$$K_P = \frac{P_0}{P} = \frac{3UI\cos\varphi}{2UI\cos\varphi} = \frac{3}{2}$$

因此，更正系数为 3/2。

Jc0002242027－2　电能表运行判断及其功率计算。（100 分）

考核知识点：设备运维

难易度：中

技能等级评价专业技能考核操作工作任务书

一、任务名称

电能表运行判断及其功率计算。

二、适用工种

装表接电工技师。

三、具体任务

在指定工位［3×220/380V、3×1.5（6）A 三相电能表，TA 变比为 50A/5A］，电能表有功脉冲 1min 闪烁 100 次，根据脉冲闪烁次数与有功常数的关系计算有功功率并填表 Jc0002242027－2－1。

表 Jc0002242027－2－1

表号	规格	有功常数	有功功率

四、工作规范及要求

（1）着装符合要求，穿全棉长袖工作服、绝缘鞋，戴安全帽、线手套。

（2）携带自备工具（钢笔或中性笔、计算器）进入现场，待考评员宣布许可工作命令后开始工作并计时。

（3）打开计量柜（箱）门之前必须对柜（箱）体验电，现场操作严格执行《国家电网公司电力安全工作规程（配电部分）》。

（4）工作结束清理现场，并向监考员报告。

五、现场提供材料及工器具

验电笔、万用表、钳形电流表、螺钉旋具。

六、考核时间及要求

本考核操作时间为30分钟，时间到停止考评。

技能等级评价专业技能考核操作评分标准

工种	装表接电工					评价等级	技师
项目模块	电能计量装置现场检验—三相电能表现场检验				编号	Jc0002242027－2	
单位			准考证号			姓名	
考试时限	30分钟	题型	单项操作			题分	100分
成绩		考评员		考评组长		日期	
试题正文	电能表运行判断及其功率计算						
需要说明的问题和要求	（1）要求单人操作。 （2）操作时应注意安全，按照标准化作业指导书的技术安全说明做好安全措施						

序号	项目名称	质量要求	满分	扣分标准	扣分原因	得分
1	安全文明生产	佩戴安全帽；穿全棉工作服；穿绝缘鞋；操作时戴线手套；打开柜门前需先验电	20	未按要求进行，每项扣5分，扣完为止		
2	参数抄读	正确抄读电能表铭牌各项参数	15	每错误一项扣5分，扣完为止		
3	计算正确	正确计算有功功率	40	计算错误扣40分		
4	填写记录	正确、规范填写记录表	15	数据填写错误，每处扣5分； 单位使用错误，每处扣5分； 扣完为止		
5	现场恢复	操作结束后清理现场杂物，并将工器具归位摆放整齐	10	现场留有杂物或工器具未归位扣10分		
合计			100			

计量装置设置：

（1）考试使用电能表为仿真表，通过模拟装置进行参数设置。

（2）考场在指定工位安装3×220/380V、3×1.5（6）A、常数为3200imp/kWh三相电能表，假定TA变比为50/5。

（3）假定电能表有功指示灯1min闪烁100次。

标准答案：

正确抄读电能表铭牌参数，掌握电能表有功常数与功率指示灯规定时间闪烁次数的关系，计算出当前有功功率（表Jc0002242027－2－2内空白处以考核现场电能计量装置参数示数值为准）

$$P=\frac{100\times60}{3200}\times\frac{50}{5}=19\,(\text{kW})$$

表Jc0002242027－2－2

表号	规格	有功常数	有功功率
	3×220/380V、3×1.5（6）A	3200imp/kWh	19kW

Jc0002241028－3　表计异常判断处理。（100分）

考核知识点： 设备运维

难易度： 易

技能等级评价专业技能考核操作工作任务书

一、任务名称

表计异常判断处理。

二、适用工种

装表接电工技师。

三、具体任务

（1）工作人员2016年11月30日12:00经用电信息采集系统分析，发现表号为0001128485的居民用户单相表自2016年10月1日12:00开始不走字，现场检查原因。

（2）简述针对此种情况的主要处理步骤。

（3）如该用户家中主要负荷有照明1.5kW、空调2kW、电热水器2kW。根据用户用电容量计算该用户应追补电费、违约使用电费（追补电费不考虑阶梯电价因素）。

四、工作规范及要求

（1）着装符合要求，穿全棉长袖工作服、绝缘鞋，戴安全帽、线手套。

（2）携带自备工具（钢笔或中性笔、计算器、线手套）进入现场，待考评员宣布许可工作命令后开始工作并计时。

（3）打开计量柜（箱）门之前必须对柜（箱）体验电，现场操作严格执行《国家电网公司电力安全工作规程（配电部分）》。

（4）工作结束清理现场，并向监考员报告。

五、现场提供工器具及材料

验电笔。

六、考核及时间要求

本考核操作时间限定为30分钟，计时结束停止考评。

技能等级评价专业技能考核操作评分标准

工种	装表接电工					评价等级	技师
项目模块	电能计量装置现场检验—三相电能表现场检验				编号		Jc0002241028－3
单位			准考证号			姓名	
考试时限	30分钟		题型	单项操作		题分	100分
成绩		考评员		考评组长		日期	
试题正文	表计异常判断处理						
需要说明的问题和要求	（1）要求单人操作。 （2）操作应注意安全，按照标准化作业书的技术安全说明做好安全措施						

序号	项目名称	质量要求	满分	扣分标准	扣分原因	得分
1	安全文明生产	佩戴安全帽；穿全棉工作服；穿绝缘鞋；操作时戴线手套；打开柜门前需先验电	10	未按要求进行，每项扣2分，扣完为止		
2	异常检查	正确检查出异常	10	异常判断错误扣10分		
3	窃电处理的步骤	窃电处理的步骤回答正确	30	每错误一个步骤扣6分，扣完为止		
4	电费计算	（1）窃电时间计算正确。 （2）追补电量计算正确。 （3）追补电费计算正确。 （4）违约使用电费计算正确	40	每错误一项扣10分，扣完为止		
5	现场恢复	操作结束后清理现场杂物，并将工器具归位摆放整齐	10	现场留有杂物或工器具未归位扣10分		
合计			100			

标准答案：

（1）该户表计不走的原因为电流进出线短接用电。

（2）处理单相表窃电的步骤如下。

1）现场拍照取证。

2）抄取表计电量信息。

3）填写用电检查通知书、窃电通知书，送达用户并由用户签收。

4）进行违约电费计算处理（窃电时间根据用电信息采集系统进行判断，每天动力用电按照 12h 计算，居民按照 6h 计算）。

5）用户如签字并接受处理，可现场恢复正常接线并加封；如用户拒不接受处理可立即中止供电。

（3）计算该用户应追补电量。

该用户自 2016 年 10 月 1 日窃电开始到 11 月 30 日止，共计窃电天数 60 天，该用户属居民用电，按照每天 6h 计算窃电电量，则

$$\text{用户用电容量}=1.5+2+2=5.5\text{（kW）}$$

$$\text{应追补电量}=5.5\times6\times60=1980\text{（kWh）}$$

$$\text{应追补电费}=1980\times0.4486=888.23\text{（元）}$$

$$\text{违约使用电费}=3\times888.23=2664.69\text{（元）}$$

$$\text{用户共计需缴纳费用}=888.23+2664.69=3552.92\text{（元）}$$

因此，需追补电费 3552.92 元。

Jc0002241029－4　表计异常判断处理。（100 分）

考核知识点： 设备运维

难易度： 易

技能等级评价专业技能考核操作工作任务书

一、任务名称

表计异常判断处理。

二、适用工种

装表接电工技师。

三、具体任务

（1）经用电信息采集系统分析，发现现场表号为××的三相电能表长期无电流，已知该用户为台区考核总表，现场分析原因。

（2）现场处理异常。

四、工作规范及要求

（1）着装符合要求，穿全棉长袖工作服、绝缘鞋，戴安全帽、线手套。

（2）携带自备工具（钢笔或中性笔、计算器、线手套）进入现场，待考评员宣布许可工作命令后开始工作并计时。

（3）打开计量柜（箱）门之前必须对柜（箱）体验电，现场操作严格执行《国家电网公司电力安全工作规程（配电部分）》。

（4）工作结束清理现场，并向监考员报告。

五、现场提供工器具及材料

验电笔、螺钉旋具、铅封、绝缘胶带、封表钳。

六、考核及时间要求

本考核操作时间限定为 20 分钟，计时结束停止考评。

技能等级评价专业技能考核操作评分标准

工种	装表接电工				评价等级	技师
项目模块	电能计量装置现场检验—三相电能表现场检验			编号	Jc0002241029－4	
单位		准考证号			姓名	
考试时限	20 分钟	题型	单项操作		题分	100 分
成绩		考评员		考评组长	日期	
试题正文	表计异常判断处理					
需要说明的问题和要求	（1）要求单人操作。 （2）操作应注意安全，按照标准化作业书的技术安全说明做好安全措施					
序号	项目名称	质量要求	满分	扣分标准	扣分原因	得分
1	安全文明生产	佩戴安全帽；穿全棉工作服；穿绝缘鞋；操作时戴线手套；打开柜门前需先验电	10	未按要求进行，每项扣 2 分，扣完为止		
2	异常检查	正确检查出异常	20	异常判断错误扣 20 分		
3	异常恢复	（1）现场螺钉旋具需进行绝缘化处理。 （2）三个电流连接片需全部打开，操作熟练。 （3）连接片打开后需检查表内信息，电流是否恢复。 （4）最后需将破坏的铅封恢复	60	未操作或操作过程中违反安规要求，每项扣 15 分，扣完为止		
4	现场恢复	操作结束后清理现场杂物，并将工器具归位摆放整齐	10	现场留有杂物或工器具未归位扣 10 分		
合计			100			

标准答案：

（1）现场电能表端子盒内电流连接片未打开导致表内无电流通过。

（2）工作步骤。

1）检查时佩戴线手套及安全帽，着长袖工作服。

2）将螺钉旋具绝缘化处理。

3）检查电能表及接线盒。

4）打开电流连接片。

5）通过表计键显检查表计内是否有电流。

6）恢复端子盒铅封。

Jc0002241030－5 表计异常判断处理。（100 分）

考核知识点： 设备运维

难易度： 易

技能等级评价专业技能考核操作工作任务书

一、任务名称

表计异常判断处理。

二、适用工种

装表接电工技师。

三、具体任务

（1）经用电信息采集系统分析，发现某三相四线电能表A相无电压，已知该用户为台区考核总表，现场分析该表异常原因。

（2）现场处理异常。

四、工作规范及要求

（1）着装符合要求，穿全棉长袖工作服、绝缘鞋，戴安全帽、线手套。

（2）携带自备工具（钢笔或中性笔、计算器、线手套）进入现场，待考评员宣布许可工作命令后开始工作并计时。

（3）打开计量柜（箱）门之前必须对柜（箱）体验电，现场操作严格执行《国家电网公司电力安全工作规程（配电部分）》。

（4）工作结束清理现场，并向监考员报告。

五、现场提供工器具及材料

验电笔、螺钉旋具、铅封、绝缘胶带、封表钳。

六、考核及时间要求

本考核操作时间限定为20分钟，计时结束停止考评。

技能等级评价专业技能考核操作评分标准

工种	装表接电工					评价等级	技师
项目模块	电能计量装置接线检查—三相电能表现场检验				编号	Jc0002241030－5	
单位			准考证号			姓名	
考试时限	20分钟		题型	单项操作		题分	100分
成绩		考评员		考评组长		日期	
试题正文	表计异常判断处理						
需要说明的问题和要求	（1）要求单人操作。 （2）操作应注意安全，按照标准化作业书的技术安全说明做好安全措施						

序号	项目名称	质量要求	满分	扣分标准	扣分原因	得分
1	安全文明生产	佩戴安全帽；穿全棉工作服；穿绝缘鞋；操作时戴线手套；打开柜门前需先验电	10	未按要求进行，每项扣5分，扣完为止		
2	异常检查	正确检查出异常	20	异常判断错误扣20分		
3	异常恢复	（1）现场螺钉旋具需进行绝缘化处理。 （2）三个电流连接片需全部打开，操作熟练。 （3）连接片打开后需检查表内信息，电流是否恢复。 （4）最后需将破坏的铅封恢复	60	每错误一项扣15分，扣完为止		
4	现场恢复	操作结束后清理现场杂物，并将工器具归位摆放整齐	10	现场留有杂物或工器具未归位扣10分		
合计			100			

标准答案：

（1）现场电能表端子盒内A相电压连接片打开导致表内无电压。

（2）工作步骤。

1）检查时佩戴线手套及安全帽，着长袖全棉工作服。

2）将螺钉旋具绝缘化处理。

3）检查电能表及接线盒。

4）合上 A 相电压连接片。

5）检查表计内 A 相是否有电压。

6）恢复端子盒铅封。

Jc0002242031－6　表计异常判断处理。（100 分）

考核知识点：设备运维

难易度：中

技能等级评价专业技能考核操作工作任务书

一、任务名称

表计异常判断处理。

二、适用工种

装表接电工技师。

三、具体任务

某新装用户的计费表安装三相四线有功电能表 1 套，额定电压为 3×380V/220V，配置 TA 变比为 200A/5A，抄表员首次抄表时发现有一相 TA 铭牌标记为 300A/5A，抄表时当前有功示数为 300kWh。

（1）回答发现此类情况后抄表员应如何处理。

（2）已知经供电部门用电检查人员组织用户将变比为 300A/5A 的 TA 更换为变比为 200A/5A 的 TA，更换时表内当前有功示数为 325kWh，计算该户的退补电量。

四、工作规范及要求

自备钢笔或圆珠笔、计算器。

五、现场提供工器具及材料

无。

六、考核及时间要求

本考核操作时间限定为 30 分钟，计时结束停止考评。

技能等级评价专业技能考核操作评分标准

<table>
<tr><td>工种</td><td colspan="5">装表接电工</td><td>评价等级</td><td>技师</td></tr>
<tr><td>项目模块</td><td colspan="4">电能计量装置现场检验—三相电能表现场检验</td><td>编号</td><td colspan="2">Jc0002242031－6</td></tr>
<tr><td>单位</td><td colspan="2"></td><td>准考证号</td><td colspan="2"></td><td>姓名</td><td></td></tr>
<tr><td>考试时限</td><td colspan="2">30 分钟</td><td>题型</td><td colspan="2">单项操作</td><td>题分</td><td>100 分</td></tr>
<tr><td>成绩</td><td></td><td>考评员</td><td></td><td>考评组长</td><td></td><td>日期</td><td></td></tr>
<tr><td>试题正文</td><td colspan="7">表计异常判断处理</td></tr>
<tr><td>需要说明的问题和要求</td><td colspan="7">无</td></tr>
<tr><td>序号</td><td>项目名称</td><td colspan="2">质量要求</td><td>满分</td><td>扣分标准</td><td>扣分原因</td><td>得分</td></tr>
<tr><td>1</td><td>抄表员发现异常时处理方法</td><td colspan="2">内容描述清楚、准确</td><td>30</td><td>每遗漏或错误一项扣 15 分，扣完为止</td><td></td><td></td></tr>
<tr><td>2</td><td>退补电量计算</td><td colspan="2">计算过程完整，正确</td><td>70</td><td>根据计算内容进行扣分：
更正率计算错误扣 20 分；
计算方法错误扣 20 分；
退补电量错误扣 20 分；
计算过程不完整扣 10 分</td><td></td><td></td></tr>
<tr><td colspan="2">合计</td><td colspan="2"></td><td>100</td><td></td><td></td><td></td></tr>
</table>

标准答案：

（1）抄表员应开展下列工作：

1）正确抄取表计参数及电量信息，在电量退补期间，用户先按抄见电量如期缴纳电费。

2）抄取互感器铭牌信息，填写异常单并提交业务接洽，由相关部门开展电量退补工作。

（2）退补电量计算

更正率＝（正确用电量－错误用电量）/错误用电量×100%

正确用电量＝1/3＋1/3＋1/3＝1

错误用电量＝1/3＋1/3＋1/3×［（200/5）/（300/5）］＝8/9

更正率＝（1－8/9）/（8/9）×100%＝0.125×100%＝12.5%

追补电量＝更正率×抄见电量＝12.5%×13 000＝1625（kWh）

因此，追补电量应为1625kWh。

Jc0002242032－1　采集终端抄读与调试。（100分）

考核知识点：设备运维

难易度：中

技能等级评价专业技能考核操作工作任务书

一、任务名称

采集终端抄读与调试。

二、适用工种

装表接电工技师。

三、具体任务

在指定工位（集中器）完成指定电能表的参数设置、采集数据抄读，记录并填写表Jc0002242032－1－1。

表 Jc0002242032－1－1

电能表号		有功总	
波特率		有功峰	
通信端口		有功平	
通信规约		有功谷	

四、工作规范及要求

（1）着装符合要求，穿全棉长袖工作服、绝缘鞋，戴安全帽、线手套。

（2）携带自备工具（钢笔或中性笔）进入现场，待考评员宣布许可工作命令后开始工作并计时。

（3）打开计量柜（箱）门之前必须对柜（箱）体验电，现场操作严格执行《国家电网公司电力安全工作规程（配电部分）》。

（4）工作结束清理现场，并向监考员报告。

五、现场提供材料及工器具

验电笔、万用表、螺钉旋具。

六、考核时间及要求

本考核操作时间为30分钟，时间到停止考评。

技能等级评价专业技能考核操作评分标准

工种	装表接电工				评价等级	技师
项目模块	电能计量装置接线检查—三相四线电能计量装置接线检查		编号	Jc0002242032－1		
单位		准考证号			姓名	
考试时限	30 分钟	题型	单项操作		题分	100 分
成绩		考评员		考评组长		日期
试题正文	采集终端抄读与调试					
需要说明的问题和要求	（1）要求单人操作。 （2）操作时应注意安全，按照标准化作业指导书的技术安全说明做好安全措施					
序号	项目名称	质量要求	满分	扣分标准	扣分原因	得分
1	安全文明生产	佩戴安全帽；穿全棉工作服；穿绝缘鞋；操作时戴线手套；打开柜门前需先验电	20	未按要求，每项进行扣 5 分，扣完为止		
2	参数设置	正确设置终端各项参数	40	每错误一项扣 10 分，扣完为止		
3	填写记录	正确、规范填写记录表	30	数据填写错误，每处扣 5 分； 单位使用错误，每处扣 5 分； 扣完为止		
4	现场恢复	操作结束后清理现场杂物，并将工器具归位摆放整齐	10	现场留有杂物或工器具未归位扣 10 分		
合计			100			

计量（采集）装置设置：

（1）考试使用电能表为仿真表，通过模拟装置进行参数设置。

（2）屏蔽电能表显示屏。

标准答案：

（1）在集中器电能表参数设置项中将表号设置为实际电能表号，波特率设置为 2400bit/s，通信端口设置为 31，通信规约设置为 645－07。

（2）正确记录表 Jc0002242032－1－2（表内空白处以考核现场电能计量装置参数示数值为准）。

表 Jc0002242032－1－2

电能表号		有功总	kWh
波特率	2400bit/s	有功峰	kWh
通信端口	31	有功平	kWh
通信规约	645－07	有功谷	kWh

Jc0002242033－9 三相四线计量装置错误接线纠正。（100 分）

考核知识点：设备运维

难易度：中

技能等级评价专业技能考核操作工作任务书

一、任务名称

三相四线计量装置错误接线纠正。

二、适用工种

装表接电工技师。

三、具体任务

使用相位伏安表、相序表等仪器检测电能表接线，画相量图，计算有功功率更正系数。

四、工作规范及要求

（1）着装符合要求，穿全棉长袖工作服、绝缘鞋，戴安全帽、线手套。

（2）携带自备工具（钢笔或中性笔、计算器、三角尺）进入现场，待考评员宣布许可工作命令后开始工作并计时。

（3）打开计量柜（箱）门之前必须对柜（箱）体验电，现场操作严格执行《国家电网公司电力安全工作规程（配电部分）》。

（4）工作结束清理现场，并向监考员报告。

五、现场提供材料及工器具

验电笔、万用表、相序表、钳形电流表、相位伏安表、螺钉旋具。

六、考核时间及要求

本考核操作时间为30分钟，时间到停止考评。

技能等级评价专业技能考核操作评分标准

工种	装表接电工					评价等级	技师
项目模块	电能计量装置接线检查—三相四线电能计量装置接线检查				编号	Jc0002242033－9	
单位			准考证号			姓名	
考试时限	30分钟		题型	单项操作		题分	100分
成绩		考评员		考评组长		日期	
试题正文	三相四线计量装置错误接线纠正						
需要说明的问题和要求	（1）要求单人操作。 （2）操作时应注意安全，按照标准化作业指导书的技术安全说明做好安全措施						

序号	项目名称	质量要求	满分	扣分标准	扣分原因	得分
1	安全文明生产	佩戴安全帽；穿全棉工作服；穿绝缘鞋；操作时戴线手套；打开柜门前需先验电	20	未按要求进行，每项扣5分，扣完为止		
2	正确使用仪器仪表、检测接线	（1）正确使用相位伏安表。 （2）数据测量正确	40	相位伏安表使用不当，每次扣10分；数据测量错误，每次扣10分；扣完为止		
3	相量图	正确画出相量图	20	相量图错误，每处扣2分，扣完为止		
4	计算结果	正确计算更正系数	10	更正系数计算错误扣10分		
5	现场恢复	操作结束后清理现场杂物，并将工器具归位摆放整齐	10	现场留有杂物或工器具未归位扣10分		
合计			100			

计量装置设置：

（1）考试使用电能表为仿真表，通过模拟装置进行参数设置。

（2）默认设置为专用变压器计量柜指定三相四线电能表3×220V/380V、3×1.5（6）A，假定负荷三相平衡，相电压分别为220、220、220V，相电流分别为2、2、2A，电压相序为CAB、电流相序为ABC，三相负载平衡，感性，功率因数角＝14°。

（3）指定电能表第一元件为C相电压。

标准答案：

（1）测量相序、电压、电流、相角值，见表Jc0002242033－9。

表 Jc0002242033－9

参数	一元件	二元件	三元件
电压	220V	220V	220V
电流	2A	2A	2A
电压与电流相角	134°	134°	134°
相序	CAB		

（2）根据实测数据画出相量图如图 Jc0002242033－9 所示。

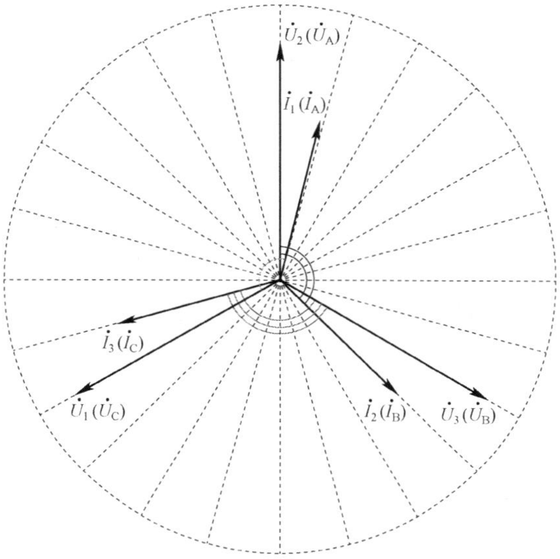

图 Jc0002242033－9

（3）列出错误接线有功功率表达式

$$P_1 = U_C I_A \cos(120° + \varphi)$$
$$P_2 = U_A I_B \cos(120° + \varphi)$$
$$P_3 = U_B I_C \cos(120° + \varphi)$$
$$P = P_1 + P_2 + P_3 = -\frac{3}{2}UI(\cos\varphi + \sqrt{3}\sin\varphi)$$

（4）计算更正系数

$$K_P = \frac{P_0}{P} = \frac{3UI\cos\varphi}{-\frac{3}{2}UI(\cos\varphi + \sqrt{3}\sin\varphi)} = -\frac{2}{1+\sqrt{3}\tan\varphi}$$

Jc0002242034－10 三相四线电能表故障分析并处理。（100 分）

考核知识点：设备运维

难易度：中

技能等级评价专业技能考核操作工作任务书

一、任务名称

三相四线电能表故障分析并处理。

二、适用工种

装表接电工技师。

三、具体任务

在指定工位完成3×220V/380V、3×5（60）A直通三相四线电能表故障分析与处理，假定三相负荷平衡，写出有功功率表达式并计算更正系数。

四、工作规范及要求

（1）着装符合要求，穿全棉长袖工作服、绝缘鞋，戴安全帽、线手套。

（2）携带自备工具（钢笔或中性笔、计算器）进入现场，待考评员宣布许可工作命令后开始工作并计时。

（3）打开计量柜（箱）门之前必须对柜（箱）体验电，现场操作严格执行《国家电网公司电力安全工作规程（配电部分）》。

（4）工作结束清理现场，并向监考员报告。

五、现场提供材料及工器具

验电笔、万用表、钳形电流表、螺钉旋具。

六、考核时间及要求

本考核操作时间为30分钟，时间到停止考评。

技能等级评价专业技能考核操作评分标准

工种	装表接电工					评价等级	技师
项目模块	电能计量装置接线检查—三相四线电能计量装置接线检查				编号	Jc0002242034－10	
单位			准考证号			姓名	
考试时限	30分钟		题型	单项操作		题分	100分
成绩		考评员		考评组长		日期	
试题正文	三相四线电能表故障分析并处理						
需要说明的问题和要求	（1）要求单人操作。 （2）操作时应注意安全，按照标准化作业指导书的技术安全说明做好安全措施						

序号	项目名称	质量要求	满分	扣分标准	扣分原因	得分
1	安全文明生产	佩戴安全帽；穿全棉工作服；穿绝缘鞋；操作时戴线手套；打开柜门前需先验电	20	未按要求进行，每项扣5分，扣完为止		
2	仪器使用	正确使用万用表、钳形电流表	20	万用表、钳形电流表使用错误，每次扣5分，扣完为止		
3	异常判断	正确判断异常原因	20	异常原因未找到扣20分		
4	异常处理	正确处理计量异常	20	异常未处理扣20分		
5	计算结果	正确计算更正系数	10	更正系数计算错误扣10分		
6	现场恢复	操作结束后清理现场杂物，并将工器具归位摆放整齐	10	现场留有杂物或工器具未归位扣10分		
合计			100			

计量装置设置：

（1）考试使用电能表为仿真表，通过模拟装置进行参数设置。

（2）考场在指定工位安装3×220V/380V、3×5（60）A直通三相电能表，设置表尾A相电压连接片断开错误接线，电流设置为5A。

（3）屏蔽电能表显示屏。

标准答案：

（1）故障分析：通过万用表测量表尾A相电压为0，判断由于表尾A相电压连接片断开导致电能表 A 相电压失压。

（2）处理：恢复表尾 A 相电压连接片。

（3）列出有功功率表达式

$$P_1=0$$
$$P_2=U_BI_B\cos\varphi$$
$$P_3=U_CI_C\cos\varphi$$
$$P=P_1+P_2+P_3=2UI\cos\varphi$$

（4）计算更正系数

$$K_P=\frac{P_0}{P}=\frac{3UI\cos\varphi}{2UI\cos\varphi}=\frac{3}{2}$$

因此，更正系数为 3/2。

Jc0002243035－1 电能表故障分析与判断。（100 分）

考核知识点：设备运维

难易度：难

技能等级评价专业技能考核操作工作任务书

一、任务名称

电能表故障分析与判断。

二、适用工种

装表接电工技师。

三、具体任务

在指定工位完成 3×220V/380V、3×1.5（6）A 三相电能表异常故障分析并处理，假定三项负荷平衡，写出有功功率表达式并计算更正系数。

四、工作规范及要求

（1）着装符合要求，穿全棉长袖工作服、绝缘鞋，戴安全帽、线手套。

（2）携带自备工具（钢笔或中性笔、计算器）进入现场，待考评员宣布许可工作命令后开始工作并计时。

（3）打开计量柜（箱）门之前必须对柜（箱）体验电，现场操作严格执行《国家电网公司电力安全工作规程（配电部分）》。

（4）工作结束清理现场，并向监考员报告。

五、现场提供材料及工器具

验电笔、万用表、钳形电流表、螺钉旋具。

六、考核时间及要求

本考核操作时间为 30 分钟，时间到停止考评。

技能等级评价专业技能考核操作评分标准

工种	装表接电工						评价等级	技师
项目模块	电能计量装置接线检查—三相四线电能计量装置接线检查					编号	Jc0002243035－1	
单位			准考证号				姓名	
考试时限	30 分钟		题型	单项操作			题分	100 分
成绩		考评员		考评组长			日期	

续表

试题正文	电能表故障分析与判断					
需要说明的问题和要求	（1）要求单人操作。 （2）操作时应注意安全，按照标准化作业指导书的技术安全说明做好安全措施					
序号	项目名称	质量要求	满分	扣分标准	扣分原因	得分
1	安全文明生产	佩戴安全帽；穿全棉工作服；穿绝缘鞋；操作时戴线手套；打开柜门前需先验电	20	未按要求进行，每项扣5分，扣完为止		
2	仪器使用	正确使用万用表、钳形电流表	20	万用表、钳形电流表使用错误，每次扣5分，扣完为止		
3	异常判断	正确判断异常原因	20	异常原因未找到扣20分		
4	异常处理	正确处理计量异常	20	异常未处理扣20分		
5	计算结果	正确计算更正系数	10	更正系数计算错误扣10分		
6	现场恢复	操作结束后清理现场杂物，并将工器具归位摆放整齐	10	现场留有杂物或工器具未归位扣10分		
合计			100			

计量装置设置：

（1）考试使用电能表为仿真表，通过模拟装置进行参数设置。

（2）考场在指定工位安装 3×380V/220V、3×1.5（6）A 三相电能表，设置接线盒 C 相电压连接片断开错误接线，电流设置为 5A。

（3）屏蔽电能表显示屏。

标准答案：

（1）故障分析：通过万用表测量表尾 C 相电压为 0，判断由于接线盒 C 相电压连接片断开导致电能表 C 相电压失压。

（2）处理：恢复接线盒 C 相电压连接片。

（3）列出有功功率表达式

$$P_1 = U_A I_A \cos\varphi$$
$$P_2 = U_B I_B \cos\varphi$$
$$P_3 = 0$$
$$P = P_1 + P_2 + P_3 = 2UI\cos\varphi$$

（4）计算更正系数

$$K_P = \frac{P_0}{P} = \frac{3UI\cos\varphi}{2UI\cos\varphi} = \frac{3}{2}$$

因此，更正系数为 3/2。

Jc0002242036－1　供电方案答复。（100 分）

考核知识点：供电方案答复

难易度：中

技能等级评价专业技能考核操作工作任务书

一、任务名称

供电方案答复。

二、适用工种

装表接电工技师。

三、具体任务

准确回答客户基本用电信息、客户接入系统方案、客户受电系统方案、计量方案、计费方案及告知事项等。

四、工作规范及要求

（1）书写规范。

（2）逐条回答出以上事项具体信息。

五、现场提供工器具及材料

方案勘查工单等。

六、考核及时间要求

本考核时间限定为30分钟，计时结束停止考评。

技能等级评价专业技能考核操作评分标准

工种	装表接电工					评价等级	技师
项目模块	电能计量装置接线检查—三相四线电能计量装置接线检查				编号	Jc0002242036－1	
单位			准考证号			姓名	
考试时限	30分钟		题型	单项操作		题分	100分
成绩		考评员		考评组长		日期	
试题正文	供电方案答复						
需要说明的问题和要求	要求单独闭卷答题						

序号	项目名称	质量要求	满分	扣分标准	扣分原因	得分
1	书写规范	书写不规范，乱涂乱划	10	未按要求进行，每项扣2分，扣完为止		
2	答题标准清晰	每一项用标号分割，答案标准清晰	90	每错误一项扣15分，扣完为止		
合计			100			

标准答案：

主要包括客户基本用电信息、客户接入系统方案、客户受电系统方案、计量方案、计费方案及告知事项等，具体内容如下。

（1）客户基本用电信息，包括户名、用电地址、行业、用电性质、负荷等级，核定的用电容量，拟定的客户分级。

（2）客户接入系统方案应包括供电电压等级，供电电源及每路进线的供电容量，供电线路及敷设方式要求，产权分界点设置。

（3）客户受电系统方案应包括受电装置的容量、无功补偿标准、客户电气主接线类型、运行方式、主要受电装置电气参数，并明确应急电源及保安措施配置，谐波治理、继电保护、调度通信要求。

（4）计量方案应包括计量点设置，电能计量装置配置类别及接线方式、计量方式、用电信息采集终端安装方案等。

（5）计费方案应包括用电类别、电价分类及功率因数考核标准等信息。

（6）告知事项。包括客户有权自主选择具备相应资质要求的电力设计、施工单位，以及设备材料供应商，注意事项等。对有受电工程的用户，应明确受电工程建设投资界面。

Jc0002242037－1　电能计量装置验收。（100分）

考核知识点：验收

难易度：中

技能等级评价专业技能考核操作工作任务书

一、任务名称

电能计量装置验收。

二、适用工种

装表接电工技师。

三、具体任务

准确回答电能计量封印的含义及对电能计量装置加封位置的要求。

四、工作规范及要求

（1）着装符合要求，穿全棉长袖工作服、绝缘鞋，戴安全帽、线手套。

（2）携带自备工具（钢笔或中性笔、计算器、线手套）进入现场，待考评员宣布许可工作命令后开始工作并计时。

（3）打开计量柜（箱）门之前必须对柜（箱）体验电，现场操作严格执行《国家电网公司电力安全工作规程（配电部分）》。

（4）工作结束清理现场，并向监考员报告。

五、现场提供工器具及材料

一套计量装置、封印、螺钉旋具等。

六、考核及时间要求

答题时间限定为30分钟，计时结束停止考评。

技能等级评价专业技能考核操作评分标准

工种	装表接电工					评价等级	技师
项目模块	电能计量装置接线检查—三相四线电能计量装置接线检查				编号	Jc0002242037－1	
单位			准考证号			姓名	
考试时限	30分钟	题型	单项操作			题分	100分
成绩		考评员		考评组长		日期	
试题正文	电能计量装置验收						
需要说明的问题和要求	（1）要求单人操作。 （2）操作应注意安全，按照标准化作业书的技术安全说明做好安全措施						

序号	项目名称	质量要求	满分	扣分标准	扣分原因	得分
1	安全文明生产	佩戴安全帽；穿全棉工作服；穿绝缘鞋；操作时戴线手套；打开柜门前需先验电	5	未按要求进行，每项扣1分，扣完为止		
2	电能计量封印的含义	简述电能计量封印的含义	10	回答错误扣10分		
3	电能计量装置需加封部位	（1）电能表两侧表耳和编程开关盖板。 （2）电能表尾盖板。 （3）试验接线盒盖板。 （4）互感器二次接线端子。 （5）独立就地端子箱或端子盒。 （6）电压互感器一次侧隔离开关操作手柄。 （7）互感器柜门锁。 （8）电能表箱（柜）门锁	80	每错误一项扣10分，扣完为止		

续表

序号	项目名称	质量要求	满分	扣分标准	扣分原因	得分
4	现场恢复	操作结束后清理现场杂物，并将工器具归位摆放整齐	5	现场留有杂物或工器具未归位扣 10 分		
合计			100			

Jc0002243038－1 编制方案。(100 分)

考核知识点： 编制方案

难易度： 难

技能等级评价专业技能考核操作工作任务书

一、任务名称

编制方案。

二、适用工种

装表接电工技师。

三、具体任务

编制为期 3 天的“装表接电工仪器仪表使用”培训方案。

四、工作规范及要求

（1）着装符合要求，穿全棉长袖工作服、绝缘鞋，戴安全帽、线手套。

（2）携带自备工具（钢笔或中性笔、计算器、线手套）进入现场，待考评员宣布许可工作命令后开始工作并计时。

（3）打开计量柜（箱）门之前必须对柜（箱）体验电，现场操作严格执行《国家电网公司电力安全工作规程（配电部分）》。

（4）工作结束清理现场，并向监考员报告。

五、现场提供工器具及材料

验电笔等。

六、考核及时间要求

本考核时间限定为 30 分钟，计时结束停止考评。

技能等级评价专业技能考核操作评分标准

工种	装表接电工				评价等级	技师
项目模块	电能计量装置接线检查—三相四线电能计量装置接线检查			编号	Jc0002243038－1	
单位		准考证号			姓名	
考试时限	30 分钟	题型	单项操作		题分	100 分
成绩		考评员		考评组长	日期	
试题正文	编制方案					
需要说明的问题和要求	（1）要求单人操作。 （2）操作应注意安全，按照标准化作业书的技术安全说明做好安全措施					
序号	项目名称	质量要求	满分	扣分标准	扣分原因	得分
1	培训方案学时设定	3 天 24 学时	10	不写扣 10 分		

续表

序号	项目名称	质量要求	满分	扣分标准	扣分原因	得分
2	培训方案项目清晰	（1）安全交底。 （2）仪器仪表分类及其使用。 （3）仪器仪表应用测量。 （4）智能电能表服务终端（掌机）操作	20	每错误一项扣5分，扣完为止		
3	培训方案项目标准清晰	（1）熟练掌握并应用现场安全操作规程，规范操作、确保安全。 （2）掌握常用仪表的功能、使用方法及其安全注意事项；掌握智能电能表功能。 （3）掌握仪表测量方法。 （4）掌握掌机参数抄读及异常判断	20	每错误一项扣5分，扣完为止		
4	培训方案培训内容完整	（1）工作许可、验电。 （2）佩戴安全帽、穿工作服、绝缘鞋。 （3）操作时戴绝缘手套。 （4）仪器仪表分类。 （5）仪器仪表功能、使用方法。 （6）仪器仪表使用安全注意事项。 （7）智能电能表功能。 （8）电能计量装置电流通断测量。 （9）电能计量装置电流、电压、相序测量。 （10）智能电能表服务终端（掌机）、电能表信息读取及参数设置异常判断	50	每错误一项扣5分，扣完为止		
合计			100			

Jc0002241039－1　安全工具定期试验规定。（100分）

考核知识点： 安全工器具管理

难易度： 易

技能等级评价专业技能考核操作工作任务书

一、任务名称

安全工具定期试验规定。

二、适用工种

装表接电工技师。

三、具体任务

根据表Jc0002241039－1－1中关于安全带、安全帽、脚扣、升降板、竹梯定期试验的相关规定补充完整。

表Jc0002241039－1－1

<table>
<tr><th>序号</th><th>名称</th><th>项目</th><th>周期</th><th colspan="3">要求</th><th>说明</th></tr>
<tr><td rowspan="5">1</td><td rowspan="5">安全带</td><td rowspan="5"></td><td rowspan="5"></td><td>种类</td><td>试验静拉力（N）</td><td>载荷时间（min）</td><td rowspan="5">牛皮带试验周期为半年</td></tr>
<tr><td>围杆带</td><td></td><td></td></tr>
<tr><td>围杆绳</td><td></td><td></td></tr>
<tr><td>护腰带</td><td></td><td></td></tr>
<tr><td>安全绳</td><td></td><td></td></tr>
<tr><td rowspan="2">2</td><td rowspan="2">安全帽</td><td rowspan="2"></td><td rowspan="2"></td><td colspan="3">冲击力小于_____N</td><td rowspan="2">从制造之日起，塑料帽不大于___年，玻璃钢帽不大于____年</td></tr>
<tr><td colspan="3">钢锥不接触____表面</td></tr>
<tr><td>3</td><td>脚扣</td><td></td><td></td><td colspan="3">施加1176N静压力，持续时间___min</td><td></td></tr>
<tr><td>4</td><td>升降板</td><td></td><td></td><td colspan="3">施加2205N静压力，持续时间___min</td><td></td></tr>
<tr><td>5</td><td>竹（木）梯</td><td></td><td></td><td colspan="3">施加1765N静压力，持续时间___min</td><td></td></tr>
</table>

四、工作规范及要求

（1）着装符合要求，穿全棉长袖工作服、绝缘鞋，戴安全帽、线手套。

（2）待考评员宣布许可工作命令后开始工作并计时。

（3）现场操作严格执行《国家电网公司电力安全工作规程（配电部分）》。

（4）工作结束清理现场，并向监考员报告。

五、现场提供材料及工器具

包括场地、设备、工具、材料、图表资料等。

六、考核时间及要求

本考核操作时间为30分钟，时间到停止考评。

技能等级评价专业技能考核操作评分标准

<table>
<tr><td>工种</td><td colspan="5">装表接电工</td><td>评价等级</td><td>技师</td></tr>
<tr><td>项目模块</td><td colspan="5">电能计量装置接线检查—三相四线电能计量装置接线检查</td><td>编号</td><td>Jc0002241039－1</td></tr>
<tr><td>单位</td><td colspan="3"></td><td>准考证号</td><td></td><td>姓名</td><td></td></tr>
<tr><td>考试时限</td><td colspan="2">30 分钟</td><td>题型</td><td colspan="2">单项操作</td><td>题分</td><td>100 分</td></tr>
<tr><td>成绩</td><td></td><td>考评员</td><td></td><td>考评组长</td><td></td><td>日期</td><td></td></tr>
<tr><td>试题正文</td><td colspan="7">安全工具定期试验规定</td></tr>
<tr><td>需要说明的问题和要求</td><td colspan="7">（1）要求单人操作。
（2）操作时应注意安全，按照标准化作业指导书的技术安全说明做好安全措施</td></tr>
</table>

序号	项目名称	质量要求	满分	扣分标准	扣分原因	得分
1	试验内容填写	填写准确	100	每漏填或填错一处扣 4 分，扣完为止		
合计			100			

标准答案：

如表 Jc0002241039－1－2 所示。

表 Jc0002241039－1－2

<table>
<tr><td>序号</td><td>名称</td><td>项目</td><td>周期</td><td colspan="3">要求</td><td>说明</td></tr>
<tr><td rowspan="5">1</td><td rowspan="5">安全带</td><td rowspan="5">静负荷试验</td><td rowspan="5">1 年</td><td>种类</td><td>试验静拉力（N）</td><td>载荷时间（min）</td><td rowspan="5">牛皮带试验周期为半年</td></tr>
<tr><td>围杆带</td><td>2205</td><td>5</td></tr>
<tr><td>围杆绳</td><td>2205</td><td>5</td></tr>
<tr><td>护腰带</td><td>1470</td><td>5</td></tr>
<tr><td>安全绳</td><td>2205</td><td>5</td></tr>
<tr><td rowspan="2">2</td><td rowspan="2">安全帽</td><td>冲击性能试验</td><td>按规定期限</td><td colspan="3">冲击力小于 4900N</td><td rowspan="2">从制造之日起，塑料帽不大于 2.5 年，玻璃钢帽不大于 3.5 年</td></tr>
<tr><td>耐穿刺性能试验</td><td>按规定期限</td><td colspan="3">钢锥不接触头模表面</td></tr>
<tr><td>3</td><td>脚扣</td><td>静负荷试验</td><td>1 年</td><td colspan="3">施加 1176N 静压力，持续时间 5min</td><td></td></tr>
<tr><td>4</td><td>升降板</td><td>静负荷试验</td><td>半年</td><td colspan="3">施加 2205N 静压力，持续时间 5min</td><td></td></tr>
<tr><td>5</td><td>竹（木）梯</td><td>静负荷试验</td><td>半年</td><td colspan="3">施加 1765N 静压力，持续时间 5min</td><td></td></tr>
</table>

Jc0002241040－1　10kV 用户计量装置配置方案。（100 分）

考核知识点： 设备选型

难易度： 易

技能等级评价专业技能考核操作工作任务书

一、任务名称

10kV 用户计量装置配置方案。

二、适用工种

装表接电工技师。

三、具体任务

根据给定条件，按 DL/T 448—2016《电能计量装置技术管理规程》确定计量方式，并选择计量用电压、电流互感器准确度等级，二次导线截面积，并进行校核。

四、工作规范及要求

（1）着装符合要求，穿全棉长袖工作服、绝缘鞋，戴安全帽、线手套。

（2）待考评员宣布许可工作命令后开始工作并计时。

（3）现场操作严格执行《国家电网公司电力安全工作规程（配电部分）》。

（4）工作结束清理现场，并向监考员报告。

五、现场提供材料及工器具

有关图表资料等。

六、考核时间及要求

本考核操作时间为 30 分钟，时间到停止考评。

技能等级评价专业技能考核操作评分标准

工种	装表接电工					评价等级	技师
项目模块	电能计量装置接线检查—三相四线电能计量装置接线检查				编号	Jc0002241040－1	
单位			准考证号			姓名	
考试时限	30 分钟	题型		单项操作		题分	100 分
成绩		考评员		考评组长		日期	
试题正文	10kV 用户计量装置配置方案						
需要说明的问题和要求	（1）要求单人操作。 （2）操作时应注意安全，按照标准化作业指导书的技术安全说明做好安全措施						

序号	项目名称	质量要求	满分	扣分标准	扣分原因	得分
1	确定计量方式	（1）电流互感器接线方式确定。 （2）电压互感器接线方式确定	10	电流互感器接线方式确定不正确扣 5 分； 电压互感器接线方式确定不正确扣 5 分		
2	电压、电流互感器准确度等级确定	正确描述电压、电流互感器准确度等级并写出依据	20	电压、电流互感器准确度等级描述不正确，每处扣 5 分； 依据描述不正确或未描述扣 10 分； 扣完为止		
3	二次导线选择及校核	正确选择二次导线型号规格，对所选二次导线进行校核	70	电压、电流回路二次导线选择不正确；每处扣 5 分； 电流回路导线校核计算过程错误扣 30 分； 电压回路导线校核计算过程错误扣 30 分； 扣完为止		
合计			100			

标准答案：

（1）确定计量方式，电压互感器采用 V/v 接线。电流采用四线制接线。

（2）确定计量装置类别。该用户月平均用电量=1600×0.98×90%×720=1 016 064kWh＞10 000 000kWh，该户应为Ⅱ类计量装置。电压互感器选择 0.2 级，电流互感器选择 0.2S 或 0.2 级。

（3）二次回路导线选择。电流互感器二次导线采用单芯铜导线截面积 $4mm^2$，电压互感器二次导线采用单芯铜导线截面积 $2.5mm^2$。

（4）导线校核

$$电流二次导线截面积=\frac{5^2\times0.0184\times2\times90}{30-0.2-5^2\times0.1\times2}=3.35mm^2$$

选择 $4mm^2$ 符合要求。

电压二次导线电压降计算

$$Y=\frac{S}{U^2}=\frac{10}{100^2}=10^{-3}\ （s）$$

$$\varepsilon=\frac{\Delta u}{U}=\frac{\sqrt{7}IR}{U}=\sqrt{7}\times R\times Y\times100\%=\sqrt{7}\times\left(0.1+\frac{0.0184\times100}{2.5}\right)\times10^{-3}\times100\%=0.222\%$$

Ⅱ类计量装置电压互感器二次导线电压降不应大于额定二次的 0.2%。故电压互感器二次导线应选择 $4mm^2$。

Jc0002241041－1　三相三线计量装置二次电流不平衡原因分析。（100 分）

考核知识点：设备运维

难易度：易

技能等级评价专业技能考核操作工作任务书

一、任务名称

三相三线计量装置二次电流不平衡原因分析。

二、适用工种

装表接电工技师。

三、具体任务

某 10kV 高供高计用户三相三线计量，现场检查电能表接线发现两相电流分别是 1.2、0.8A。问：

（1）这种情况是否正常？

（2）如何判断电流互感器二次是否有分流现象？

四、工作规范及要求

（1）着装符合要求，穿全棉长袖工作服、绝缘鞋，戴安全帽、线手套。

（2）待考评员宣布许可工作命令后开始工作并计时。

（3）现场操作严格执行《国家电网公司电力安全工作规程（配电部分）》。

（4）工作结束清理现场，并向监考员报告。

五、现场提供材料及工器具

室内书面答题。

六、考核时间及要求

本考核操作时间为 2 分钟，时间到停止考评。

技能等级评价专业技能考核操作评分标准

工种	装表接电工					评价等级	技师
项目模块	电能计量装置接线检查—三相四线电能计量装置接线检查				编号	Jc0002241041－1	
单位			准考证号			姓名	
考试时限	2 分钟		题型	单项操作		题分	100 分
成绩		考评员		考评组长		日期	
试题正文	三相三线计量装置二次电流不平衡原因分析						
需要说明的问题和要求	（1）要求单人操作。 （2）操作时应注意安全，按照标准化作业指导书的技术安全说明做好安全措施						

序号	项目名称	质量要求	满分	扣分标准	扣分原因	得分
1	电流不平衡是否正常	判断是否正常	30	判断错误扣 30 分		
2	原因分析	简述电流不平衡可能发生的原因，并逐一说明	30	条理不清晰，每缺一条扣 15 分，扣完为止		
3	二次回路有无分流，现场如何带电判断	简述现场判断二次回路是否分流的方法及原理	30	判断方法不正确扣 30 分； 判断方法不完善扣 10 分		
4	二次回路有无分流现场，如何停电判断	能叙述电能表电压回路中心点接地或中心点不接地的区别	10	判断方法不正确扣 10 分； 判断方法不完善扣 10 分		
合计			100			

标准答案：

（1）不正常，10kV 用户可以采用三相三线两元件计量，是因为 10kV 用户无论 0.4kV 侧负荷是否平衡甚至是单相负荷，经过变压器后反应到高压侧三相电流也不会有太大的差别，因此这种情况是不正常的。

（2）三相三线计量装置 A、C 相电流差别较大的情况如下。

1）二次回路有分流现象。

2）互感器变比错或故障。

（3）说明二次回路分流现场如何判断。

判断是互感器二次短接分流——可以拧松接线盒电流回路连接片螺栓，看看是否有打火。

1）当互感器二次有短路造成互感器分流时，各回路的电流与回路的阻抗值成反比，短路回路的阻值越小，分流电流越大，电能表电流回路的电流越小。此时如果断开电能表电流回路及使电能表电流回路电阻增大，互感器二次电流全部从分流回路通过。

2）如果互感器二次没有分流，在拧松接线盒电流回路连接片螺栓时，将造成互感器开路，此时断开点将打火并且互感器发出交流声。

如拧松接线盒电流回路连接片螺栓时，没有任何异常，则互感器二次有分流。

第五部分
高级技师

第九章　装表接电工高级技师技能笔答

Jb0001132001-1　电能计量装置投运前，进行验收核查、试验的内容有哪些？（5分）

考核知识点： 电能计量装置验收检查

难易度： 中

标准答案：

（1）计量器具型号、规格、计量法制标志、出厂编号应与计量鉴定证书和技术资料的内容相符。

（2）产品外观质量应无明显瑕疵和受损。

（3）安装工艺质量应符合有关标准要求。

（4）电能表、互感器及其二次回路接线情况应和竣工图一致。

（5）检查二次回路中间触点、熔断点、试验接线盒的接触情况。

（6）接线正确性检查。

（7）检定电能表，以及电流、电压互感器现场检验。

（8）电流、电压互感器实际二次负载及电压互感器二次压降的测量。

Jb0001131002-1　试述电能表现场校验的内容。（5分）

考核知识点： 电能表现场校验

难易度： 易

标准答案：

为了确定电能表在运行中是否正确计量，必须定期进行现场校验。现场校验的主要内容有：

（1）在实际运行中测定电能表的误差。

（2）检查电能表和互感器的二次回路接线是否正确性。

（3）检查计量差错和不合理的计量方式。

Jb0001131003-1　在送电前怎样校对核查电力电缆线的相位？（5分）

考核知识点： 电力电缆线相位的核查

难易度： 易

标准答案：

新装电缆竣工交接时，运行中电力电缆重新装接线盒或终端头后必须检查电缆线的相位，其方法很多，一般较简单、使用较多的是用万用表或绝缘电阻表、电池灯。

（1）先将电缆芯一端的单根接地，用万用表、绝缘电阻表或电池灯查找另一端的相通芯线，两端均做好标记。

（2）再换另一根芯线，用同样方法查找，也做好标记。

（3）全部芯线均对完后，用黄、绿、红色油漆标在电缆头的引线上。

Jb0001133004-1　怎样用秒表和实际负荷核对有功电能表的准确度？（5分）

考核知识点： 有功电能表准确度等级的核对

难易度： 难

标准答案：

（1）在已知负荷相对稳定时，用秒表测出表的转速（r/min）。

（2）根据已知负荷计算电能表所测转数应需时间。

$$T_0 = \frac{3600 \times 1000N}{CP}$$

式中 N——电能表测试圈数；

P——已知实际有功功率，W；

C——电能表常数，转/kWh；

（3）计算电能表的误差。

$$r\% = \frac{T_0 - T_x}{T_x} \times 100\%$$

式中 T_0——应需时间，s。

T_x——实测时间，s。

Jb0001132005－1　如何利用直流法测量单相电压互感器的极性？（5分）

考核知识点：电压互感器极性的测量

难易度：中

标准答案：

（1）将电池“＋”极接单相电压互感器一次侧的A，电池“－”极接入X。

（2）将电压表（直流）“＋”极接入单相电压互感器的a，“－”极接入x。

（3）在开关合上或电池接通的一刻，直流电压表应正指示，在开关拉开或电池断开的一刻，直流电压表应为反指示，则为极性正确。

（4）若电压表指示不明显，可将电压表和电池接地，电压互感器一、二侧对换，极性不变，但测试时，手不能接触电压互感器的一次侧，并注意电压表的量程。

Jb0001132006－1　利用直流法如何测电流互感器的极性？（5分）

考核知识点：电流互感器极性核查

难易度：中

标准答案：

（1）将电池“＋”极接在电流互感器一次侧的L1，电池“－”极接在L2。

（2）将万用表的“＋”极接在电流互感器二次侧的K1，“－”极接在K2。

（3）在开关合上或电池接通的一刻，万用表的毫安档指示应从0向正方向偏转，在开关拉开或电池断开的一刻，万用表指针反向偏转，则为极性正确。

Jb0001132007－1　带实际负荷检查电能表的接线正确与否的步骤是什么？（5分）

考核知识点：带负荷检查电能表接线的步骤

难易度：中

标准答案：

（1）用电压表测量相、线电压是否正确。

（2）用电流表测量各相电流值。

（3）用相序表测量电压是否正相序。

（4）用相位表或功率表或其他仪器测量各相电流的相位角。

（5）根据测得数据在六角图上画出各电流、电压的相量图。

（6）根据实际负荷的潮流和性质，分析各相电流是否应处在六角图上的区间。

Jb0001133008－1　试分析预付费电能表剩余电量为 0 时表不断电的原因及处理办法。（5 分）

考核知识点：预付费电能表故障处理

难易度：难

标准答案：

（1）表内继电器或自动空气开关损坏。当继电器或自动空气开关损坏（如触点烧死）时，无法执行单片机发出的断电命令，从而造成剩余电量为 0 时表不断电。处理办法是更换继电器或自动空气开关。

（2）继电驱动电路损坏。当单片机发出断电命令时，因断电驱动电路不能正常工作，造成剩余电量为 0 时表不断电。处理办法是找出故障点，做相应处理。

Jb0001133009－1　电压互感器在运行中可能发生哪些异常和故障？原因是什么？（5 分）

考核知识点：电压互感器故障监测

难易度：难

标准答案：

电压互感器由于其制造检修质量不良，维护、使用不当，在运行中可能发生以下异常和故障。

（1）异音：正常运行的电压互感器是不会有声音的。当电压互感器的外部瓷绝缘部分放电而发出“吱吱”的响声和放电火花时，一般是由于外部瓷绝缘部分脏污或在雨、雪、雾天气情况下发生。

（2）电压互感器的一次或二次熔丝熔断。其原因是：电压互感器的一次或二次有短路故障；熔丝本身的质量不良或有机械性损伤而熔断。

（3）油浸式电压互感器油面低于监视线。其原因是：电压互感器外壳焊缝、油堵等处有漏、渗油现象；由于多次试验时取油样，致使油量减少。

（4）油浸式电压互感器油色不正常，如变深、变黑等，说明绝缘油老化变质。

（5）电压互感器二次侧三相电压不相等。其原因是：由于电压互感器接线错误、极性接错所致；由于电压互感器一、二次回路有一相断线或接触不良；由于一次回路或系统中有一相接地所致。

Jb0001131010－1　什么是电流互感器的减极性？为什么要测量电流互感器的极性？（5 分）

考核知识点：电流互感器的减极性

难易度：易

标准答案：

（1）电流互感器的极性是指它的一次绕组与二次绕组间电流方向的关系。所谓减极性，是指当一次电流从一次绕组首端流入、从尾端流出时，二次电流则从二次绕组首端流出、从尾端流入。一、二次电流在铁芯中产生的磁通方向相反，称为减极性。

（2）电流互感器极性是否正确，实际上是反映二次回路中电流瞬时方向是否按应有的方向流动。如果极性接错，则二次回路中电流的瞬时值按反方向流动，将可能使有电流方向要求的继电保护装置拒动和误动或者造成电能表计量错误。所以，应认真测量并明确标明电流互感器的极性。

Jb0001132011－1　什么是电动机的星形和三角形两种接法？接错了有什么影响？（5 分）

考核知识点：星形接法和三角形接法的含义

难易度： 中

标准答案：

（1）星形接法是把三相绕组的尾端接在一起，三个头引出；三角形接法是把三相绕组的首尾相接，由三个连接节点引出。

（2）根据电动机额定电压与电网电压一致的原则，三相电动机绕组可接成星形，也可以接成三角形，如果应接成星形而错接为三角形，则每相绕组的电压升高$\sqrt{3}$倍，电流大大增加会将电动机烧毁。如果应接成三角形而错接为星形，则每相绕组的电压降低了$\sqrt{3}$倍，电流相应降低，则电动机出力减少，如带动额定负荷，同样烧毁。

Jb0001132012－1　如何不借助仪器初步判定三相三线有功电能表的接线是否正确？（5分）

考核知识点： 三相三线电能表的接线判断方法

难易度： 中

标准答案：

在现场没有仪器设备的情况下，可以用断开 B 相电压的方法进行判断，如果断开 V 相电压后，电能表的转盘转速比未断开前慢一倍，则认为电能表接线正确，如果不是一倍的关系，需要进一步检查接线，还可以交换 B、C 相电压的方法，此时电能表基本不转。

Jb0001131013－1　1级智能电能表对误差变差是如何要求的？（5分）

考核知识点： 误差变差的定义

难易度： 易

标准答案：

对同一被试样品相同的测试点，在负荷电流为I_b（I_n）、功率因数为 1.0 和 0.5L 的负载点进行重复测试，相邻测试结果间的最大误差变化的绝对值不应超过 0.2%。

Jb0001133014－1　电能计量装置竣工验收中，对验收结果的处理包括哪些内容？（5分）

考核知识点： 竣工验收结果的处理

难易度： 难

标准答案：

（1）经验收的电能计量装置应由验收人员及时实施封印。封印的位置为互感器二次回路的各接线端子、电能表端钮盒、封闭式接线盒、计量柜（箱）门等；实施铅封后应由运行人员或用户对铅封的完好签字认可。

（2）检查工作凭证记录内容是否正确、齐全，有无遗漏；施工人、封表人、用户是否签字盖章。以上全部齐整后将工作凭证转交营业部门归档立户。转交前应将有关内容登记在电能计量装置台账上，填写电能计量装置账、册、卡。

（3）经验收的电能计量装置应由验收人员填写验收报告，注明“计量装置验收合格”或“计量装置验收不合格”及整改意见，整改后再行验收。验收不合格的电能计量装置禁止投入使用。

（4）在进行竣工检查的同时，应按《高、低压电能计量装置评级标准》对计量装置进行等级评定工作，达不到Ⅰ级装置标准不能投入使用。所有验收报告及验收资料应归档。

Jb0001132015－1　电能表现场检验计量装置的检查包括哪些内容？（5分）

考核知识点： 现场校验的检查内容

难易度： 中

标准答案：

（1）验电：使用验电笔（器）对计量柜（箱）、互感器端子箱金属裸露部分进行验电，并检查柜（箱）接地是否可靠。

（2）外观检查。

1）电能计量柜（箱）应有非许可操作的措施，封印完整，观察窗清洁完好，各计量器具安装、运行环境条件符合要求。

2）用温湿度计监测现场试验环境温湿度并记录。

（3）计量异常检查：应无违约窃电行为、故障隐患和不合理计量方式等异常现象，如出现以上情况应及时处理。

（4）检查校验仪电压、电流试验导线：检查校验仪电压、电流试验导线通断是否良好，绝缘强度是否良好，如有问题及时更换。

Jb0001132016－1　简要叙述电能计量器具配置不符合规定退步电量计算方法。（5分）

考核知识点：电能计量器具的配置及测试

难易度：中

标准答案：

保持产生电能计量超差（差错）的电能计量器具现状，另在该电能计量点接入正确的电能计量器具，并在正常电力负荷情况下进行计量，然后用正确计量的电量除以同时间内错误计量的电量，推导出电量更正系数，计算出需退补的电量值。

Jb0001132017－1　2.0级智能电能表的功率消耗应为多少？（5分）

考核知识点：电能表功率消耗

难易度：中

标准答案：

（1）电压线路功耗。

在参比频率、参比电流和参比电压条件下，电能表处于非通信状态（带通信模块，电能表模块仓不插模块），背光关闭，电压线路的有功功率和视在功率消耗不应大于1.5W、10VA。

电能表在通信状态下，电压线路的有功功率不应大于3W。

（2）电流线路功耗。

在参比电流、参比温度和参比频率下，电流线路的视在功率消耗不应超过1VA。

Jb0001132018－1　有哪些运行参数对电能表的误差有影响？（5分）

考核知识点：影响电能表误差的因素

难易度：中

标准答案：

（1）电压变化对误差的影响。

（2）三相电压不对称时对误差的影响。

（3）负载不平衡对误差的影响。

（4）负载波动对误差的影响。

（5）波形畸变对误差的影响。

（6）电压互感器二次回路压降对误差的影响。

Jb0001133019－1　在现场测试运行中，使用标准电能表时应遵守哪些规定？（5分）

考核知识点：标准电能表的现场检验使用

难易度：难

标准答案：

（1）标准电能表必须具备运输和保管中的防尘、防潮和防震措施，且附有温度计。

（2）标准电能表必须按固定相序使用，并且有明显的相别标志。

（3）标准电能表和试验端子之间的连接导线应有良好的绝缘，中间不允许有接头，亦应有明显的极性和相别标志。

（4）标准电能表接入电路的通电预热时间，除在标准电能表的使用说明中另有明确规定外，应按电压线路加额定电压不少于60min，电流线路通以标定电流不少于15min的规定执行。

（5）电压回路的连接导线以及操作开关的接触电阻、引线电阻之和不应大于0.2Ω，必要时也可以与标准电能表连接在一起校准。

Jb0001131020－1　三相及单相全电子表采用何种电源降压回路？（5分）

考核知识点：单、三相全电子表电源降压回路的分类

难易度：易

标准答案：

通常三相全电子表采用变压器降压方式和电阻、电容降压方式。单相全电子表通常采用变压器降压方式和开关电源方式。

Jb0001132021－1　如何开展智能电能表检测环节质量管控工作？

考核知识点：智能电能表检测环节质量管控

难易度：中

标准答案：

（1）智能电能表从招标到验收过程中，应严格进行招标前全性能检测、供货前全性能检测、到货后抽样检测、到货后全检验收试验，确保每一只智能电能表均为合格产品入库。

（2）各环节检测项目必须与公司技术标准和检测方案相一致，不得改变样品抽取、封样的形式和数量，不得增减检测项目，不得随意公开检测信息。

Jb0001131022－1　单相智能电能表从几个方面对准确度提出要求？（5分）

考核知识点：单相智能电能表准确度要求

难易度：易

标准答案：

从11个方面提出要求，分别是误差限、启动、潜动、电能表常数、计度器总电能示值组合误差、时钟准确度、误差一致性、误差变差要求、负载电流升降变差、测量的重复性、影响量。

Jb0001131023－1　多费率电能表的日计时误差为何要严格控制？（5分）

考核知识点：日计时误差的意义

难易度：易

标准答案：

多费率电能表的时钟是控制费率切换的根本依据，时钟的准确与否会直接影响到分时计量的准确性，其在电能计量中的地位不亚于基本误差。因此，对复费率电能表的检定，必须严格控制其日

计时误差。

Jb0001132024－1　为什么对于中性点直接接地系统适宜用三相四线电能表计量？（5分）

考核知识点：中性点接地比较

难易度：中

标准答案：

因为三相三线电能表能准确测量三相三线电路中有功电能的计量原理，是基于三相三线电路中 $i_A+i_B+i_C=0$ 的条件得出的，当三相三线电路的中性点直接接地时，若三相负载不平衡，则线路上将流过较大的接地电流 i_d，因而 $i_A+i_B+i_C=i_d\neq0$，所以三相三线电能表无法准确测量线路中的有功电能，而三相四线有功电能表能准确测量该情况下的三相电路中的有功电能。因此，对于中性点直接接地的三相三线电路，用三相四线有功电能表测量有功电能比较适宜。

Jb0001131025－1　测量重复性要求在什么条件下进行？（5分）

考核知识点：计量标准考核规范

难易度：易

标准答案：

（1）相同的测量方法。

（2）相同的观测者。

（3）相同的测量仪器。

（4）相同的场所。

Jb0001131026－1　计量标准考核证书有效期满前多长时间建标单位应当向主持考核的计量行政部门申请计量标准复查？（5分）

考核知识点：计量标准考核规范

难易度：易

标准答案：

计量标准考核证书有效期满前6个月，建标单位应当向主持考核的计量行政部门申请计量标准复查。

Jb0001131027－1　采集终端显示信号正常，却不能上线，应首先检查什么？（5分）

考核知识点：载波集抄安装调试

难易度：易

标准答案：

终端上设置的主站IP地址、端口号和APN节点。

Jb0001132028－1　检测过程中电流互感器校验仪显示错误无法测试时，可以检查哪些情况？（5分）

考核知识点：电能计量检验检测

难易度：中

标准答案：

（1）一次回路连接情况。

（2）二次回路连接情况。

（3）变比是否正确。

（4）极性是否正确。

Jb0001132029－1　简要说明专用变压器采集终端无法抄读表计时可能的故障原因及排故处理办法。（5分）

考核知识点：采集调试

难易度：中

标准答案：

（1）抄表参数设置错误：主站召测表计规约、通信地址、端口号等抄表参数的设置情况，确认抄表参数错误后重新下发参数。

（2）换表未重新设置参数：查相关档案或现场核查后重新下发参数。

（3）终端软件问题：尝试用穿透抄表方式，若可以抄表，则可能终端软件有问题，需向相关部门反馈以完善终端软件。

（4）表计RS－485接口故障：在规约支持的情况下利用终端现场测试仪抄读表计，无法抄读。确认后应更换表计。

（5）终端RS－485接口故障：利用终端抄读终端现场测试仪数据，无法抄读。确认后更换接口板。

（6）接线故障：排除终端、表计接口问题，参数设置问题，软件问题后，若确认接线故障应重新接线。

Jb0001131030－1　智能电能表电流不平衡的定义是什么？（5分）

考核知识点：电能表事件

难易度：易

标准答案：

当三相电流中的任一相电流大于5%额定（基本）电流，电流不平衡率大于设定的电流不平衡率限值，且持续时间大于设定的电流不平衡判定延时时间，此种工况为电流不平衡。

Jb0001131031－1　智能电能表电压逆相序事件的定义是什么（5分）

考核知识点：电能表事件

难易度：易

标准答案：

在三相供电系统中，三相电压均大于电能表的临界电压，三相电压逆相序，且持续时间大于60s，记录为电压逆相序事件。

Jb0001131032－1　智能电能表掉电的定义是什么？（5分）

考核知识点：电能表事件

难易度：易

标准答案：

单相电能表供电电压低于电能表启动工作电压，三相电能表供电电压均低于电能表临界电压，且三相负荷电流均不大于5%额定（基本）电流，此种工况称为掉电。

Jb0001111033－1　某电力用户变电站仪表盘电压表指示AB相为9.5kV，BC相为9.7kV，AC相为9.9kV，电流表盘指示A相、B相、C相都是50A，功率因数表指示为0.98，请计算该用户目前有功功率是多少（注线电压取平均值）？（5分）

考核知识点：有功功率

难易度：易

标准答案：

解：

$$U=(9.5+9.7+9.9)/3=9.7\text{（kW）}$$
$$P=\sqrt{3}\times 9.5\times 50\times 0.98=823.2\text{（kW）}$$

答：有功功率是 823.2kW。

Jb0001111034－1　某三相低压动力用户安装的是三相四线计量表，应配置变比为 400A/5A 的计量电流互感器，可装表人员误将 A 相电流互感器安装成 800A/5A，若已抄回的电量为 20 万 kWh，试计算应追补的电量ΔW。（5 分）

考核知识点：追补电量

难易度：易

标准答案：

解：

设正确情况下每相的电量为 X，则

$$X+X+（1/2）X=20$$
$$X=20/2.5=8\text{（万 kWh）}$$

应追补的电量为

$$\Delta W=3\times 8-20=4\text{（万 kWh）}$$

答：应追补的电量为 4 万 kWh。

Jb0001111035－2　某三相低压用户，安装的是三相四线有功电能表，计量电流互感器变比为 200/5，装表时计量人员误将 A 相电流互感器极性接反，故障期间抄见表示数为 150kWh，表启数为 0，试求应追补的电量ΔW（故障期间平均功率因数为 0.85）。（5 分）

考核知识点：追补电量

难易度：易

标准答案：

解：

按题意求解，更正率 ε 为

$$\begin{aligned}\varepsilon&=3IU\cos\varphi/[IU\cos\varphi+UI\cos(180^\circ+\varphi)]-1\\&=3IU\times 0.85/(IU\times 0.85+UI\times 0.85)-1\\&=2\end{aligned}$$

应追补的电量ΔW为

$$\Delta W=150\times 200/5\times 2=150\times 40\times 2=12\ 000\text{（kWh）}$$

答：应追补的电量为 12 000kWh。

Jb0001111036－2　有一只 220V、10A 的电能表，试求该表可以计量多大功率的负载；如果只接照明负荷，可接 100W 的电灯盏数 n 为多少？（5 分）

考核知识点：功率

难易度：易

标准答案：

解：

按题意，负载功率

$$P=220\times10=2200\text{（W）}=2.2\text{（kW）}$$
$$n=2200\div100=22\text{（盏）}$$

答：可计量 2.2kW 负载功率，可按 100W 的电灯 22 盏。

Jb0001111037－3　某用户电能表经校验慢 5%，抄表电量为 19 000kWh，问应补电量 ΔW 为多少？实际应收电量 W_r 为多少？（5 分）

考核知识点：功率

难易度：易

标准答案：

解：

按题意，应补电量为

$$\Delta W=19\,000\times0.05/\text{（}1-0.05\text{）}=950/0.95=1000\text{（kWh）}$$

故实际应收电量为

$$W_r=19\,000+1000=20\,000\text{（kWh）}$$

答：应补电量 ΔW 为 1000kWh，实际应收电量 W_r 为 20 000kWh。

Jb0001112038－1　一化工厂 6 月用电量 W_p 为 72 万 kWh，最大负荷 P_{max} 为 2000kW，求月负荷率 K。（5 分）

考核知识点：月负荷率

难易度：中

标准答案：

解：

$$\text{月平均负荷 } P_{av}=\frac{W_P}{t}=\frac{720\,000}{24\times30}=1000\text{（kW）}$$

$$\text{月负荷率 } K=\frac{P_{av}}{P_{max}}\times100\%=1000/2000\times100\%=50\%$$

答：月负荷率为 50%。

Jb0001112039－2　有一只三相四线有功电能表，B 相电流互感器反接达一年之久，累计电量 W=2000kWh。求差错电量 ΔW。（5 分）

考核知识点：追补电量

难易度：中

标准答案：

解：

由题意可知，B 相电流互感器极性接反的功率表达式

$$P'=U_AI_A\cos\varphi_A+U_B(-I_B)\cos\varphi_B+U_CI_C\cos\varphi_C$$

三相负载平衡：

$$U_A=U_B=U_C=U,I_A=I_B=I_C=I,\varphi_A=\varphi_B=\varphi_C=\varphi\text{，则}$$
$$P'=UI\cos\varphi$$
$$P=3UI\cos\varphi$$

更正系数

$$k = \frac{P}{P'} = \frac{3UI\cos\varphi}{UI\cos\varphi} = 3$$

$$差错电量 = (k-1)W = (3-1)\times 2000 = 4000\text{（kWh）}$$

答：应补收差错电量 ΔW 为 4000kWh。

Jb0001112040－1　已知三相三线有功表接线错误，其接线形式为 U_{CA}、$-I_A$，U_{BA}、$-I_C$，请写出两元件的功率表达式和总功率 P 表达式，并计算出更正系数 K。（5 分）

考核知识点：更正系数

难易度：中

标准答案：

解：按题意有

$$P_1 = U_{CA}I_A\cos(30^\circ-\varphi)$$
$$P_2 = U_{BA}I_C\cos(90^\circ-\varphi)$$
$$P' = P_1 + P_2 = UI[\cos(30^\circ-\varphi)+\cos(90^\circ-\varphi)] = \sqrt{3}UI\cos(60^\circ-\varphi)$$

更正系数

$$K = \frac{P}{P'} = \frac{\sqrt{3}UI\cos\varphi}{\sqrt{3}UI\cos(60^\circ-\varphi)} = \frac{2}{1+\sqrt{3}\tan\varphi}$$

Jb0001112041－3　某电能表在电流回路无电流时潜动一转的时间为 40s，每天不用电的时间为 16h，电能表的常数为 3000r/kWh，共潜动了 40 天，问应向用户退电量多少？（5 分）

考核知识点：退补电量

难易度：中

标准答案：

解：每天不用电的时间为

$$T = 16\times 60\times 60 = 5.76\times 10\,000\text{（s）}$$

每天多计的电量

$$W_m = 5.76\times 10\,000/40\times 3000 = 0.48\text{（kWh）}$$

应退电量为

$$W = 0.48\times 40 = 19.2\text{（kWh）}$$

答：应向用户退电量 19.2kWh。

Jb0001113042－1　某用户为高供低计用户，其所装终端的总加组配置为两路脉冲，第一路脉冲的倍率为 150，脉冲常数为 1000；第二路脉冲的倍率为 100，脉冲常数为 1200。在同 1min 内，计得两路脉冲的数量分别为 50 与 80，问这时负控终端显示的实际功率应为多少？（5 分）

考核知识点：功率计算

难易度：难

标准答案：

解：

负控终端显示的功率为用户 1min 的平均功率。

第一路脉冲功率为

$$P_1=\frac{50\times60}{1000}\times150=450\text{（kW）}$$

第二路脉冲功率为

$$P_1=\frac{80\times60}{1200}\times100=400\text{（kW）}$$

终端显示的功率为两路功率之和

$$P=P_1+P_2=450+400=850\text{（kW）}$$

答：负控终端显示的实际功率为850kW。

Jb0001113043－1 已知三相三线有功电能表接线错误，其接线方式为：A相元件 $U_{CA}I_A$，C相元件 $U_{BA}I_C$，请写出两元件功率 P_A、P_C表达式和总功率 P_{inc}表达式，并计算出更正系数 K（三相负载平衡）。（5分）

考核知识点：更正系数

难易度：难

标准答案：

解：按题意有

$$P_A=U_{CA}I_A\cos(150^\circ+\varphi)$$
$$P_A=U_{BA}I_C\cos(90^\circ+\varphi)$$

在对称三相电路中：$U_{CA}=U_{BA}=U_{p-p}$，$I_A=I_C=I_{p-p}$，则

$$P_{inc}=P_A+P_C=U_{p-p}I_{p-p}[\cos(150^\circ+\varphi)+\cos(90^\circ+\varphi)]$$
$$=\sqrt{3}U_{p-p}I_{p-p}\cos(60^\circ-\varphi)$$

更正系数

$$K=\frac{P_{cor}}{P_{inc}}=\frac{\sqrt{3}U_{p-p}I_{p-p}\cos\varphi}{\sqrt{3}U_{p-p}I_{p-p}\cos(60^\circ-\varphi)}=\frac{2}{1+\sqrt{3}\tan\varphi}$$

答：更正系数为2/（$1+\sqrt{3}\tan\varphi$）。

Jb0001112044－1 一组穿心式TA额定变比为150A/5A，本应串2匝后按15倍倍率结算电量，因某种原因错串成4匝，已知实际结算电量为10 000kWh，计算应退补电量是多少？（5分）

考核知识点：电量退补

难易度：中

标准答案：

解：退补电量=实际结算电量×［（正确匝数－错误匝数）/错误匝数］，计算值正为补电量，负为退电量。代入数据得

退补电量=10 000×［（2－4）/4］=－5000（kWh）

值为负，故应退电量5000kWh。

答：应退电量5000kWh。

Jb0001112045－1 一居民用户电能表常数为3000r/kWh，测试负载有功功率为100W，电能表转盘转10r时应该是多少时间？如果测量转10r的时间为110s，该表计误差是多少？（5分）

考核知识点：电能表误差

难易度：中

标准答案：

解：电能表转 n 圈所需时间 $t=n\times3600/$（负载有功功率×电能表常数），代入数据得

$$t=10\times3600/(0.1\times3000)=120\text{（s）}$$

表计误差（理论时间－实际时间）/实际时间，代入数据得

$$误差=[(120-110)/110]\times100\%=9.1\%$$

答：电能表表盘转 10 圈所需时间应为 120s，其误差为 9.1%。

Jb0001112046－1　某电能表常数为 450r/kWh，负载加热圈为 2kW，倍率为 50/5，该表盘 10min 应转几转？若实际测得转数为 14 转，求表计实际误差为多少？（5 分）

考核知识点：电能表误差

难易度：中

标准答案：

解：电能表转盘一定时间内所转圈数＝时间×测试有功功率×电能表常数/倍率，代入数据得

$$r=(10/60)\times2\times(450/10)=15\text{ 圈}$$

表计误差＝［（实测转数－计算转数）/计算转数］×100%，代入数据得

$$误差=[(14-15)/15]\times100\%=-6.7\%$$

答：该电能表表盘 10min 应转 15 圈，其误差为－6.7%。

Jb0001112047－1　有一客户的电能表上标有“200/5、10 000/100、×100”字样，其实际装配变比为 400/5 电流互感器和 35 000/100 的电压互感器，某月，电能表表码读数差为 275。计算该电能计量装置实际计度电能数。（5 分）

考核知识点：电量计算

难易度：中

标准答案：

解：设该计量装置实际计度倍率为 X，则有

$$[(200/5)\times(10\,000/100)]:100=[(400/5)\times(35\,000/100)]:X$$

$$X=[100\times(400/5)\times(35\,000/100)]\div[(200/5)\times(10\,000/100)]=700$$

计度电能＝700×275＝192 500（kWh）

答：实际计度电能为 192 500kWh。

Jb0001112048－1　某工业用户采用三相四线制低压供电，抄表时发现当月电量有较大变化，经万用表实际测量相电压为 220V，电流为 5A，TA 变比为 150/5，有功电能表表码为 1234.2，无功电能表表码为 301.1；6min 后有功电能表表码为 1234.4，无功电能表表码为 301.2，问该用户的电能表是否准确？如不准确，判断可能是什么故障。（5 分）

考核知识点：电能表误差

难易度：中

标准答案：

解：根据万用表测量结果得知该用户实际视在功率为

$$S_1=220\times5\times30\times3=99\,000\text{（VA）}=99\text{kVA}$$

根据电能表表码计算得该用户有功功率为

$$P_2=(1234.4-1234.2)\times 30\div 0.1=60\text{（kW）}$$

无功功率为

$$Q_2=(301.2-301.1)\times 30\div 0.1=30\text{（kvar）}$$

总视在功率为

$$S_2=\sqrt{60^2+30^2}=67.08\text{（kVA）}\approx 99\times 2/3\text{（kvA）}$$

答：用电能表表码与万用表测量数据计算结果大约相差 1/3，因此可判断电能表不准确，可能故障为 1 相断线。

Jb0001112049－1　某居民用户反映电能表不准，检查人员查明这块电能表准确等级 2.0，电能表常数为 3600r/kWh，当用户点一盏 60W 灯泡时，用秒表测得电能表转 6 转用电时间为 1min。试求该表的相对误差是多少？并判断该表是否不准？如不准是快了还是慢了？（5 分）

考核知识点：电能表误差

难易度：中

标准答案：

解：根据公式计算正常情况下该表转 6 转所需时间

$$T=N/（c\times P）=6\times 3600\times 1000/（3600\times 60）=100（s）$$

相对误差为

$$R=（T-t）/t=（100-60）/60=66.7\%>2\%$$

所以该表不准，转快了。

答：该表不准，转快了。

Jb0001112050－1　工业用户 A 的三相负荷平衡分布，装设三相二元件有功表计量。用电检查时发现计量表两元件电压、电流配线分别为 U_{AB}、I_A、U_{CB}、$-I_C$。已知其计量接线相量图如图 Jb0001112050－1 所示，$\varphi=30°$，表计示数差为 100 000kWh。问该客户计量是否正确？如不正确，应退补电量多少？（5 分）

考核知识点：电量退补

难易度：中

标准答案：

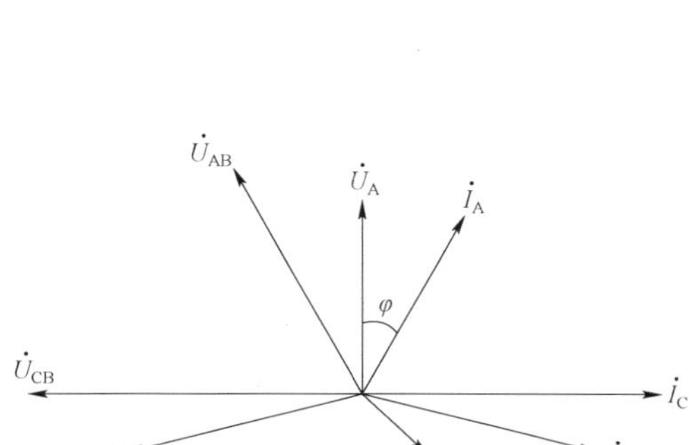

图 Jb0001112050－1

解：功率表达式为

$$P = U_{AB} I_A \cos 60^\circ + U_{BC} I_C \cos 180^\circ = 0.5UI - UI = -0.5UI$$

表计反转，显然计量不正确，其示数差为表计反转所致。

此时的更正系数为

$$K = \{[\sqrt{3}UI \cos 30^\circ - (-0.5UI) / -0.5UI]\} \times 100\% = -400\%$$

因电能表反转 100 000kWh，故

应补收电量

$$400\,000 - 100\,000 = 300\,000 \text{（kWh）}$$

答：计量不准确，应补收电量 300 000kWh。

第十章　装表接电工高级技师技能操作

Jc0001142001－1　三相三线计量装置错误接线纠正。（100分）

考核知识点：错接线分析

难易度：中

技能等级评价专业技能考核操作工作任务书

一、任务名称

三相三线计量装置错误接线纠正。

二、适用工种

装表接电工高级技师。

三、具体任务

使用相位伏安表、相序表等仪器检测电能表接线，画相量图，计算有功功率更正系数。

四、工作规范及要求

（1）着装符合要求，穿全棉长袖工作服、绝缘鞋，戴安全帽、线手套。

（2）携带自备工具（钢笔或中性笔、计算器、三角尺）进入现场，待考评员宣布许可工作命令后开始工作并计时。

（3）打开计量柜（箱）门之前必须对柜（箱）体验电，现场操作严格执行《国家电网公司电力安全工作规程（配电部分）》。

（4）工作结束清理现场，并向监考员报告。

五、现场提供材料及工器具

验电笔、万用表、相序表、钳形电流表、相位伏安表、螺钉旋具。

六、考核时间及要求

本考核操作时间为30分钟，时间到停止考评。

技能等级评价专业技能考核操作评分标准

工种	装表接电工					评价等级	高级技师
项目模块	电能计量装置接线检查—三相三线电能计量装置接线检查				编号		Jc0001142001－1
单位			准考证号			姓名	
考试时限	30分钟	题型		单项操作		题分	100分
成绩		考评员		考评组长		日期	
试题正文	三相三线计量装置错误接线纠正						
需要说明的问题和要求	（1）要求单人操作。 （2）操作时应注意安全，按照标准化作业指导书的技术安全说明做好安全措施						

序号	项目名称	质量要求	满分	扣分标准	扣分原因	得分
1	安全文明生产	佩戴安全帽；穿全棉工作服；穿绝缘鞋；操作时戴线手套；打开柜门前需先验电	20	未按要求进行，每项扣5分，扣完为止		
2	正确使用仪器仪表、检测接线	（1）正确使用相位伏安表。 （2）数据测量正确	40	相位伏安表使用不当，每次扣10分； 数据测量错误，每次扣10分； 扣完为止		

续表

序号	项目名称	质量要求	满分	扣分标准	扣分原因	得分
3	相量图	正确画出相量图	20	相量图每错误一处扣2分，扣完为止		
4	计算结果	正确计算更正系数	10	更正系数计算错误扣10分		
5	现场恢复	操作结束后清理现场杂物，并将工器具归位摆放整齐	10	现场留有杂物或工器具未归位扣10分		
合计			100			

计量装置设置：

（1）考试使用电能表为仿真表，通过模拟装置进行参数设置。

（2）默认设置为专用变压器计量柜指定三相三线电能表 3×100V、3×1.5（6）A，线电压分别为100、100V，相电流分别为2、2A，电压相序ABC，电流接入C、A，三相负载平衡，感性，功率因数角为14°。

标准答案：

（1）测量相序、电压、电流、相角值，见表Jc0001142001－1。

表 Jc0001142001－1

参数	一元件	二元件
电压	100V	100V
电流	2A	2A
电压与电流相角	76°	104°
相序	ABC	

（2）根据实测数据画出相量图，如图Jc0001142001－1所示。

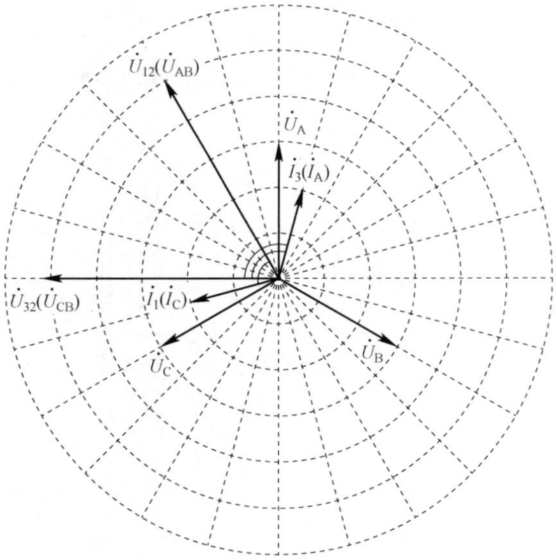

图 Jc0001142001－1

（3）列出错误接线有功功率表达式

$$P_1 = U_{AB} I_C \cos(90° - \varphi)$$

$$P_2 = U_{CB} I_A \cos(90° + \varphi)$$

$$P = P_1 + P_2 = 0$$

（4）计算更正系数

$$K_P = \frac{P_0}{P} = \frac{\sqrt{3}UI\cos\varphi}{0} = \infty$$

Jc0001142002－2　三相三线计量装置错误接线纠正。（100分）

考核知识点：错接线分析

难易度：中

技能等级评价专业技能考核操作工作任务书

一、任务名称

三相三线计量装置错误接线纠正。

二、适用工种

装表接电工高级技师。

三、具体任务

使用相位伏安表、相序表等仪器检测电能表接线，画相量图，计算有功功率更正系数。

四、工作规范及要求

（1）着装符合要求，穿全棉长袖工作服、绝缘鞋，戴安全帽、线手套。

（2）携带自备工具（钢笔或中性笔、计算器、三角尺）进入现场，待考评员宣布许可工作命令后开始工作并计时。

（3）打开计量柜（箱）门之前必须对柜（箱）体验电，现场操作严格执行《国家电网公司电力安全工作规程（配电部分）》。

（4）工作结束清理现场，并向监考员报告。

五、现场提供材料及工器具

验电笔、万用表、相序表、钳形电流表、相位伏安表、螺钉旋具。

六、考核时间及要求

本考核操作时间为30分钟，时间到停止考评。

技能等级评价专业技能考核操作评分标准

工种	装表接电工					评价等级	高级技师
项目模块	电能计量装置接线检查—三相三线电能计量装置接线检查				编号	Jc0001142002－2	
单位			准考证号			姓名	
考试时限	30分钟	题型		单项操作		题分	100分
成绩		考评员		考评组长		日期	
试题正文	三相三线计量装置错误接线纠正						
需要说明的问题和要求	（1）要求单人操作。 （2）操作时应注意安全，按照标准化作业指导书的技术安全说明做好安全措施						

序号	项目名称	质量要求	满分	扣分标准	扣分原因	得分
1	安全文明生产	佩戴安全帽；穿全棉工作服；穿绝缘鞋；操作时戴线手套；打开柜门前需先验电	20	未按要求进行，每项扣5分，扣完为止		
2	正确使用仪器仪表、检测接线	（1）正确使用相位伏安表。 （2）数据测量正确	40	相位伏安表使用不当，每次扣10分； 数据测量错误，每次扣10分； 扣完为止		

续表

序号	项目名称	质量要求	满分	扣分标准	扣分原因	得分
3	相量图	正确画出相量图	20	相量图每错误一处扣2分，扣完为止		
4	计算结果	正确计算更正系数	10	更正系数计算错误扣10分		
5	现场恢复	操作结束后清理现场杂物，并将工器具归位摆放整齐	10	现场留有杂物或工器具未归位扣10分		
合计			100			

计量装置设置：

（1）考试使用电能表为仿真表，通过模拟装置进行参数设置。

（2）默认设置为专用变压器计量柜指定三相三线电能表 3×100V、3×1.5（6）A，线电压分别为100、100V，相电流分别为2、2A，电压相序为ABC，A相电流反极性，三相负载平衡，感性，功率因数角为14°。

标准答案：

（1）测量相序、电压、电流、相角值，见表 Jc0001142002－2。

表 Jc0001142002－2

参数	一元件	二元件
电压	100V	100V
电流	2A	2A
电压与电流相角	136°	16°
相序	ABC	

（2）根据实测数据画出相量图，如图 Jc0001142002－2 所示。

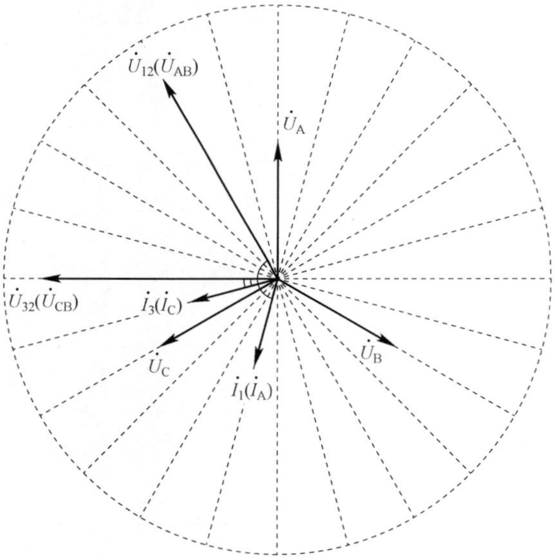

图 Jc0001142002－2

（3）列出错误接线有功功率表达式

$$P_1 = U_{AB} I_A \cos(150° - \varphi)$$
$$P_2 = U_{CB} I_C \cos(30° - \varphi)$$

$$P = P_1 + P_2 = UI\sin\varphi$$

（4）计算更正系数

$$K_P = \frac{P_0}{P} = \frac{\sqrt{3}UI\cos\varphi}{UI\sin\varphi} = \sqrt{3}\cot\varphi$$

Jc0001142003－3　三相三线计量装置错误接线纠正。（100分）

考核知识点： 错接线分析

难易度： 中

技能等级评价专业技能考核操作工作任务书

一、任务名称

三相三线计量装置错误接线纠正。

二、适用工种

装表接电工高级技师。

三、具体任务

使用相位伏安表、相序表等仪器检测电能表接线，画相量图，计算有功功率更正系数。

四、工作规范及要求

（1）着装符合要求，穿全棉长袖工作服、绝缘鞋，戴安全帽、线手套。

（2）携带自备工具（钢笔或中性笔、计算器、三角尺）进入现场，待考评员宣布许可工作命令后开始工作并计时。

（3）打开计量柜（箱）门之前必须对柜（箱）体验电，现场操作严格执行《国家电网公司电力安全工作规程（配电部分）》。

（4）工作结束清理现场，并向监考员报告。

五、现场提供材料及工器具

验电笔、万用表、相序表、钳形电流表、相位伏安表、螺钉旋具。

六、考核时间及要求

本考核操作时间为30分钟，时间到停止考评。

技能等级评价专业技能考核操作评分标准

工种	装表接电工					评价等级	高级技师
项目模块	电能计量装置接线检查—三相三线电能计量装置接线检查				编号	Jc0001142003－3	
单位			准考证号			姓名	
考试时限	30分钟		题型	单项操作		题分	100分
成绩		考评员		考评组长		日期	
试题正文	三相三线计量装置错误接线纠正						
需要说明的问题和要求	（1）要求单人操作。 （2）操作时应注意安全，按照标准化作业指导书的技术安全说明做好安全措施						

序号	项目名称	质量要求	满分	扣分标准	扣分原因	得分
1	安全文明生产	佩戴安全帽；穿全棉工作服；穿绝缘鞋；操作时戴线手套；打开柜门前需先验电	20	未按要求进行，每项扣5分，扣完为止		
2	正确使用仪器仪表、检测接线	（1）正确使用相位伏安表。 （2）数据测量正确	40	相位伏安表使用不当，每次扣10分； 数据测量错误，每次扣10分； 扣完为止		

续表

序号	项目名称	质量要求	满分	扣分标准	扣分原因	得分
3	相量图	正确画出相量图	20	相量图每错误一处扣2分，扣完为止		
4	计算结果	正确计算更正系数	10	更正系数计算错误扣10分		
5	现场恢复	操作结束后清理现场杂物，并将工器具归位摆放整齐	10	现场留有杂物或工器具未归位扣10分		
合计			100			

计量装置设置：

（1）考试使用电能表为仿真表，通过模拟装置进行参数设置。

（2）默认设置为专用变压器计量柜指定三相三线电能表 3×100V、3×1.5（6）A，线电压分别为100、100V，相电流分别为2、2A，电压相序为ABC，C相电流反极性，三相负载平衡，感性，功率因数角为14°。

标准答案：

（1）测量相序、电压、电流、相角值，见表Jc0001142003－3。

表 Jc0001142003－3

参数	一元件	二元件
电压	100V	100V
电流	2A	2A
电压与电流相角	44°	164°
相序	ABC	

（2）根据实测数据画出相量图，如图Jc0001142003－3所示。

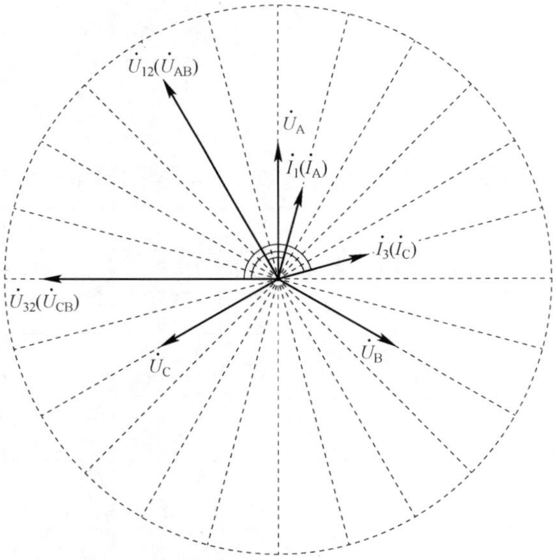

图 Jc0001142003－3

（3）列出错误接线有功功率表达式

$$P_1 = U_{AB} I_A \cos(30° + \varphi)$$
$$P_2 = U_{CB} I_C \cos(150° + \varphi)$$

$$P = P_1 + P_2 = -UI\sin\varphi$$

（4）计算更正系数

$$K_{\mathrm{P}} = \frac{P_0}{P} = \frac{\sqrt{3}UI\cos\varphi}{-UI\sin\varphi} = -\sqrt{3}\cot\varphi$$

Jc0001142004－4　三相三线计量装置错误接线纠正。（100 分）

考核知识点：错接线分析

难易度：中

技能等级评价专业技能考核操作工作任务书

一、任务名称

三相三线计量装置错误接线纠正。

二、适用工种

装表接电工高级技师。

三、具体任务

使用相位伏安表、相序表等仪器检测电能表接线，画相量图，计算有功功率更正系数。

四、工作规范及要求

（1）着装符合要求，穿全棉长袖工作服、绝缘鞋，戴安全帽、线手套。

（2）携带自备工具（钢笔或中性笔、计算器、三角尺）进入现场，待考评员宣布许可工作命令后开始工作并计时。

（3）打开计量柜（箱）门之前必须对柜（箱）体验电，现场操作严格执行《国家电网公司电力安全工作规程（配电部分）》。

（4）工作结束清理现场，并向监考员报告。

五、现场提供材料及工器具

验电笔、万用表、相序表、钳形电流表、相位伏安表、螺钉旋具。

六、考核时间及要求

本考核操作时间为 30 分钟，时间到停止考评。

技能等级评价专业技能考核操作评分标准

工种	装表接电工					评价等级	高级技师
项目模块	电能计量装置接线检查—三相三线电能计量装置接线检查				编号	Jc0001142004－4	
单位			准考证号			姓名	
考试时限	30 分钟		题型	单项操作		题分	100 分
成绩		考评员		考评组长		日期	
试题正文	三相三线计量装置错误接线纠正						
需要说明的问题和要求	（1）要求单人操作。 （2）操作时应注意安全，按照标准化作业指导书的技术安全说明做好安全措施						

序号	项目名称	质量要求	满分	扣分标准	扣分原因	得分
1	安全文明生产	佩戴安全帽；穿全棉工作服；穿绝缘鞋；操作时戴线手套；打开柜门前需先验电	20	未按要求进行，每项扣 5 分，扣完为止		
2	正确使用仪器仪表、检测接线	（1）正确使用相位伏安表。 （2）数据测量正确	40	相位伏安表使用不当，每次扣 10 分； 数据测量错误，每次扣 10 分； 扣完为止		

续表

序号	项目名称	质量要求	满分	扣分标准	扣分原因	得分
3	相量图	正确画出相量图	20	相量图每错误一处扣2分，扣完为止		
4	计算结果	正确计算更正系数	10	更正系数计算错误扣10分		
5	现场恢复	操作结束后清理现场杂物，并将工器具归位摆放整齐	10	现场留有杂物或工器具未归位扣10分		
合计			100			

计量装置设置：

（1）考试使用电能表为仿真表，通过模拟装置进行参数设置。

（2）默认设置为专用变压器计量柜指定三相三线电能表 3×100V、3×1.5（6）A，线电压分别为100、100V，相电流分别为2、2A，电压相序CBA，三相负载平衡，感性，功率因数角为14°。

标准答案：

（1）测量相序、电压、电流、相角值，见表Jc0001142004－4。

表 Jc0001142004－4

参数	一元件	二元件
电压	100V	100V
电流	2A	2A
电压与电流相角	104°	76°
相序	CBA	

（2）根据实测数据画出相量图，如图Jc0001142004－4所示。

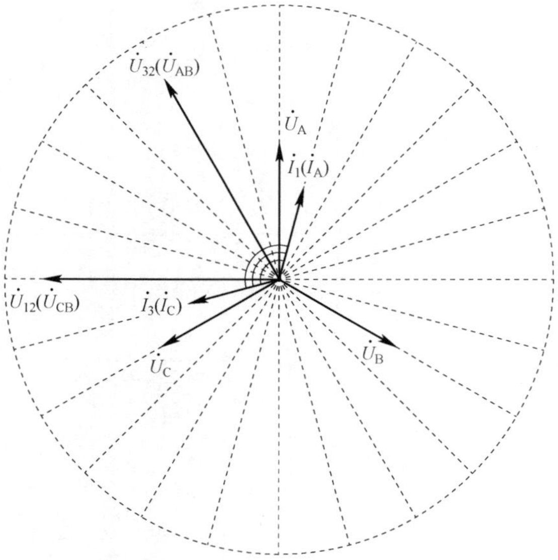

图 Jc0001142004－4

（3）列出错误接线有功功率表达式

$$P_1 = U_{CB} I_A \cos(90^\circ + \varphi)$$

$$P_2 = U_{AB} I_C \cos(90^\circ - \varphi)$$

$$P = P_1 + P_2 = 0$$

（4）计算更正系数

$$K_P = \frac{P_0}{P} = \frac{\sqrt{3}UI\cos\varphi}{0} = \infty$$

Jc0001142005－1　用户窃电的检查与处理。（100 分）

考核知识点：反窃查违

难易度：中

技能等级评价专业技能考核操作工作任务书

一、任务名称

用户窃电的检查与处理。

二、适用工种

装表接电工高级技师。

三、具体任务

对举报的某窃电动力用户，现场检查处理（实测用电负荷 20kW）。

四、工作规范及要求

（1）着装符合要求，穿全棉长袖工作服、绝缘鞋，戴安全帽、线手套。

（2）携带自备工具（钢笔或中性笔、计算器）进入现场，待考评员宣布许可工作命令后开始工作并计时。

（3）打开计量柜（箱）门之前必须对柜（箱）体验电，现场操作严格执行《国家电网公司电力安全工作规程（配电部分）》。

（4）工作结束清理现场，并向监考员报告。

五、现场提供材料及工器具

验电笔、万用表、钳形电流表、螺钉旋具。

六、考核时间及要求

本考核操作时间为 30 分钟，时间到停止考评。

技能等级评价专业技能考核操作评分标准

<table>
<tr><td>工种</td><td colspan="5">装表接电工</td><td>评价等级</td><td>高级技师</td></tr>
<tr><td>项目模块</td><td colspan="4">电能计量装置现场检验—三相电能表现场检验</td><td>编号</td><td colspan="2">Jc0001142005－1</td></tr>
<tr><td>单位</td><td colspan="3"></td><td>准考证号</td><td></td><td>姓名</td><td></td></tr>
<tr><td>考试时限</td><td colspan="2">30 分钟</td><td>题型</td><td colspan="2">单项操作</td><td>题分</td><td>100 分</td></tr>
<tr><td>成绩</td><td></td><td>考评员</td><td></td><td>考评组长</td><td></td><td>日期</td><td></td></tr>
<tr><td>试题正文</td><td colspan="7">用户窃电的检查与处理</td></tr>
<tr><td>需要说明的问题和要求</td><td colspan="7">（1）要求单人操作。
（2）操作时应注意安全，按照标准化作业指导书的技术安全说明做好安全措施</td></tr>
</table>

序号	项目名称	质量要求	满分	扣分标准	扣分原因	得分
1	安全文明生产	佩戴安全帽；穿全棉工作服；穿绝缘鞋；操作时戴线手套；打开柜门前需先验电	20	未按要求进行，每项扣 5 分，扣完为止		
2	仪器使用	正确使用万用表、钳形电流表	20	万用表、钳形电流表使用错误，每次扣 5 分，扣完为止		
3	异常判断	正确判断计量装置异常原因	10	判断错误扣 10 分		

续表

序号	项目名称	质量要求	满分	扣分标准	扣分原因	得分
4	计算正确	正确计算追补电量、追补电费、违约使用电费、合计追缴电费	40	每计算错误一项扣10分，扣完为止		
5	现场恢复	操作结束后清理现场杂物，并将工器具归位摆放整齐	10	现场留有杂物或工器具未归位扣10分		
合计			100			

计量装置设置：

（1）考试使用电能表为仿真表，通过模拟装置进行参数设置。

（2）考场在指定工位安装 3×380V/220V、3×5（60）A 直通三相电能表，设置三相电压连接片断开方式窃电，电流设置为5A。

标准答案：

（1）该户通过断开电能表表尾三相电压连接片方式窃电。

（2）计算追补电费，窃电时间无法查明，依据《供电营业规则》第一百零三条规定，按照 20kW、180 天、每天 12h 计算追补电量、电费、违约使用电费、合计追缴电费

$$追补电量=20\times12\times180=43\,200（kWh）$$

$$追补电费=43\,200\times0.680\,0=29\,376（元）$$

$$违约使用电费=29\,376\times3=88\,128（元）$$

合计追缴电费=29 376+88 128=117 504 元。

备注：考场提示考生该用户为商业用户，执行电价为 0.680 0 元。

Jc0001142006－1　电能计量装置的配置。（100 分）

考核知识点： 设备选型

难易度： 中

技能等级评价专业技能考核操作工作任务书

一、任务名称

电能计量装置的配置。

二、适用工种

装表接电工高级技师。

三、具体任务

某用户 10kV 供电、容量为 2000kVA、计量方式采用高供高计，供电方式为单电源、计量点设在用户端，配置电能计量装置，包括电能表、互感器、采集设备、计量柜及二次回路。

四、工作规范及要求

（1）自备钢笔或圆珠笔。

（2）书写完整规范。

五、现场提供工器具及材料

无。

六、考核及时间要求

本考核操作时间限定为 30 分钟，计时结束停止考评。

技能等级评价专业技能考核操作评分标准

工种	装表接电工					评价等级	高级技师
项目模块	电能计量装置接线检查—三相三线电能计量装置接线检查				编号	Jc0001142006－1	
单位			准考证号			姓名	
考试时限	30 分钟	题型		单项操作		题分	100 分
成绩		考评员		考评组长		日期	
试题正文	电能计量装置的配置						
需要说明的问题和要求	无						

序号	项目名称	质量要求	满分	扣分标准	扣分原因	得分
1	电能表配置	描述规范，配置正确	20	每遗漏或错误一处扣 5 分，扣完为止		
2	互感器配置	描述规范，配置正确	30	每遗漏或错误一处扣 5 分，扣完为止		
3	采集设备配置	描述规范，配置正确	10	每遗漏或错误一处扣 5 分，扣完为止		
4	计量柜配置	描述规范，配置正确	20	每遗漏或错误一处扣 5 分，扣完为止		
5	计量二次回路选择	描述规范，配置正确	20	每遗漏或错误一处扣 5 分，扣完为止		
合计			100			

标准答案：

（1）电能表配置原则。配置 3×100V、3×1.5（6）A、有功准确度等级不低于 1.0 级，无功准确度等级不低于 2.0 级的三相三线智能电能表一块。

（2）互感器配置原则。

1）采用专用 TV、TA，不得接入与计量装置无关的设备。

2）TA 变比确定

$$一次侧额定电流 I_{额}=\frac{S}{\sqrt{3}U_{额}}=\frac{2000}{1.732\times10}=115\text{（A）}$$

因此，宜选用变比为 150A/5A 的 TA。

该用户可配置 150A/5A、10kV、准确度等级不低于 0.2S 级的 TA 两只；配置 10V/0.1V、10kV，准确度等级不低于 0.2 级的 TV 两只。

① TA 额定二次容量不小于 10VA，TV 额定二次容量不小于 30VA。

② TV 二次侧采用 V/V 接线方式接入电能表，TA 二次绕组与电能表之间采用四线连接。

（3）采集设备配置原则：配置 3×100V 专用变压器采集终端一台。

（4）计量柜的配置及要求：配置全国统一标准的电能计量柜。

（5）计量二次回路。

1）计量二次回路的连接导线应采用铜质单芯绝缘线，TV 二次回路导线截面积不小于 $2.5mm^2$，TA 二次回路导线截面积不应小于 $4mm^2$。TA 二次端子和电能表之间的连接应采用分相独立回路的接线方式。

2）二次计量回路 L1/L2/L3 连接导线应分别采用黄、绿、红色线，接地线为黄与绿双色线，导线两端有回路编号标志，颜色、标识清楚。

3）应装设具有封闭与防误接线措施的电能计量试验接线盒，TA、TV 二次出线端子直接接至试验接线盒，中间不应有任何辅助触点。

Jc0001142007－2　电能计量装置的配置。（100分）

考核知识点：设备选型

难易度：中

技能等级评价专业技能考核操作工作任务书

一、任务名称

电能计量装置的配置。

二、适用工种

装表接电工高级技师。

三、具体任务

某电力用户用电性质为汽车修理，已知全厂的三相动力装置总容量为200kW，运行的功率因数为0.85，该用户电能计量装置应如何选配？

四、工作规范及要求

（1）自备钢笔或圆珠笔。

（2）书写完整规范。

五、现场提供工器具及材料

无。

六、考核及时间要求

本考核操作时间限定为30分钟，计时结束停止考评。

技能等级评价专业技能考核操作评分标准

工种	装表接电工				评价等级	高级技师
项目模块	电能计量装置接线检查—三相三线电能计量装置接线检查			编号	Jc0001142007－2	
单位		准考证号			姓名	
考试时限	30分钟	题型	单项操作		题分	100分
成绩	考评员		考评组长		日期	
试题正文	电能计量装置的配置					
需要说明的问题和要求	无					

序号	项目名称	质量要求	满分	扣分标准	扣分原因	得分
1	计量方式确定	描述规范	20	错误扣10～20分		
2	电能表配置	描述规范，配置正确	20	每遗漏或错误一处扣5～10分，扣完为止		
3	互感器配置	描述规范，配置正确	20	每遗漏或错误一处扣5～10分，扣完为止		
4	采集设备配置	描述规范，配置正确	10	错误扣10分		
5	计量柜配置	描述规范，配置正确	10	错误扣10分		
6	计量二次回路选择	描述规范，配置正确	20	每遗漏或错误一处扣5～10分，扣完为止		
合计			100			

标准答案：

（1）计量方式确定：该用户负荷为200kW，变压器容量选用250kVA，应采用高供低计计量方式进行计量。

（2）电能表配置原则：配置 3×220V/380V、1.5（6）A、准确度等级不低于 2.0，无功准确度等级不低于 3.0 的三相四线智能电能表一块。

（3）TA 变比确定

$$一次侧额定电流 I_{额}=\frac{S}{\sqrt{3}U_{额}}=\frac{250}{1.732\times 0.4}=360.85\ （A）$$

因此，宜选用变比为 400A/5A 的 TA。

配置 400A/5A、10kV、准确度等级不低于 0.5S 的 TA 3 只，TA 额定二次容量不小于 10VA。

（4）采集设备配置原则：配置 3×220V/380V 专用变压器采集终端一台。

（5）计量箱（柜）配置要求：配置全国统一标准的电能计量箱（柜）。

（6）计量二次回路选择。

1） 二次计量回路的连接导线应采用铜质单芯绝缘线，TA 二次回路导线截面积不应小于 $4mm^2$，TA 二次端子和电能表之间的连接应采用分相独立回路的接线方式。

2） 二次计量回路 L1/L2/L3、N 相连接导线应分别采用黄、绿、红、黑色线，接地线为黄与绿双色线，导线两端有回路编号标志，颜色、标识清楚。

3） 应装设具有封闭与防误接线措施的电能计量试验接线盒，TA 二次出线端子直接接至试验接线盒，中间不应有任何辅助触点。

Jc0001142008－1　三相三线电能表抄读、异常处理、电费计算。（100 分）

考核知识点：异常处理

难易度：中

技能等级评价专业技能考核操作工作任务书

一、任务名称

三相三线电能表抄读、异常处理、电费计算。

二、适用工种

装表接电工高级技师。

三、具体任务

（1）抄读指定三相三线电能表，完成铭牌信息及表内示数信息填写，见表 Jc0001142008－1－1。

表 Jc0001142008－1－1

电能表铭牌参数		表内信息		
电能表出厂编号		示数类型	上一月	当前
参比电压		有功总电量		
标定电流和最大电流		有功峰电量		
接线方式		有功平电量		
准确度等级		有功谷电量		
电能表厂家		组合无功 I		

（2）根据电能表屏显信息，写出电能表存在的接线异常，并填写异常单。

（3）已知该用户用电容量为 2×315kVA，计量方式为高供高计，TV 变比为 10V/0.1V，TA 变比为 40A/5A，执行一般工商业平段电价，计算当月表内抄见电量电费（目录电度电价 0.605 4 元/kWh，代征费 0.054 6 元/kWh)。

四、工作规范及要求

(1)着装符合要求,穿全棉长袖工作服、绝缘鞋,戴安全帽、线手套。

(2)携带自备工具(钢笔或中性笔、计算器、线手套)进入现场,待考评员宣布许可工作命令后开始工作并计时。

(3)打开计量柜(箱)门之前必须对柜(箱)体验电,现场操作严格执行《国家电网公司电力安全工作规程(配电部分)》。

(4)工作结束清理现场,并向监考员报告。

五、现场提供工器具及材料

验电笔、功率因数调整表。

六、考核及时间要求

(1)本考核操作时间限定为 30 分钟,计时结束停止考评。

(2)故障查找过程中,如确实不能查找出故障,可向考评员申请排除故障,该项故障项目不得分,但不影响其他项目。

技能等级评价专业技能考核操作评分标准

工种	装表接电工					评价等级	高级技师
项目模块	电能计量装置现场检验—三相电能表现场检验				编号	Jc0001142008－1	
单位			准考证号			姓名	
考试时限	30 分钟		题型	单项操作		题分	100 分
成绩		考评员		考评组长		日期	
试题正文	三相三线电能表抄读、异常处理、电费计算						
需要说明的问题和要求	(1)要求单人操作。 (2)操作应注意安全,按照标准化作业书的技术安全说明做好安全措施						

序号	项目名称	质量要求	满分	扣分标准	扣分原因	得分
1	安全文明生产	佩戴安全帽;穿全棉工作服;穿绝缘鞋;操作时戴线手套;打开柜门前需先验电	10	未按要求进行,每项扣 2 分,扣完为止		
2	电能表抄读	(1)电能表铭牌信息填写正确规范。 (2)表内示数信息填写正确规范	20	铭牌信息填写错误扣 5 分; 示数信息填写错误扣 15 分		
3	异常判断	异常判断正确	10	表计异常判断错误扣 10 分		
4	异常单填写	异常单填写正确	20	每漏填、错填一项扣 2 分,扣完为止		
5	电费计算	(1)当月表内目录电度电费计算正确。 (2)功率因数调整电费计算正确。 (3)代征费计算正确。 (4)当月应缴纳电费计算正确	30	每错误一项扣 7.5 分,扣完为止		
6	现场恢复	操作结束后清理现场杂物,并将工器具归位摆放整齐	10	现场留有杂物或工器具未归位扣 10 分		
合计			100			

标准答案:

(1)根据电能表填写相关信息如表 Jc0001142008－1－2 所示(表内空白处以考核现场电能计量装置参数示数值为准)。

表 Jc0001142008－1－2

电能表铭牌参数		表内信息		
电能表出厂编号		示数类型	上一月	当前
参比电压	3×100V	有功总电量	471.38kWh	581.29kWh
标定电流和最大电流	3×1.5（6）A	有功峰电量	170.59kWh	206.14kWh
接线方式	三相三线	有功平电量	120.31kWh	180.32kWh
准确度等级		有功谷电量	180.48kWh	194.83kWh
电能表厂家		组合无功 I	220.22kvar	260.89kvar

（2）经检查，电能表显示逆相序异常。

×××供电公司表计异常单

填写日期：　　　年　　月　　日　　　　　　　　　　　　　　　　No：

户号	户名	抄表段号	电能表出厂编号	电能表型号	电压/电流	倍率
—	—	—				

抄见示数						用电地址：
总	峰	平	谷	子表 1	子表 2	
异常情况						

发现人：　　　　　　　　　　　　处理人：　　　　　　　　　　　　处理日期：

（3）电费计算。

$$倍率=8\times100=800$$

$$当月抄见电量=（581.29-471.38）\times800=87\,928（kWh）$$

$$目录电度电费=87\,928\times0.605\,4=53\,231.61（元）$$

$$\tan\varphi=（260.89-220.22）/（581.29-471.38）=0.37$$

$$功率因数\ \cos\varphi=0.94$$

该用户功率因数考核标准为 0.85，查功率因数表可知调整率为－1%。

$$功率因数调整电费=53\,231.61\times（-1\%）=-585.55（元）$$

$$代征费=87\,928\times0.054\,6=4800.87（元）$$

当月表内抄见电量电费＝目录电度电费＋功率因数调整电费＋代征费

$$=53\,231.61-585.55+4800.87=57\,446.93（元）$$

因此，当月表内抄见电量电费为 57 446.93 元。

Jc0001142009－2　三相三线电能表抄读、异常处理、电量追补。（100 分）

考核知识点：异常处理

难易度：中

技能等级评价专业技能考核操作工作任务书

一、任务名称

三相三线电能表抄读、异常处理、电量追补。

二、适用工种

装表接电工高级技师。

三、具体任务

（1）抄读指定三相三线电能表，完成铭牌信息及表内示数信息填写，见表 Jc0001142009－2－1。

表 Jc0001142009－2－1

电能表铭牌参数		表内信息		
电能表出厂编号		示数类型	上一月	当前
参比电压		有功总电量		
标定电流及最大电流		有功峰电量		
接线方式		有功平电量		
电能表出厂编号		示数类型	上一月	当前
准确度等级		有功谷电量		
电能表厂家		组合无功 I		

（2）根据电能表屏显信息，写出电能表存在的接线异常，并填写异常单。

（3）已知该用户用电容量为 2×315kVA，计量方式为高供高计，TV 变比为 10V/0.1V，TA 变比为 40A/5A。该户抄表时发现异常，累计失压时间为 18 640min，经与用户协商，按照正常月份用电量 21 651kWh 追补电量，计算该用户当月抄见电量及追补电量。

四、工作规范及要求

（1）着装符合要求，穿全棉长袖工作服、绝缘鞋，戴安全帽、线手套。

（2）携带自备工具（钢笔或中性笔、计算器、线手套）进入现场，待考评员宣布许可工作命令后开始工作并计时。

（3）打开计量柜（箱）门之前必须对柜（箱）体验电，现场操作严格执行《国家电网公司电力安全工作规程（配电部分）》。

（4）工作结束清理现场，并向监考员报告。

五、现场提供工器具及材料

验电笔。

六、考核及时间要求

（1）本考核操作时间限定为 30 分钟，计时结束停止考评。

（2）故障查找过程中，如确实不能查找出故障，可向考评员申请排除故障，该项故障项目不得分，但不影响其他项目。

技能等级评价专业技能考核操作评分标准

<table>
<tr><td>工种</td><td colspan="5">装表接电工</td><td>评价等级</td><td>高级技师</td></tr>
<tr><td>项目模块</td><td colspan="4">电能计量装置现场检验—三相电能表现场检验</td><td>编号</td><td colspan="2">Jc0001142009－2</td></tr>
<tr><td>单位</td><td colspan="2"></td><td>准考证号</td><td colspan="2"></td><td>姓名</td><td></td></tr>
<tr><td>考试时限</td><td>30 分钟</td><td>题型</td><td colspan="3">单项操作</td><td>题分</td><td>100 分</td></tr>
<tr><td>成绩</td><td></td><td>考评员</td><td></td><td>考评组长</td><td></td><td>日期</td><td></td></tr>
<tr><td>试题正文</td><td colspan="7">三相三线电能表抄读、异常处理、电量追补</td></tr>
<tr><td>需要说明的问题和要求</td><td colspan="7">（1）要求单人操作。
（2）操作应注意安全，按照标准化作业书的技术安全说明做好安全措施</td></tr>
</table>

续表

序号	项目名称	质量要求	满分	扣分标准	扣分原因	得分
1	安全文明生产	佩戴安全帽；穿全棉工作服；穿绝缘鞋；操作时戴线手套；打开柜门前需先验电	10	未按要求进行，每项扣 2 分，扣完为止		
2	电能表抄读	（1）电能表铭牌信息填写正确规范。 （2）表内示数信息填写正确规范	20	铭牌信息填写错误扣 5 分； 示数信息填写错误扣 15 分		
3	异常判断	异常判断正确	10	表计异常判断错误扣 10 分		
4	异常单填写	异常单填写正确	20	每漏填、错填一项扣 2 分，扣完为止		
5	追补电量计算	（1）抄见电量计算正确。 （2）追补电量计算正确	30	每错误一项扣 15 分，扣完为止		
6	现场恢复	操作结束后清理现场杂物，并将工器具归位摆放整齐	10	现场留有杂物或工器具未归位扣 10 分		
合计			100			

标准答案：

（1）根据电能表信息填写，见表 Jc0001142009－2－2（表中空白处以考核现场电能计量装置参数示数值为准）。

表 Jc0001142009－2－2

电能表铭牌参数		表内信息		
电能表出厂编号		示数类型	上一月	当前
参比电压	3×100V	有功总电量	1824.21kWh	1840.16kWh
标定电流及最大电流	3×1.5（6）A	有功峰电量	729.64kWh	734.51kWh
接线方式	三相三线	有功平电量	933.19kWh	941.27kWh
准确度等级		有功谷电量	161.38kWh	164.38kWh
电能表厂家		组合无功 I	792.01kvar	800.01kvar

（2）经检查，电能表显示 A、C 相失压。

×××供电公司表计异常单

填写日期：　　　年　　月　　日　　　　　　　　　　　　　　No：

<table>
<tr><td>户号</td><td>户名</td><td colspan="2">抄表段号</td><td colspan="2">电能表出厂编号</td><td>电能表型号</td><td>电压/电流</td><td>倍率</td></tr>
<tr><td>—</td><td>—</td><td colspan="2">—</td><td colspan="2"></td><td></td><td></td><td></td></tr>
<tr><td colspan="6">抄见示数</td><td colspan="3">用电地址：</td></tr>
<tr><td>总</td><td>峰</td><td>平</td><td>谷</td><td>子表 1</td><td>子表 2</td><td colspan="3" rowspan="2"></td></tr>
<tr><td></td><td></td><td></td><td></td><td></td><td></td></tr>
<tr><td colspan="9">异常情况</td></tr>
<tr><td colspan="9"></td></tr>
</table>

发现人：　　　　　　　　　　处理人：　　　　　　　　　　处理日期：

（3）当月抄见电量计算

$$倍率 = 10\,000/100 \times 40/5 = 800$$

$$当月抄见电量 = （1840.16 - 1824.21） \times 800 = 12\,760（kWh）$$

表内显示异常为 A、C 相均失压，失压后表计停走。

依据《供用电营业规则》第八十一条，电压互感器熔断器熔断无法计算时，以用户正常月份用电量为基准，按正常月与故障月的差额补收相应电量的电费，补收时间按抄表记录或按试压自动记录仪记录确定。

根据题意，用户正常月份用电量为 21 651kWh。

追补电量 = 正常月份用电量 − 故障月份抄见电量 = 21 651 − 2760 = 8891（kWh）

因此，追补电量为 8891kWh。

Jc0001142010－3　三相三线电能表抄读、异常处理、电量计算。（100 分）

考核知识点： 异常处理

难易度： 中

技能等级评价专业技能考核操作工作任务书

一、任务名称

三相三线电能表抄读、异常处理、电量计算。

二、适用工种

装表接电工高级技师。

三、具体任务

（1）抄读指定三相三线电能表，完成铭牌信息及表内示数信息填写，见表 Jc0001142010－3－1。

表 Jc0001142010－3－1

电能表铭牌参数		表内信息		
电能表出厂编号		示数类型	上一月	当前
参比电压		正向有功总电量		
标定电流及最大电流		反向有功总电量		
接线方式		组合无功Ⅰ		
准确度等级		组合无功Ⅱ		

（2）根据电能表屏显信息，写出电能表存在的接线异常。

（3）已知该用户用电容量为 2×315kVA，计量方式为高供高计，TV 变比为 10V/0.1V，TA 变比为 40A/5A，用户三相负荷平衡，根据电能表屏显显示的接线异常，计算该用户当月抄见电量及退补电量。

四、工作规范及要求

（1）着装符合要求，穿全棉长袖工作服、绝缘鞋，戴安全帽、线手套。

（2）携带自备工具（钢笔或中性笔、计算器、线手套）进入现场，待考评员宣布许可工作命令后开始工作并计时。

（3）打开计量柜（箱）门之前必须对柜（箱）体验电，现场操作严格执行《国家电网公司电力安全工作规程（配电部分）》。

（4）工作结束清理现场，并向监考员报告。

五、现场提供工器具及材料

验电笔。

六、考核及时间要求

（1）本考核操作时间限定为 30 分钟，计时结束停止考评。

（2）故障查找过程中，如确实不能查找出故障，可向考评员申请排除故障，该项故障项目不得分，但不影响其他项目。

技能等级评价专业技能考核操作评分标准

工种	装表接电工					评价等级	高级技师
项目模块	电能计量装置现场检验—三相电能表现场检验				编号	Jc0001142010－3	
单位			准考证号			姓名	
考试时限	30 分钟		题型	单项操作		题分	100 分
成绩		考评员		考评组长		日期	
试题正文	三相三线电能表抄读、异常处理、电量计算						
需要说明的问题和要求	（1）要求单人操作。 （2）操作应注意安全，按照标准化作业书的技术安全说明做好安全措施						

序号	项目名称	质量要求	满分	扣分标准	扣分原因	得分
1	安全文明生产	佩戴安全帽；穿全棉工作服；穿绝缘鞋；操作时戴线手套；打开柜门前需先验电	10	未按要求进行，每项扣 2 分，扣完为止		
2	电能表抄读	（1）电能表铭牌信息填写正确规范。 （2）表内示数信息填写正确规范	20	铭牌信息填写错误扣 5 分； 示数信息填写错误扣 15 分		
3	异常判断	表计异常判断正确	20	判断错误扣 20 分		
4	退补电量计算	（1）抄见电量计算正确。 （2）异常情况下有功功率表达式书写正确。 （3）更正系数计算正确。 （4）退补电量计算正确	40	每错误一项扣 10 分，扣完为止		
5	现场恢复	操作结束后清理现场杂物，并将工器具归位摆放整齐	10	现场留有杂物或工器具未归位扣 10 分		
合计			100			

标准答案：

（1）根据电能表填写相关信息如表 Jc0001142010－3－2 所示（表内空白处以考核现场电能计量装置参数示数值为准）。

表 Jc0001142010－3－2

电能表铭牌参数		表内信息		
电能表出厂编号		示数类型	上一月	当前
参比电压	3×100V	正向有功总电量	471.36kWh	493.36kWh
标定电流及最大电流	3×1.5（6）A	反向有功总电量	0	0
接线方式	三相三线	组合无功Ⅰ	652.64kvar	682.64kvar
准确度等级		组合无功Ⅱ	0	0

（2）经检查现场电能表 A 相负电流。

（3）电量计算

$$综合倍率=10\,000/10\times 40/5=800$$

当月表内抄见电量

$$W_P'=（493.36-471.36）\times 800=17\,600（kWh）$$

A 相负电流时，有功功率表达式

$$P' = P_1 + P_2 = U_{AB}(-I_A)\cos(150° - \varphi) + U_{CB}I_C\cos(30° - \varphi)$$

三相负载平衡，则

$$U_A = U_B = U_C = U, I_A = I_B = I_C, \varphi_A = \varphi_B = \varphi_C = \varphi$$

有 $P' = UI\sin\varphi$，此时 $|Q'| = UI\cos\varphi$，则

$$\tan\varphi = \left|\frac{P'}{Q'}\right| = \frac{493.36}{682.64} = 0.72$$

正常接线时，有功功率 $P = \sqrt{3}UI\cos\varphi$

更正系数

$$K = \frac{P}{P'} = \frac{\sqrt{3}UI\cos\varphi}{UI\sin\varphi} = \frac{\sqrt{3}}{\tan\varphi} = \frac{\sqrt{3}}{0.72} = 2.41$$

根据《供用电营业规则》第八十一条，对于计费计量装置接线错误的，以其实际记录的电量为基数，按正确与错误接线的差额率退补电量，其退补电量计算从上次校验或换装投入之日起至接线错更正之日止。

客户装表至今总的抄见电量 $W_{P总} = 493.36 \times 800 = 394\,688$（kWh）

追补电量 $W_{补} = KW_{P总} = 2.41 \times 394\,688 = 951\,198$（kWh）

因此，追补电量为 951 198kWh。

Jc0001142011－4　三相三线电能表抄读、异常处理、电量计算。（100 分）

考核知识点： 异常处理

难易度： 中

技能等级评价专业技能考核操作工作任务书

一、任务名称

三相三线电能表抄读、异常处理、电量计算。

二、适用工种

装表接电工高级技师。

三、具体任务

（1）抄读指定三相三线电能表，完成铭牌信息及表内示数信息填写，见表 Jc0001142011－4－1。

表 Jc0001142011－4－1

电能表铭牌参数		表内信息		
电能表出厂编号		示数类型	上一月	当前
参比电压		正向有功总电量		
标定电流及最大电流		反向有功总电量		
接线方式		组合无功Ⅰ		
准确度等级		组合无功Ⅱ		

（2）根据电能表屏显信息，写出电能表存在的接线异常。

（3）已知该用户用电容量为 2×315kVA，计量方式为高供高计，TV 变比为 10V/0.1V，TA 变比为

40A/5A，用户三相负荷平衡，根据电能表屏显显示的接线异常，计算该用户当月抄见电量及退补电量。

四、工作规范及要求

（1）着装符合要求，穿全棉长袖工作服、绝缘鞋，戴安全帽、线手套。

（2）携带自备工具（钢笔或中性笔、计算器、线手套）进入现场，待考评员宣布许可工作命令后开始工作并计时。

（3）打开计量柜（箱）门之前必须对柜（箱）体验电，现场操作严格执行《国家电网公司电力安全工作规程（配电部分）》。

（4）工作结束清理现场，并向监考员报告。

五、现场提供工器具及材料

验电笔。

六、考核及时间要求

（1）本考核操作时间限定为30分钟，计时结束停止考评。

（2）故障查找过程中，如确实不能查找出故障，可向考评员申请排除故障，该项故障项目不得分，但不影响其他项目。

技能等级评价专业技能考核操作评分标准

<table>
<tr><td>工种</td><td colspan="5">装表接电工</td><td>评价等级</td><td>高级技师</td></tr>
<tr><td>项目模块</td><td colspan="4">电能计量装置现场检验—三相电能表现场检验</td><td>编号</td><td colspan="2">Jc0001142011－4</td></tr>
<tr><td>单位</td><td colspan="2"></td><td>准考证号</td><td colspan="2"></td><td>姓名</td><td></td></tr>
<tr><td>考试时限</td><td colspan="2">30分钟</td><td>题型</td><td colspan="2">单项操作</td><td>题分</td><td>100分</td></tr>
<tr><td>成绩</td><td></td><td>考评员</td><td></td><td>考评组长</td><td></td><td>日期</td><td></td></tr>
<tr><td>试题正文</td><td colspan="7">三相三线电能表抄读、异常处理、电量计算</td></tr>
<tr><td>需要说明的问题和要求</td><td colspan="7">（1）要求单人操作。
（2）操作应注意安全，按照标准化作业书的技术安全说明做好安全措施</td></tr>
</table>

序号	项目名称	质量要求	满分	扣分标准	扣分原因	得分
1	安全文明生产	佩戴安全帽；穿全棉工作服；穿绝缘鞋；操作时戴线手套；打开柜门前需先验电	10	未按要求进行，每项扣2分，扣完为止		
2	电能表抄读	（1）电能表铭牌信息填写正确规范。 （2）表内示数信息填写正确规范	20	铭牌信息填写错误扣5分； 示数信息填写错误扣15分		
3	异常判断	表计异常判断正确	20	判断错误扣20分		
4	退补电量计算	（1）抄见电量计算正确。 （2）异常情况下有功功率表达式书写正确。 （3）更正系数计算正确。 （4）退补电量计算正确	40	每错误一项扣10分，扣完为止		
5	现场恢复	操作结束后清理现场杂物，并将工器具归位摆放整齐	10	现场留有杂物或工器具未归位扣10分		
合计			100			

标准答案：

（1）根据电能表填写相关信息，如表Jc0001142011－4－2所示（表内空白处以考核现场电能计量装置参数示数值为准）。

表 Jc0001142011－4－2

电能表铭牌参数		表内信息		
电能表出厂编号		示数类型	上一月	当前
参比电压	3×100V	正向有功总电量	0	0
标定电流及最大电流	3×1.5（6）A	反向有功总电量	471.36kvar	493.36kvar
接线方式	三相三线	组合无功Ⅰ	652.64kvar	682.64kvar
准确度等级		组合无功Ⅱ	0	0

（2）经检查现场电能表 C 相负电流。

（3）抄见电量和退补电量计算

综合倍率＝10 000/10×40/5＝800

当月表内抄见电量

$$W_P'=（493.36-471.36）\times 800=17\ 600（kWh）$$

A 相负电流时，有功功率表达式为

$$P'=P_1+P_2=U_{AB}I_A\cos(30^\circ+\varphi)+U_{CB}(-I_C)\cos(150^\circ+\varphi)$$

三相负载平衡，则

$$U_A=U_B=U_C=U, I_A=I_B=I_C, \varphi_A=\varphi_B=\varphi_C=\varphi$$

有 $P'=-UI\sin\varphi$，此时 $|Q'|=UI\cos\varphi$，则

当月功率因数 $$\tan\varphi=\left|\frac{\Delta P'}{\Delta Q'}\right|=\frac{493.36}{682.64}=0.72$$

正常接线时，有功功率 $P=\sqrt{3}UI\cos\varphi$

更正系数

$$K=\frac{P}{P'}=\frac{\sqrt{3}UI\cos\varphi}{-UI\sin\varphi}=-\frac{\sqrt{3}}{\tan\varphi}=-\frac{\sqrt{3}}{0.72}=-2.41$$

根据《供用电营业规则》第八十一条，对于计费计量装置接线错误的，以其实际记录的电量为基数，按正确与错误接线的差额率退补电量，其退补电量计算从上次校验或换装投入之日起至接线错更正之日止。

客户装表至今总的抄见电量 $W_{P总}=493.36\times 800=394\ 688$（kWh）

追补电量 $W_{补}=KW_{P总}=2.41\times 394\ 688=951\ 198$（kWh）

因此，追补电量为 951 198kWh。

Jc0001142012－5　三相三线电能表抄读、异常处理、电量计算。（100 分）

考核知识点：异常处理

难易度：中

技能等级评价专业技能考核操作工作任务书

一、任务名称

三相三线电能表抄读、异常处理、电量计算。

二、适用工种

装表接电工高级技师。

三、具体任务

（1）抄读指定三相三线电能表，完成铭牌信息及表内示数信息填写，见表 Jc0001142012－5－1。

表 Jc0001142012－5－1

电能表铭牌参数		表内信息		
电能表出厂编号		示数类型	上一月	当前
电压		正向有功总电量		
电流		反向有功总电量		
接线方式		组合无功Ⅰ		
准确度等级		组合无功Ⅱ		

（2）根据电能表屏显信息，写出电能表存在的接线异常。

（3）已知该用户用电容量为 2×315kVA，计量方式为高供高计，TV 变比为 10V/0.1V，TA 变比为 40A/5A，用户三相负荷平衡，请根据电能表屏显显示的接线异常，计算该用户当月实际用电量。

四、工作规范及要求

（1）着装符合要求，穿全棉长袖工作服、绝缘鞋，戴安全帽、线手套。

（2）携带自备工具（钢笔或中性笔、计算器、线手套）进入现场，待考评员宣布许可工作命令后开始工作并计时。

（3）打开计量柜（箱）门之前必须对柜（箱）体验电，现场操作严格执行《国家电网公司电力安全工作规程（配电部分）》。

（4）工作结束清理现场，并向监考员报告。

五、现场提供工器具及材料

验电笔。

六、考核及时间要求

（1）本考核操作时间限定为 30 分钟，计时结束停止考评。

（2）故障查找过程中，如确实不能查找出故障，可向考评员申请排除故障，该项故障项目不得分，但不影响其他项目。

技能等级评价专业技能考核操作评分标准

工种	装表接电工			评价等级	高级技师
项目模块	电能计量装置现场检验—三相电能表现场检验		编号	Jc0001142012－5	
单位		准考证号		姓名	
考试时限	30 分钟	题型	单项操作	题分	100 分
成绩		考评员		考评组长		日期	
试题正文	三相三线电能表抄读、异常处理、电量计算				
需要说明的问题和要求	（1）要求单人操作。 （2）操作应注意安全，按照标准化作业书的技术安全说明做好安全措施				

序号	项目名称	质量要求	满分	扣分标准	扣分原因	得分
1	安全文明生产	佩戴安全帽；穿全棉工作服；穿绝缘鞋；操作时戴线手套；打开柜门前需先验电	10	未按要求进行，每项扣 2 分，扣完为止		

续表

序号	项目名称	质量要求	满分	扣分标准	扣分原因	得分
2	电能表抄读	（1）电能表铭牌信息填写正确规范。 （2）表内示数信息填写正确规范	20	铭牌信息填写错误扣5分； 示数信息填写错误扣15分		
3	异常判断	表计异常判断正确	20	判断错误扣20分		
4	退补电量计算	（1）抄见电量计算正确。 （2）异常情况下有功功率表达式书写正确。 （3）更正系数计算正确。 （4）当月实际使用电量计算正确	40	每错误一项扣10分，扣完为止		
5	现场恢复	操作结束后清理现场杂物，并将工器具归位摆放整齐	10	现场留有杂物或工器具未归位扣10分		
合计			100			

标准答案：

（1）根据电能表填写相关信息如表Jc0001142012－5－2所示（表内空白处以考核现场电能计量装置参数示数值为准）。

表 Jc0001142012－5－2

电能表铭牌参数		表内信息		
电能表出厂编号		示数类型	上一月	当前
电压	3×100V	正向有功总电量	0	0
电流	3×1.5（6）A	反向有功总电量	471.38kWh	581.29kWh
接线方式	三相三线	组合无功Ⅰ	0	0
准确度等级		组合无功Ⅱ	220.22kvar	260.89kvar

（2）经检查现场电能表A、C相负电流。

（3）电量计算

$$综合倍率=10\,000/100\times40/5=800$$

当月表内抄见电量

$$W_P'=（581.29-471.38）\times800=87\,928（kWh）$$

全部计在反向。

A相电流接反时，有功功率

$$P'=P_1+P_2=U_{AB}(-I_A)\cos(150^\circ-\varphi)+U_{CB}(-I_C)\cos(150^\circ+\varphi)$$

三相负载平衡，则

$$U_A=U_B=U_C=U, I_A=I_B=I_C, \varphi_A=\varphi_B=\varphi_C=\varphi$$

则

$$P=-\sqrt{3}UI\cos\varphi$$

实际消耗功率

$$P=\sqrt{3}UI\cos\varphi$$

更正系数

$$K=P/P'=\frac{\sqrt{3}UI\cos\varphi}{-\sqrt{3}UI\cos\varphi}=-1$$

因此，该户当月实际使用电量为87 928kWh。

Jc0001142013－1　高压三相三线计量装置A相TA故障处理时恢复计量的应急办法。（100分）

考核知识点：设备运维

难易度：中

技能等级评价专业技能考核操作工作任务书

一、任务名称

高压三相三线计量装置A相TA故障处理时恢复计量的应急办法。

二、适用工种

装表接电工高级技师。

三、具体任务

当某用户三相三线高压计量装置A相电流互感器故障时，因某种原因无法及时更换，为了减少退补电量数量过大造成麻烦，可以通过改变电能表的接线使计量装置暂时恢复正常计量，即利用现有的U_{ab}、U_{bc}、I_c，通过改变接线使电能表满足正确计量的条件是什么？说明理由。

四、工作规范及要求

（1）着装符合要求，穿全棉长袖工作服、绝缘鞋，戴安全帽、线手套。

（2）待考评员宣布许可工作命令后开始工作并计时。

（3）现场操作严格执行《国家电网公司电力安全工作规程（配电部分）》。

五、考核时间及要求

本考核操作时间为30分钟，时间到停止考评。

技能等级评价专业技能考核操作评分标准

工种	装表接电工					评价等级	高级技师
项目模块	电能计量装置接线检查—三相三线电能计量装置接线检查				编号	Jc0001142013－1	
单位			准考证号			姓名	
考试时限	30分钟		题型	单项操作		题分	100分
成绩		考评员		考评组长		日期	
试题正文	三相三线计量装置A相TA故障处理时恢复计量的应急办法						
需要说明的问题和要求	（1）要求单人操作。 （2）操作时应注意安全，按照标准化作业指导书的技术安全说明做好安全措施						

序号	项目名称	质量要求	满分	扣分标准	扣分原因	得分
1	接线分析	电能表能正确计量的临时接线	60	在结论正确的情况下，叙述条理不清扣5～10分		
2	改临时接线方法（操作过程）	详细叙述改接线方法及步骤	20	叙述改接线过程有TA开路扣20分；叙述不完整扣5～10分		
3	可以用一相电流代替另一相的原理说明	说明A、C相电流基本平衡原理	20	未说明A、C相电流基本平衡原理扣20分		
合计			100			

参考答案：

（1）通过该变压器电能表二次线使该计量装置暂时恢复正常计量条件。

在电能表接线盒处：

1）拆除 A 相电流进出线并短接。

2）将 C 相电流进出线对调，并将 $-I_c$ 相电流串接入电能表 A 相电流回路。

3）将 B、C 相电压对调。

改接线后电能表的功率表达式为

$$P=U_{ac}I_c\cos(30^\circ+\varphi)+U_{bc}I_c\cos(30^\circ-\varphi)$$

满足三相三线计量特性。

（2）电能表能正确计量的理由：因为三相三线供电系统中三相电流基本是处于平衡状态，所以可以认为 $I_a=I_c$，所以此方法可以作为临时应急措施。

（3）严禁出现 TA 开路，TV 短路接线。

Jc0001142014－2　高压三相三线计量装置 C 相失压恢复正确计量的应急办法。（100 分）

考核知识点：设备运维

难易度：中

技能等级评价专业技能考核操作工作任务书

一、任务名称

高压三相三线计量装置 C 相失压恢复正确计量的应急办法。

二、适用工种

装表接电工高级技师。

三、具体任务

三相三线计量装置 C 相高压熔丝熔断时，因某种原因无法及时更换时，为了减少退补电量数量过大造成麻烦，可以通过改变电能表的接线使计量装置暂时恢复正常计量，即利用现有的 U_{ab}、I_a、I_c，通过改变接线使电能表满足正确计量的条件是什么？说明理由。

四、工作规范及要求

（1）着装符合要求，穿全棉长袖工作服、绝缘鞋，戴安全帽、线手套。

（2）待考评员宣布许可工作命令后开始工作并计时。

（3）现场操作严格执行《国家电网公司电力安全工作规程（配电部分）》。

五、考核时间及要求

本考核操作时间为 30 分钟，时间到停止考评。

技能等级评价专业技能考核操作评分标准

<table>
<tr><td>工种</td><td colspan="8">装表接电工</td><td>评价等级</td><td>高级技师</td></tr>
<tr><td>项目模块</td><td colspan="7">电能计量装置接线检查—三相三线电能计量装置接线检查</td><td>编号</td><td colspan="2">Jc0001142014－2</td></tr>
<tr><td>单位</td><td colspan="3"></td><td colspan="2">准考证号</td><td colspan="3"></td><td>姓名</td><td></td></tr>
<tr><td>考试时限</td><td colspan="2">30 分钟</td><td colspan="2">题型</td><td colspan="4">单项操作</td><td>题分</td><td>100 分</td></tr>
<tr><td>成绩</td><td></td><td>考评员</td><td colspan="2"></td><td colspan="2">考评组长</td><td colspan="2"></td><td>日期</td><td></td></tr>
<tr><td>试题正文</td><td colspan="10">高压三相三线计量装置 C 相失压恢复正确计量的应急办法</td></tr>
<tr><td>需要说明的问题和要求</td><td colspan="10">（1）要求单人操作。
（2）操作时应注意安全，按照标准化作业指导书的技术安全说明做好安全措施</td></tr>
</table>

续表

序号	项目名称	质量要求	满分	扣分标准	扣分原因	得分
1	接线分析	电能表能正确计量的临时接线	60	在结论正确的情况下，叙述条理不清扣5～10分		
2	改临时接线方法（操作过程）	详细叙述改接线方法及步骤	20	叙述改接线过程有TA开路、TV短路扣20分； 叙述不完整扣5～10分		
3	说明电能表能正确计量的理由	说明三相三线供电系统中三相电压基本是出于平衡状态	20	未说明 $U_{ab}=U_{cb}$、$I_a+I_c=(-I_b)$（电压值）扣10～20分		
合计			100			

参考答案：

（1）通过改变电能表二次线使该计量装置暂时恢复正常计量的条件；在电能表接线盒处进行如下操作。

1）拆除C相电压线并进行绝缘处理。

2）将A相电压并接到C相。

3）将A、C相电流同时接入电能表C相电流回路；如图Jc0001142014－2所示，改接线后电能表的功率表达式为

$$P=U_{AB}I_A\cos(30+\varphi)+U_{AB}(-I_B)\cos(30-\varphi)$$

满足三相三线计量特性。

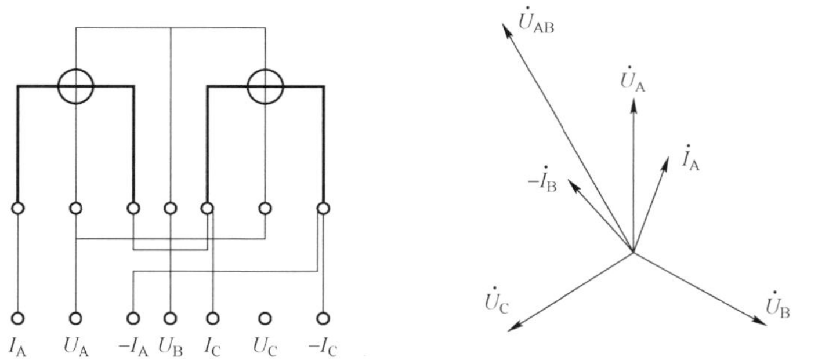

图 Jc0001142014－2

（2）电能表能正确计量的理由：因为三相三线供电系统中三相电压基本是处于平衡状态，而 $I_A+I_C=(-I_B)$，所以可以认为 $U_{AB}=U_{CB}$（电压值），所以此方法可以作为临时应急措施。

（3）严禁出现TA开路TV短路的接线。

Jc0001141015－1　三相四线计量装置零线断线分析。（100分）

考核知识点：设备运维

难易度：易

技能等级评价专业技能考核操作工作任务书

一、任务名称

三相四线计量装置零线断线分析。

二、适用工种

装表接电工高级技师。

三、具体任务

分析三相四线电能表零线断开后，电能表是否能正确计量？为什么？

四、工作规范及要求

（1）着装符合要求，穿全棉长袖工作服、绝缘鞋，戴安全帽、线手套。

（2）待考评员宣布许可工作命令后开始工作并计时。

（3）现场操作严格执行《国家电网公司电力安全工作规程（配电部分）》。

（4）工作结束清理现场，并向监考员报告。

五、现场提供材料及工器具

无。

六、考核时间及要求

本考核操作时间为30分钟，时间到停止考评。

技能等级评价专业技能考核操作评分标准

工种	装表接电工				评价等级	高级技师
项目模块	电能计量装置接线检查—三相四线电能计量装置接线检查			编号	Jc0001141015－1	
单位		准考证号			姓名	
考试时限	30分钟	题型	单项操作		题分	100分
成绩		考评员		考评组长		日期
试题正文	三相四线计量装置零线断线分析					
需要说明的问题和要求	（1）要求单人操作。 （2）操作时应注意安全，按照标准化作业指导书的技术安全说明做好安全措施					

序号	项目名称	质量要求	满分	扣分标准	扣分原因	得分
1	结论分析	正确分析电能表在零线断开后能或不能计量的理由	50	结论错误扣50分		
2	能或不能计量的理由	理由完整、充分、合理	50	理由不充分或不合理，每处扣10分，扣完为止		
2.1	电能表计量方式解释	简述三相四线电能表计量方式	20	未说出电能表三个单相原件分别计量，扣5～10分； 未说出电能表内电压回路接线为Y型，扣5～10分		
2.2	三相电压中心点接地，和中心点漂移解释	能叙述电能表电压回路中心点接地或中心点不接地的区别	30	未说出电能表电压回路中心点不接地时，电能表电压回路的电压基本不变，扣10～20分； 叙述不完整扣5～10分		
合计			100			

标准答案：

电能表零线断开后可以正确计量，因为三相四线电能表是由三个独立的计量原件组成，相当于三个单相表安装在一个盒子里，每个单相计量原件的零线接在一起组成一星形接线接入低压三相四线供电线路。外接零线将中心点强行接地，保证了各计量原件的电压等于电源的相电压。当外接零线断开后，如果计量原件的电压回路的电阻相等，则中心点不会产生飘移，即计量原件的电压不会有太大的变化，因此电能表可以正确计量。

Jc0001142016－1　三相三线计量装置错误接线纠正。（100分）

考核知识点： 错接线分析

难易度： 中

技能等级评价专业技能考核操作工作任务书

一、任务名称

三相三线计量装置错误接线纠正。

二、适用工种

装表接电工高级技师。

三、具体任务

使用相位伏安表、相序表等仪器检测电能表接线，画相量图，计算有功功率更正系数。

四、工作规范及要求

（1）着装符合要求，穿全棉长袖工作服、绝缘鞋，戴安全帽、线手套。

（2）携带自备工具（钢笔或中性笔、计算器、三角尺）进入现场，待考评员宣布许可工作命令后开始工作并计时。

（3）打开计量柜（箱）门之前必须对柜（箱）体验电，现场操作严格执行《国家电网公司电力安全工作规程（配电部分）》。

（4）工作结束清理现场，并向监考员报告。

五、现场提供材料及工器具

验电笔、万用表、相序表、钳形电流表、相位伏安表、螺钉旋具。

六、考核时间及要求

本考核操作时间为30分钟，时间到停止考评。

技能等级评价专业技能考核操作评分标准

工种	装表接电工					评价等级	高级技师
项目模块	电能计量装置接线检查—三相三线电能计量装置接线检查				编号	Jc0001142016－1	
单位		准考证号				姓名	
考试时限	30分钟		题型	单项操作		题分	100分
成绩		考评员		考评组长		日期	
试题正文	三相三线计量装置错误接线纠正						
需要说明的问题和要求	（1）要求单人操作。 （2）操作时应注意安全，按照标准化作业指导书的技术安全说明做好安全措施						

序号	项目名称	质量要求	满分	扣分标准	扣分原因	得分
1	安全文明生产	佩戴安全帽；穿全棉工作服；穿绝缘鞋；操作时戴线手套；打开柜门前需先验电	20	未按要求进行，每项扣5分，扣完为止		
2	正确使用仪器仪表、检测接线	（1）正确使用相位伏安表。 （2）数据测量正确	40	相位伏安表使用不当，每次扣10分； 数据测量错误，每次扣10分； 扣完为止		
3	相量图	正确画出相量图	20	相量图每错误一处扣2分，扣完为止		
4	计算结果	正确计算更正系数	10	更正系数计算错误扣10分		
5	现场恢复	操作结束后清理现场杂物，并将工器具归位摆放整齐	10	现场留有杂物或工器具未归位扣10分		
合计			100			

计量装置设置：

（1）考试使用电能表为仿真表，通过模拟装置进行参数设置。

（2）接线形式为一元件 U_{CA}、$-I_A$，二元件 U_{BA}、$-I_C$。

标准答案：

$$P_A = U_{CA}(-I_A)\cos(30°-\varphi)$$
$$P_C = U_{BA}(-I_C)\cos(90°-\varphi)$$

在对称的三相电路中

$$U_{CA}=U_{BA}=U_X$$
$$I_A=I_C=I_X$$
$$P_{误}=P_A+P_C=V_X I_X[\cos(30°-\varphi)+\cos(90°-\varphi)]$$
$$=\sqrt{3}U_X I_X\cos(60°-\varphi)$$

更正系数

$$K=\frac{P_{正}}{P_{误}}=\frac{\sqrt{3}U_X I_X\cos\varphi}{\sqrt{3}U_X I_X\cos(60°-\varphi)}$$
$$=\frac{2}{1+\sqrt{3}\tan\varphi}$$

Jc0001142017－2　三相三线计量装置错误接线纠正。（100分）

考核知识点：错接线分析

难易度：中

技能等级评价专业技能考核操作工作任务书

一、任务名称

三相三线计量装置错误接线纠正。

二、适用工种

装表接电工高级技师。

三、具体任务

使用相位伏安表、相序表等仪器检测电能表接线，计算有功功率更正系数。

四、工作规范及要求

（1）着装符合要求，穿全棉长袖工作服、绝缘鞋，戴安全帽、线手套。

（2）携带自备工具（钢笔或中性笔、计算器、三角尺）进入现场，待考评员宣布许可工作命令后开始工作并计时。

（3）打开计量柜（箱）门之前必须对柜（箱）体验电，现场操作严格执行《国家电网公司电力安全工作规程（配电部分）》。

（4）工作结束清理现场，并向监考员报告。

五、现场提供材料及工器具

验电笔、万用表、相序表、钳形电流表、相位伏安表、螺钉旋具。

六、考核时间及要求

本考核操作时间为30分钟，时间到停止考评。

技能等级评价专业技能考核操作评分标准

工种	装表接电工			评价等级	高级技师
项目模块	电能计量装置接线检查—三相三线电能计量装置接线检查		编号	Jc0001142017－2	
单位		准考证号		姓名	

续表

考试时限	30 分钟		题型	单项操作		题分	100 分
成绩		考评员		考评组长		日期	
试题正文	三相三线计量装置错误接线纠正						
需要说明的问题和要求	（1）要求单人操作。 （2）操作时应注意安全，按照标准化作业指导书的技术安全说明做好安全措施						

序号	项目名称	质量要求	满分	扣分标准	扣分原因	得分
1	安全文明生产	佩戴安全帽；穿全棉工作服；穿绝缘鞋；操作时戴线手套；打开柜门前需先验电	20	未按要求进行，每项扣 5 分，扣完为止		
2	正确使用仪器仪表、检测接线	（1）正确使用相位伏安表。 （2）数据测量正确	40	相位伏安表使用不当，每次扣 10 分； 数据测量错误，每次扣 10 分； 扣完为止		
3	相量图	正确画出相量图	20	相量图每错误一处扣 2 分，扣完为止		
4	计算结果	正确计算更正系数	10	更正系数计算错误扣 10 分		
5	现场恢复	操作结束后清理现场杂物，并将工器具归位摆放整齐	10	现场留有杂物或工器具未归位扣 10 分		
合计			100			

计量装置设置：

（1）考试使用电能表为仿真表，通过模拟装置进行参数设置。

（2）接线形式为一元件 U_{BC}、$-I_C$，二元件 U_{AC}、I_A。

标准答案：

$$P_A=U_{BC}(-I_C)\cos(30^\circ-\varphi)$$
$$P_C=U_{AC}I_A\cos(30^\circ-\varphi)$$

在对称的三相电路中

$$U_{BC}=U_{AC}=U_X$$
$$I_A=I_C=I_X$$
$$\begin{aligned}P_{误}&=P_A+P_C=U_XI_X\left[\cos(30^\circ-\varphi)+\cos(30^\circ-\varphi)\right]\\&=2U_XI_X\cos(30^\circ-\varphi)\end{aligned}$$

更正系数为

$$\begin{aligned}K&=\frac{P_{正}}{P_{误}}=\frac{\sqrt{3}U_XI_X\cos\varphi}{2U_XI_X\cos(30^\circ-\varphi)}\\&=\frac{\sqrt{3}}{\sqrt{3}+\tan\varphi}\end{aligned}$$

Jc0001142018－3　三相三线计量装置错误接线纠正。（100 分）

考核知识点：错接线分析

难易度：中

技能等级评价专业技能考核操作工作任务书

一、任务名称

三相三线计量装置错误接线纠正。

二、适用工种

装表接电工高级技师。

三、具体任务

使用相位伏安表、相序表等仪器检测电能表接线，画相量图，计算有功功率更正系数。

四、工作规范及要求

（1）着装符合要求，穿全棉长袖工作服、绝缘鞋，戴安全帽、线手套。

（2）携带自备工具（钢笔或中性笔、计算器、三角尺）进入现场，待考评员宣布许可工作命令后开始工作并计时。

（3）打开计量柜（箱）门之前必须对柜（箱）体验电，现场操作严格执行《国家电网公司电力安全工作规程（配电部分）》。

（4）工作结束清理现场，并向监考员报告。

五、现场提供材料及工器具

验电笔、万用表、相序表、钳形电流表、相位伏安表、螺钉旋具。

六、考核时间及要求

本考核操作时间为30分钟，时间到停止考评。

技能等级评价专业技能考核操作评分标准

工种	装表接电工				评价等级	高级技师
项目模块	电能计量装置接线检查—三相三线电能计量装置接线检查			编号	Jc0001142018－3	
单位			准考证号		姓名	
考试时限	30分钟	题型		单项操作	题分	100分
成绩		考评员		考评组长		日期	
试题正文	三相三线计量装置错误接线纠正					
需要说明的问题和要求	（1）要求单人操作。 （2）操作时应注意安全，按照标准化作业指导书的技术安全说明做好安全措施					

序号	项目名称	质量要求	满分	扣分标准	扣分原因	得分
1	安全文明生产	佩戴安全帽；穿全棉工作服；穿绝缘鞋；操作时戴线手套；打开柜门前需先验电	20	未按要求进行，每项扣5分，扣完为止		
2	正确使用仪器仪表、检测接线	（1）正确使用相位伏安表。 （2）数据测量正确	40	相位伏安表使用不当，每次扣10分； 数据测量错误，每次扣10分； 扣完为止		
3	相量图	正确画出相量图	20	相量图每错误一处扣2分，扣完为止		
4	计算结果	正确计算更正系数	10	更正系数计算错误扣10分		
5	现场恢复	操作结束后清理现场杂物，并将工器具归位摆放整齐	10	现场留有杂物或工器具未归位扣10分		
合计			100			

计量装置设置：

（1）考试使用电能表为仿真表，通过模拟装置进行参数设置。

（2）接线形式为一元件 U_{BC}、I_C，二元件 U_{AC}、$-I_A$。

标准答案：

$$P_A = U_{BC} I_C \cos(150^\circ + \varphi)$$
$$P_C = U_{AC}(-I_A)\cos(150^\circ + \varphi)$$

在对称的三相电路中

$$U_{BC} = U_{AC} = U_X$$
$$I_A = I_C = I_X$$

$$
\begin{aligned}
P_{误} &= P_A + P_C = U_X I_X [\cos(150° + \varphi) + \cos(150° + \varphi)] \\
&= -2U_X I_X \cos(30° - \varphi)
\end{aligned}
$$

更正系数为

$$
\begin{aligned}
K &= \frac{P_{正}}{P_{误}} = \frac{\sqrt{3}U_X I_X \cos\varphi}{-2U_X I_X \cos(30° - \varphi)} \\
&= \frac{-\sqrt{3}}{\sqrt{3} + \tan\varphi}
\end{aligned}
$$

Jc0001142019－4 三相三线计量装置错误接线纠正。（100 分）

考核知识点：错接线分析

难易度：中

技能等级评价专业技能考核操作工作任务书

一、任务名称

三相三线计量装置错误接线纠正。

二、适用工种

装表接电工高级技师。

三、具体任务

使用相位伏安表、相序表等仪器检测电能表接线，计算有功功率更正系数。

四、工作规范及要求

（1）着装符合要求，穿全棉长袖工作服、绝缘鞋，戴安全帽、线手套。

（2）携带自备工具（钢笔或中性笔、计算器、三角尺）进入现场，待考评员宣布许可工作命令后开始工作并计时。

（3）打开计量柜（箱）门之前必须对柜（箱）体验电，现场操作严格执行《国家电网公司电力安全工作规程（配电部分）》。

（4）工作结束清理现场，并向监考员报告。

五、现场提供材料及工器具

验电笔、万用表、相序表、钳形电流表、相位伏安表、螺钉旋具。

六、考核时间及要求

本考核操作时间为 30 分钟，时间到停止考评。

技能等级评价专业技能考核操作评分标准

<table>
<tr><td>工种</td><td colspan="5">装表接电工</td><td>评价等级</td><td colspan="2">高级技师</td></tr>
<tr><td>项目模块</td><td colspan="4">电能计量装置接线检查—三相三线电能计量装置接线检查</td><td>编号</td><td colspan="3">Jc0001142019－4</td></tr>
<tr><td>单位</td><td colspan="2"></td><td>准考证号</td><td colspan="2"></td><td>姓名</td><td colspan="2"></td></tr>
<tr><td>考试时限</td><td colspan="2">30 分钟</td><td>题型</td><td colspan="2">单项操作</td><td>题分</td><td colspan="2">100 分</td></tr>
<tr><td>成绩</td><td></td><td>考评员</td><td></td><td>考评组长</td><td></td><td>日期</td><td colspan="2"></td></tr>
<tr><td>试题正文</td><td colspan="8">三相三线计量装置错误接线纠正</td></tr>
<tr><td>需要说明的问题和要求</td><td colspan="8">（1）要求单人操作。
（2）操作时应注意安全，按照标准化作业指导书的技术安全说明做好安全措施</td></tr>
<tr><td>序号</td><td>项目名称</td><td colspan="2">质量要求</td><td>满分</td><td colspan="2">扣分标准</td><td>扣分原因</td><td>得分</td></tr>
<tr><td>1</td><td>安全文明生产</td><td colspan="2">佩戴安全帽；穿全棉工作服；穿绝缘鞋；操作时戴线手套；打开柜门前需先验电</td><td>20</td><td colspan="2">未按要求进行，每项扣 5 分，扣完为止</td><td></td><td></td></tr>
</table>

续表

序号	项目名称	质量要求	满分	扣分标准	扣分原因	得分
2	正确使用仪器仪表、检测接线	（1）正确使用相位伏安表。 （2）数据测量正确	40	相位伏安表使用不当，每次扣10分； 数据测量错误，每次扣10分； 扣完为止		
3	相量图	正确画出相量图	20	相量图每错误一处扣2分，扣完为止		
4	计算结果	正确计算更正系数	10	更正系数计算错误扣10分		
5	现场恢复	操作结束后清理现场杂物，并将工器具归位摆放整齐	10	现场留有杂物或工器具未归位扣10分		
合计			100			

计量装置设置：

（1）考试使用电能表为仿真表，通过模拟装置进行参数设置。

（2）接线形式为一元件 U_{CA}、$-I_A$，二元件 U_{BA}、$-I_C$。

标准答案：

按题意有

$$P_A = U_{CA}I_A\cos(30^\circ - \varphi)$$
$$P_C = U_{BA}I_C\cos(90^\circ - \varphi)$$

在对称的三相电路中

$$U_{CA} = U_{BA} = U_{P-P}$$
$$I_A = I_C = I_{P-P}$$

$$P_{inc} = P_A + P_C = U_{P-P}I_{P-P}[\cos(30^\circ - \varphi) + \cos(90^\circ - \varphi)] = \sqrt{3}U_{P-P}I_{P-P}\cos(60^\circ - \varphi)$$

更正系数

$$K = \frac{P_{cor}}{P_{inc}} = \frac{\sqrt{3}U_{P-P}I_{P-P}\cos\varphi}{\sqrt{3}U_{P-P}I_{P-P}\cos(60^\circ - \varphi)} = \frac{2}{1+\sqrt{3}\tan\varphi}$$

Jc0001142020－5　三相三线计量装置错误接线纠正。（100 分）

考核知识点：错接线分析

难易度：中

技能等级评价专业技能考核操作工作任务书

一、任务名称

三相三线计量装置错误接线纠正。

二、适用工种

装表接电工高级技师。

三、具体任务

使用相位伏安表、相序表等仪器检测电能表接线，计算有功功率更正系数。

四、工作规范及要求

（1）着装符合要求，穿全棉长袖工作服、绝缘鞋，戴安全帽、线手套。

（2）携带自备工具（钢笔或中性笔、计算器、三角尺）进入现场，待考评员宣布许可工作命令后开始工作并计时。

（3）打开计量柜（箱）门之前必须对柜（箱）体验电，现场操作严格执行《国家电网公司电力安全工作规程（配电部分）》。

（4）工作结束清理现场，并向监考员报告。

五、现场提供材料及工器具

验电笔、万用表、相序表、钳形电流表、相位伏安表、螺钉旋具。

六、考核时间及要求

本考核操作时间为30分钟，时间到停止考评。

技能等级评价专业技能考核操作评分标准

工种	装表接电工					评价等级	高级技师
项目模块	电能计量装置接线检查—三相三线电能计量装置接线检查				编号	Jc0001142020－5	
单位			准考证号			姓名	
考试时限	30分钟		题型	单项操作		题分	100分
成绩		考评员		考评组长		日期	
试题正文	三相三线计量装置错误接线纠正						
需要说明的问题和要求	（1）要求单人操作。 （2）操作时应注意安全，按照标准化作业指导书的技术安全说明做好安全措施						

序号	项目名称	质量要求	满分	扣分标准	扣分原因	得分
1	安全文明生产	佩戴安全帽；穿全棉工作服；穿绝缘鞋；操作时戴线手套；打开柜门前需先验电	20	未按要求进行，每项扣5分，扣完为止		
2	正确使用仪器仪表、检测接线	（1）正确使用相位伏安表。 （2）数据测量正确	40	相位伏安表使用不当，每次扣10分；数据测量错误，每次扣10分；扣完为止		
3	相量图	正确画出相量图	20	相量图每错误一处扣2分，扣完为止		
4	计算结果	正确计算更正系数	10	更正系数计算错误扣10分		
5	现场恢复	操作结束后清理现场杂物，并将工器具归位摆放整齐	10	现场留有杂物或工器具未归位扣10分		
合计			100			

计量装置设置：

（1）考试使用电能表为仿真表，通过模拟装置进行参数设置。

（2）接线形式为一元件 U_{BC}、$-I_C$，二元件 U_{AC}、I_A。

标准答案：

按题意有

$$P_A = U_{BC}(-I_C)\cos(30^\circ - \varphi)$$
$$P_C = U_{AC}I_A\cos(30^\circ - \varphi)$$

在对称的三相电路中

$$U_{BC} = U_{AC} = U_{P-P}$$
$$I_A = I_C = I_{P-P}$$
$$P_{inc} = P_A + P_C = U_{P-P}I_{P-P}[\cos(30^\circ - \varphi) + \cos(30^\circ - \varphi)] = 2U_{P-P}I_{P-P}\cos(30^\circ - \varphi)$$

更正系数

$$K = \frac{P_{cor}}{P_{inc}} = \frac{\sqrt{3}U_{P-P}I_{P-P}\cos\varphi}{2U_{P-P}I_{P-P}\cos(30^\circ - \varphi)} = \frac{\sqrt{3}}{\sqrt{3} + \tan\varphi}$$

Jc0001142021－6　三相三线计量装置错误接线纠正。（100分）

考核知识点：错接线分析

难易度：中

技能等级评价专业技能考核操作工作任务书

一、任务名称

三相三线计量装置错误接线纠正。

二、适用工种

装表接电工高级技师。

三、具体任务

使用相位伏安表、相序表等仪器检测电能表接线，计算有功功率更正系数。

四、工作规范及要求

（1）着装符合要求，穿全棉长袖工作服、绝缘鞋，戴安全帽、线手套。

（2）携带自备工具（钢笔或中性笔、计算器、三角尺）进入现场，待考评员宣布许可工作命令后开始工作并计时。

（3）打开计量柜（箱）门之前必须对柜（箱）体验电，现场操作严格执行《国家电网公司电力安全工作规程（配电部分）》。

（4）工作结束清理现场，并向监考员报告。

五、现场提供材料及工器具

验电笔、万用表、相序表、钳形电流表、相位伏安表、螺钉旋具。

六、考核时间及要求

本考核操作时间为30分钟，时间到停止考评。

技能等级评价专业技能考核操作评分标准

工种	装表接电工					评价等级	高级技师
项目模块	电能计量装置接线检查—三相三线电能计量装置接线检查				编号	Jc0001142021－6	
单位			准考证号			姓名	
考试时限	30分钟		题型	单项操作		题分	100分
成绩		考评员		考评组长		日期	
试题正文	三相三线计量装置错误接线纠正						
需要说明的问题和要求	（1）要求单人操作。 （2）操作时应注意安全，按照标准化作业指导书的技术安全说明做好安全措施						

序号	项目名称	质量要求	满分	扣分标准	扣分原因	得分
1	安全文明生产	佩戴安全帽；穿全棉工作服；穿绝缘鞋；操作时戴线手套；打开柜门前需先验电	20	未按要求进行，每项扣5分，扣完为止		
2	正确使用仪器仪表、检测接线	（1）正确使用相位伏安表。 （2）数据测量正确	40	相位伏安表使用不当，每次扣10分；数据测量错误，每次扣10分；扣完为止		
3	相量图	正确画出相量图	20	相量图每错误一处扣2分，扣完为止		
4	计算结果	正确计算更正系数	10	更正系数计算错误扣10分		
5	现场恢复	操作结束后清理现场杂物，并将工器具归位摆放整齐	10	现场留有杂物或工器具未归位扣10分		
合计			100			

计量装置设置：

（1）考试使用电能表为仿真表，通过模拟装置进行参数设置。

（2）接线形式为A相元件 U_{BC}、I_A，C相元件 U_{BC}、$-I_C$。

标准答案：

$$P_A = U_{BC} I_A \cos(90^\circ - \varphi)$$
$$P_A = U_{BC}(-I_C)\cos(30^\circ + \varphi)$$

在对称三相电路中

$$U_{BC} = U_{AC} = U_X$$
$$I_A = I_C = I_X$$
$$P_{总} = U_X I_X \left[\cos(90^\circ - \varphi) + \cos(30^\circ + \varphi)\right]$$
$$= U_X I_X \cos(30^\circ - \varphi)$$

更正系数

$$K = \frac{P_{正}}{P_{误}} = \frac{\sqrt{3} U_X I_X \cos\varphi}{U_X I_X \cos(30^\circ - \varphi)}$$
$$= \frac{2\sqrt{3}}{\sqrt{3} + \tan\varphi}$$

Jc0001142022－7 三相三线计量装置错误接线纠正。（100 分）

考核知识点： 错接线分析

难易度： 中

技能等级评价专业技能考核操作工作任务书

一、任务名称

三相三线计量装置错误接线纠正。

二、适用工种

装表接电工高级技师。

三、具体任务

使用相位伏安表、相序表等仪器检测电能表接线，计算有功功率更正系数。

四、工作规范及要求

（1）着装符合要求，穿全棉长袖工作服、绝缘鞋，戴安全帽、线手套。

（2）携带自备工具（钢笔或中性笔、计算器、三角尺）进入现场，待考评员宣布许可工作命令后开始工作并计时。

（3）打开计量柜（箱）门之前必须对柜（箱）体验电，现场操作严格执行《国家电网公司电力安全工作规程（配电部分）》。

（4）工作结束清理现场，并向监考员报告。

五、现场提供材料及工器具

验电笔、万用表、相序表、钳形电流表、相位伏安表、螺钉旋具。

六、考核时间及要求

本考核操作时间为 30 分钟，时间到停止考评。

技能等级评价专业技能考核操作评分标准

<table>
<tr><td>工种</td><td colspan="5">装表接电工</td><td>评价等级</td><td>高级技师</td></tr>
<tr><td>项目模块</td><td colspan="4">电能计量装置接线检查—三相三线电能计量装置接线检查</td><td>编号</td><td colspan="2">Jc0001142022－7</td></tr>
<tr><td>单位</td><td colspan="2"></td><td>准考证号</td><td colspan="2"></td><td>姓名</td><td></td></tr>
<tr><td>考试时限</td><td>30 分钟</td><td>题型</td><td colspan="3">单项操作</td><td>题分</td><td>100 分</td></tr>
</table>

续表

成绩		考评员		考评组长		日期	
试题正文	三相三线计量装置错误接线纠正						
需要说明的问题和要求	（1）要求单人操作。 （2）操作时应注意安全，按照标准化作业指导书的技术安全说明做好安全措施						

序号	项目名称	质量要求	满分	扣分标准	扣分原因	得分
1	安全文明生产	佩戴安全帽；穿全棉工作服；穿绝缘鞋；操作时戴线手套；打开柜门前需先验电	20	未按要求进行，每项扣 5 分，扣完为止		
2	正确使用仪器仪表、检测接线	（1）正确使用相位伏安表。 （2）数据测量正确	40	相位伏安表使用不当，每次扣 10 分；数据测量错误，每次扣 10 分；扣完为止		
3	相量图	正确画出相量图	20	相量图每错误一处扣 2 分，扣完为止		
4	计算结果	正确计算更正系数	10	更正系数计算错误扣 10 分		
5	现场恢复	操作结束后清理现场杂物，并将工器具归位摆放整齐	10	现场留有杂物或工器具未归位扣 10 分		
合计			100			

计量装置设置：

（1）考试使用电能表为仿真表，通过模拟装置进行参数设置。

（2）接线形式为 A 相元件 U_{CA}、I_A，C 相元件 U_{BA}、I_C。

标准答案：

$$P_A = U_{CA} I_A \cos(150^\circ + \varphi)$$
$$P_C = U_{BC} I_C \cos(90^\circ + \varphi)$$

在对称三相电路中

$$U_{CA} = U_{BA} = U_X$$
$$I_A = I_C = I_X$$
$$P_{总} = P_A + P_C = U_X I_X \left[\cos(150^\circ + \varphi) + \cos(90^\circ + \varphi)\right]$$
$$= -\sqrt{3} U_X I_X \cos(60^\circ - \varphi)$$

更正系数

$$K = \frac{P_{正}}{P_{误}} = \frac{\sqrt{3} U_X I_X \cos\varphi}{-\sqrt{3} U_X I_X \cos(60^\circ - \varphi)}$$
$$= -\frac{2}{1 + \sqrt{3}\tan\varphi}$$

Jc0001142023－8　三相三线计量装置错误接线纠正。（100 分）

考核知识点：错接线分析

难易度：中

技能等级评价专业技能考核操作工作任务书

一、任务名称

三相三线计量装置错误接线纠正。

二、适用工种

装表接电工高级技师。

三、具体任务

使用相位伏安表、相序表等仪器检测电能表接线，计算有功功率更正系数。

四、工作规范及要求

（1）着装符合要求，穿全棉长袖工作服、绝缘鞋，戴安全帽、线手套。

（2）携带自备工具（钢笔或中性笔、计算器、三角尺）进入现场，待考评员宣布许可工作命令后开始工作并计时。

（3）打开计量柜（箱）门之前必须对柜（箱）体验电，现场操作严格执行《国家电网公司电力安全工作规程（配电部分）》。

（4）工作结束清理现场，并向监考员报告。

五、现场提供材料及工器具

验电笔、万用表、相序表、钳形电流表、相位伏安表、螺钉旋具。

六、考核时间及要求

本考核操作时间为30分钟，时间到停止考评。

技能等级评价专业技能考核操作评分标准

<table>
<tr><td>工种</td><td colspan="4">装表接电工</td><td>评价等级</td><td colspan="2">高级技师</td></tr>
<tr><td>项目模块</td><td colspan="3">电能计量装置接线检查—三相三线电能计量装置接线检查</td><td>编号</td><td colspan="3">Jc0001142023－8</td></tr>
<tr><td>单位</td><td colspan="2"></td><td>准考证号</td><td></td><td>姓名</td><td colspan="2"></td></tr>
<tr><td>考试时限</td><td>30分钟</td><td>题型</td><td colspan="2">单项操作</td><td>题分</td><td colspan="2">100分</td></tr>
<tr><td>成绩</td><td></td><td>考评员</td><td></td><td>考评组长</td><td></td><td>日期</td><td></td></tr>
<tr><td>试题正文</td><td colspan="7">三相三线计量装置错误接线纠正</td></tr>
<tr><td>需要说明的问题和要求</td><td colspan="7">（1）要求单人操作。
（2）操作时应注意安全，按照标准化作业指导书的技术安全说明做好安全措施</td></tr>
<tr><td>序号</td><td>项目名称</td><td>质量要求</td><td>满分</td><td colspan="2">扣分标准</td><td>扣分原因</td><td>得分</td></tr>
<tr><td>1</td><td>安全文明生产</td><td>佩戴安全帽；穿全棉工作服；穿绝缘鞋；操作时戴线手套；打开柜门前需先验电</td><td>20</td><td colspan="2">未按要求进行，每项扣5分，扣完为止</td><td></td><td></td></tr>
<tr><td>2</td><td>正确使用仪器仪表、检测接线</td><td>（1）正确使用相位伏安表。
（2）数据测量正确</td><td>40</td><td colspan="2">相位伏安表使用不当，每次扣10分；数据测量错误，每次扣10分；扣完为止</td><td></td><td></td></tr>
<tr><td>3</td><td>相量图</td><td>正确画出相量图</td><td>20</td><td colspan="2">相量图每错误一处扣2分，扣完为止</td><td></td><td></td></tr>
<tr><td>4</td><td>计算结果</td><td>正确计算更正系数</td><td>10</td><td colspan="2">更正系数计算错误扣10分</td><td></td><td></td></tr>
<tr><td>5</td><td>现场恢复</td><td>操作结束后清理现场杂物，并将工器具归位摆放整齐</td><td>10</td><td colspan="2">现场留有杂物或工器具未归位扣10分</td><td></td><td></td></tr>
<tr><td colspan="2">合计</td><td></td><td>100</td><td colspan="2"></td><td></td><td></td></tr>
</table>

计量装置设置：

（1）考试使用电能表为仿真表，通过模拟装置进行参数设置。

（2）接线形式为A相元件 U_{AB}、$-I_C$，C相元件 U_{CB}、I_A。

标准答案：

$$P_A = U_{AB}(-I_C)\cos(90^\circ + \varphi)$$

$$P_C = U_{CB}I_A\cos(90^\circ + \varphi)$$

在三相对称电路中

$$U_{AB} = U_{CB} = U_X$$

$$I_A = I_C = I_X$$

总功率

$$P_{误} = P_A + P_C = U_X I_X \left[\cos(90^\circ + \varphi) + \cos(90^\circ + \varphi)\right]$$
$$= -2U_X I_X \sin\varphi$$

更正系数

$$K = \frac{P_{正}}{P_{误}} = \frac{\sqrt{3} U_X I_X \cos\varphi}{-2U_X I_X \sin\varphi}$$
$$= \frac{-\sqrt{3}}{2\tan\varphi}$$

Jc0001142024－1　三相三线计量装置错误接线纠正。（100 分）

考核知识点： 错接线分析

难易度： 难

技能等级评价专业技能考核操作工作任务书

一、任务名称

三相三线计量装置错误接线纠正。

二、适用工种

装表接电工高级技师。

三、具体任务

使用相位伏安表、相序表等仪器检测电能表接线，计算有功功率更正系数。

四、工作规范及要求

（1）着装符合要求，穿全棉长袖工作服、绝缘鞋，戴安全帽、线手套。

（2）携带自备工具（钢笔或中性笔、计算器、三角尺）进入现场，待考评员宣布许可工作命令后开始工作并计时。

（3）打开计量柜（箱）门之前必须对柜（箱）体验电，现场操作严格执行《国家电网公司电力安全工作规程（配电部分）》。

（4）工作结束清理现场，并向监考员报告。

五、现场提供材料及工器具

验电笔、万用表、相序表、钳形电流表、相位伏安表、螺钉旋具。

六、考核时间及要求

本考核操作时间为 30 分钟，时间到停止考评。

技能等级评价专业技能考核操作评分标准

工种	装表接电工					评价等级	高级技师
项目模块	电能计量装置接线检查—三相三线电能计量装置接线检查				编号	Jc0001142024－1	
单位			准考证号			姓名	
考试时限	30 分钟		题型	单项操作		题分	100 分
成绩		考评员		考评组长		日期	
试题正文	三相三线计量装置错误接线纠正						
需要说明的问题和要求	（1）要求单人操作。 （2）操作时应注意安全，按照标准化作业指导书的技术安全说明做好安全措施						

续表

序号	项目名称	质量要求	满分	扣分标准	扣分原因	得分
1	安全文明生产	佩戴安全帽；穿全棉工作服；穿绝缘鞋；操作时戴线手套；打开柜门前需先验电	20	未按要求进行，每项扣 5 分，扣完为止		
2	正确使用仪器仪表、检测接线	（1）正确使用相位伏安表。 （2）数据测量正确	40	相位伏安表使用不当，每次扣 10 分；数据测量错误，每次扣 10 分；扣完为止		
3	相量图	正确画出相量图	20	相量图每错误一处扣 2 分，扣完为止		
4	计算结果	正确计算更正系数	10	更正系数计算错误扣 10 分		
5	现场恢复	操作结束后清理现场杂物，并将工器具归位摆放整齐	10	现场留有杂物或工器具未归位扣 10 分		
合计			100			

计量装置设置：

（1）考试使用电能表为仿真表，通过模拟装置进行参数设置。

（2）接线形式为 A 相元件 U_{CB}、$-I_C$，C 相元件 U_{AC}、I_A。

标准答案：

$$P_A = U_{BC}I_C\cos(150°+\varphi)$$
$$P_W = U_{AC}I_A\cos(30°-\varphi)$$

在三相对称电路中

$$U_{BC}=U_{AC}=U_X$$
$$I_A=I_C=I_X$$
$$P_{误}=P_A+P_C=U_XI_X\left[\cos(150°+\varphi)+\cos(30°-\varphi)\right]$$
$$=0$$

更正系数

$$K=\frac{P_{正}}{P_{误}}=\frac{\sqrt{3}U_XI_X\cos\varphi}{0}=无意义$$

Jc0001143025－2　三相三线计量装置错误接线纠正。（100 分）

考核知识点：错接线分析

难易度：难

技能等级评价专业技能考核操作工作任务书

一、任务名称

三相三线计量装置错误接线纠正。

二、适用工种

装表接电工高级技师。

三、具体任务

使用相位伏安表、相序表等仪器检测电能表接线，计算有功功率更正系数。

四、工作规范及要求

（1）着装符合要求，穿全棉长袖工作服、绝缘鞋，戴安全帽、线手套。

（2）携带自备工具（钢笔或中性笔、计算器、三角尺）进入现场，待考评员宣布许可工作命令后开始工作并计时。

（3）打开计量柜（箱）门之前必须对柜（箱）体验电，现场操作严格执行《国家电网公司电力安全工作规程（配电部分）》。

（4）工作结束清理现场，并向监考员报告。

五、现场提供材料及工器具

验电笔、万用表、相序表、钳形电流表、相位伏安表、螺钉旋具。

六、考核时间及要求

本考核操作时间为30分钟，时间到停止考评。

技能等级评价专业技能考核操作评分标准

工种	装表接电工				评价等级	高级技师
项目模块	电能计量装置接线检查—三相三线电能计量装置接线检查			编号	Jc0001143025－2	
单位		准考证号			姓名	
考试时限	30分钟	题型	单项操作		题分	100分
成绩		考评员		考评组长	日期	
试题正文	三相三线计量装置错误接线纠正					
需要说明的问题和要求	（1）要求单人操作。 （2）操作时应注意安全，按照标准化作业指导书的技术安全说明做好安全措施					

序号	项目名称	质量要求	满分	扣分标准	扣分原因	得分
1	安全文明生产	佩戴安全帽；穿全棉工作服；穿绝缘鞋；操作时戴线手套；打开柜门前需先验电	20	未按要求进行，每项扣5分，扣完为止		
2	正确使用仪器仪表、检测接线	（1）正确使用相位伏安表。 （2）数据测量正确	40	相位伏安表使用不当，每次扣10分； 数据测量错误，每次扣10分； 扣完为止		
3	相量图	正确画出相量图	20	相量图每错误一处扣2分，扣完为止		
4	计算结果	正确计算更正系数	10	更正系数计算错误扣10分		
5	现场恢复	操作结束后清理现场杂物，并将工器具归位摆放整齐	10	现场留有杂物或工器具未归位扣10分		
合计			100			

计量装置设置：

（1）考试使用电能表为仿真表，通过模拟装置进行参数设置。

（2）接线形式为U_{CA}、$-I_A$，U_{BA}、$-I_C$。

标准答案：

$$P_1 = U_{CA} I_A \cos(30° - \varphi)$$

$$P_2 = U_{BA} I_C \cos(90° - \varphi)$$

$$P' = P_1 + P_2 = UI[\cos(30° - \varphi) + \cos(90° - \varphi)] = \sqrt{3} UI \cos(60° - \varphi)$$

更正系数

$$K = \frac{P}{P'} = \frac{\sqrt{3} UI \cos\varphi}{\sqrt{3} UI \cos(60° - \varphi)} = \frac{2}{1 + \sqrt{3}\tan\varphi}$$